毛线球 42
keitodama

旖旎浪漫的蕾丝风情

日本宝库社 编著　　蒋幼幼 如鱼得水 译

河南科学技术出版社
·郑州·

keitodama

目 录

芬兰

人气毛线店Snurre搬家了

上/店里满是美丽的毛线，令人编织欲望倍增
下/雅致的店铺外观，地理位置非常优越

Snurre是赫尔辛基市中心一家人气很高的毛线店，2021年7月搬到了新址，在两个购物中心FORUM和Kamppi附近。这是一个交通非常便利的地区，附近有几家手工艺品商店。搬迁后，店铺面积扩大到以前的1.5倍。

橱窗装饰优美，一走进去，货架和桌子上排列着的毛线色彩斑斓，引人注目。我在店里的时候，也不断有顾客进来。

2021年Snurre成立10周年，在开店之日即11月12日，电视上播放了编织新闻，新店也出现在新闻中。电视上说，居家期间非常流行编织，越来越多的人开始考虑原创设计，令人深感编织已成为芬兰人的日常生活。

虽然我还要再等一段时间才能从日本去到这家店，但它离赫尔辛基中央车站也很近，如果你来芬兰，一定要记得去看看。

撰稿/兰卡拉美穗子

菲律宾和日本

Sulci品牌和文化服装学院的产学合作

上/比赛的获奖作品。左边是铃木优实的，右边是竹之内咲的 下/Sulci品牌的编织达人，立志用1根钩针实现女性的自立自强

2021年包包品牌Sulci迎来成立10周年庆典，它的口号是“用1根钩针开创菲律宾女性的未来”，致力于实现女性独立和构建可持续发展的社会。“Sulci”是一个古老的宿务（菲律宾一地区）方言，意思是“手工制造”。

作为10周年纪念活动，以文化服装学院编织设计系的学生为对象举办了一场比赛。这次产学合作，通过了解Sulci品牌可持续的生产现场，成为了解可持续时尚和道德时尚的契机。比赛通过投票决定排名，旨在商品化。经过包括当地编织达人在内的Sulci工作人员和学院毕业生的审查，根据Instagram的人气投票结果，二年级组的铃木优实和三年级组的竹之内咲均获得第一名。今后，学生们制作的包包将在东京的百货商店销售，销售金额将用作菲律宾编织达人子女奖学金的一部分。

撰稿/文化服装学院编织设计系
御田昭子

日本

pillings在东京时装周上举行了2022年秋冬时装秀

上/阿兰毛衣上施以各种各样的装饰
下/T台上方用绳索吊着三角钢琴

东京时装周期间，3月16日举行了时装设计师村上亮太创立的编织品牌pillings的2022年秋冬时装秀。

本次时装秀的主题是“理想与现实”。T台上方用绳索倒挂着的三角钢琴隐喻着现实，追求完美的T台则代表着理想。身穿编织衣物的模特在其中穿梭，代表了在理想与现实之间奋斗的人类。编织衣物以阿兰花样为基础，施以各种各样的变化。花样显眼的阿兰毛衣上随处可见的洞洞似乎在诉说着什么。穿过这些洞洞打结的绳索，让人想起阿兰毛衣本是渔夫毛衣，同时它与天花板上倒挂着钢琴的绳索相关。此外，还出现了许多昆虫图案，并使用了配色编织、刺绣和立体花片等各种表现形式。特别是，不少编织物中使用了蚂蚁图案，有些模特脸上甚至还画上了蚂蚁妆容。

所有衣服搭配的下身服装都是牛仔裤。牛仔裤的裤脚很长，而且从中间剪开成裙子样式，走路时很麻烦，表达了现实生活的艰难。在太宰治风格的造型中，所有模特都佩戴着眼镜，寓意着“用心去看看不需要看的东西”。

本次编织物的制作由编织设计师冈本启子主管的Atelier K's K工作室负责。充分利用技法、工艺精湛的编织品，是pillings品牌的特色。

阿兰花样、配色编织、花片、刺绣、绳编等技法都自在地表现出来

撰稿/《毛线球》编辑部

日本

第1届富冈真丝手工编织展

以Amabie（日本起源于19世纪40年代的人鱼妖怪，据说可以退散疫情）为原型创作的可爱玩偶

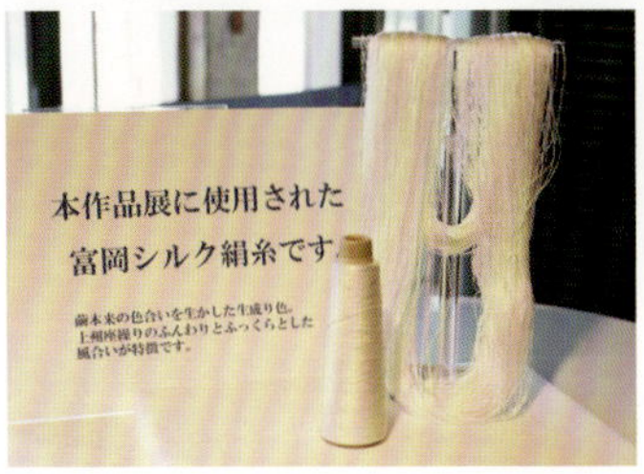

稀少的富冈蚕茧织成的丝线

被指定为“国宝”的西置茧所多功能厅，展出了来自日本各地的约80件作品

1872年，富冈制丝厂于群马县富冈市成立，这是日本第一家官营制丝厂，此后成为近代日本丝绸业的基石。2014年，富冈制丝厂和丝绸产业遗产群被联合国教科文组织列为“世界文化遗产”，同年，其中的缫丝所、西置茧所、东置茧所等三座建筑被日本指定为“国宝”。

2022年2月9日至17日，富冈制丝厂举办了“第1届富冈真丝手工编织展”。会场是西置茧所的多功能厅，那里曾经是贮藏蚕茧的地方。群马县自古以来就是丝绸产业的繁荣之地，留存着许多与丝绸有关的文化遗产。20世纪初出口量世界第一的日本生丝如今仅占市场的0.2%，极为稀少。本次展览的举办，也是为了让富冈丝绸走近大众。本次展览向公众募集使用100%富冈丝的手工艺用丝线制成的作品，展出了来自日本各地的约80件作品，并通过参观者投票的方式进行了评选。编织设计师广濑光治先生举办了脱口秀讲座，还展示了他的真丝编织作品。

使用的丝线是用富冈市蚕农生产的蚕茧，通过群马县流传下来的名为“上州座缫”的传统缫丝工艺制成的。这种线是纯手工慢慢缫成的，所以非常轻柔，饱含空气。它比普通丝线粗15倍，拿在手中时，你一定会被它温暖的质地和光泽所吸引。

会场上有棒针编织、蕾丝编织、梭编、绳编、玩偶编织等各种技艺制作的作品。我被这些精湛的作品和其中洋溢的热情所震撼，尤其是染色线与不同材料的组合等更是让人印象深刻。

这个特别的展览，给普通大众提供了了解珍稀的日本丝线的机会。

撰稿/《毛线球》编辑部

左/展会根据参观者投票评选出来的前五名作品

下/凝结了各种手工艺技法的真丝作品

右上/编织设计师广濑光治的脱口秀和特别展　右下/富冈制丝厂正门（图片由富冈市提供）

「蕾丝的夏天」

Lacy Su

夏天也想穿上手编毛衫的话，就选择不输于明媚阳光的靓丽蕾丝衫吧。
镂空的织片，端正的针目，为夏日时尚增添光彩。一起编织一件可以日常穿着的毛衫吧。

photograph Shigeki Nakashima styling Kuniko Okabe,Yumi Sano hair&make-up Hitoshi Sakaguchi model Noemie

mmer

花片拼接套头衫

自然色系的花片在育克处拼接，和身片的基础花样相得益彰。领窝不连接花片，自然保持开口状态，设计成了一字领，所以没有变形的花片，连接成长方形即可。向下编织的基础花样，可以根据个人喜好调节长短。

设计 / 风工房
编织方法 / 87页
使用线 / DMC

Lacy Summer

「蕾丝的夏天」

色彩斑斓的开衫

将优美的花片连接在一起，织成清爽的开衫。用黑色线围住色彩斑斓的织片，别有一番雅趣。衣袖和身片可长可短，连接花片织成的毛衫很方便随心改造，这点也很好。

设计 / 风工房
编织方法 / 84页
使用线 / DMC

菠萝花开衫

以小巧的菠萝花为主，钩织华美的深蓝色波莱罗开衫。典雅的钩编蕾丝开衫，前门襟设计得稍宽，增加了几分简约的感觉，很适合搭配休闲装。

设计/岸 睦子
编织方法/ 92页
使用线/奥林巴斯

Lacy Summer

「蕾丝的夏天」

法式袖蕾丝衫

编织花样错开着排列，简单却别有一番意趣。钩织简单的织片形成宽松的四边形毛衫，穿上时自然形成法式袖，很适合作为新手要编织的第一件蕾丝衫。领口和袖口均钩织了贝壳边。

设计／河合真弓
制作／松本良子
编织方法／90页
使用线／奥林巴斯

条纹花样套头衫

用含有金银丝线的线材，钩织百搭的套头衫。从领窝起针，注意在4处插肩线加针织出方领。一边换色，一边钩织条纹花样。条纹花样从领窝开始钩织，结构简单。

设计/冈本真希子
编织方法/ 100页
使用线/奥林巴斯

Lacy Summer

「蕾丝的夏天」

粉色简约毛衫

用边缘编织收束宽松的袖子，灰粉色线平添了甜美的气息。重复细腻的编织花样，完成这款简单的毛衫。从领口开始钩织，可以自由调节袖长和衣长。

设计 / YOSHIKO HYODO
制作 / 山田加奈子
编织方法 / 97 页
使用线 / 奥林巴斯

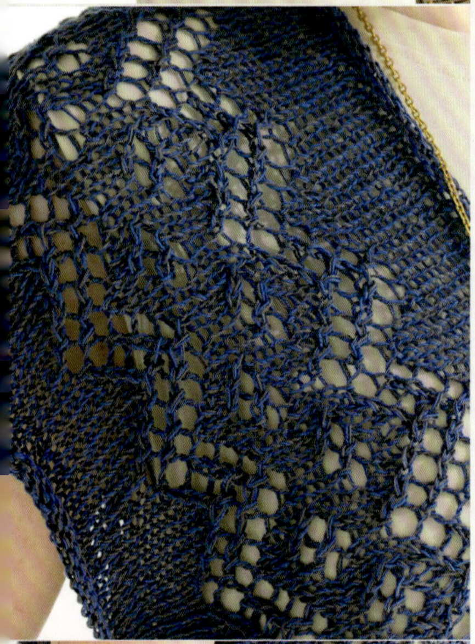

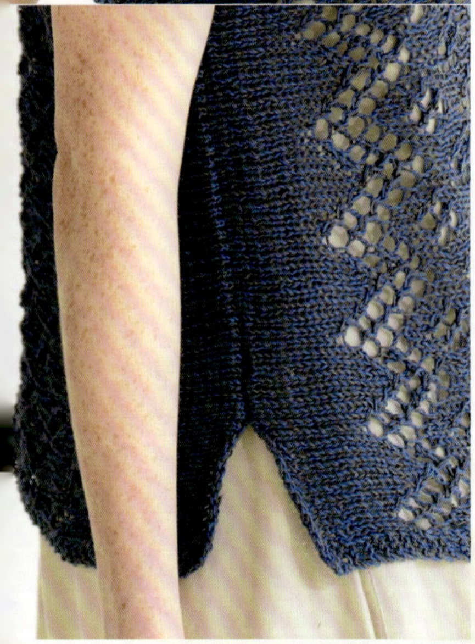

法式袖V领套头衫

两片长方形织片在中心和两侧缝合，就完成了这款毛衫。镂空花样贴合肩部，自然地形成方便穿脱的法式袖。用棒针横向编织完成的锯齿形花样强调了纵向线条，非常时尚。

设计 / 西村知子
编织方法 / 105页
使用线 / 手织屋

V形花样套头衫

这是一款斗篷式套头衫，中间的V形镂空花样很引人注目。两侧从中间织片挑针横向编织。中间和两侧，改变了和褐色丝线合并编织的细亚麻线的颜色，使毛衫整体有着微妙的色彩差异。这是一款穿着很凉快的毛衫。

设计 / yohnKa
编织方法 / 106页
使用线 / 手织屋

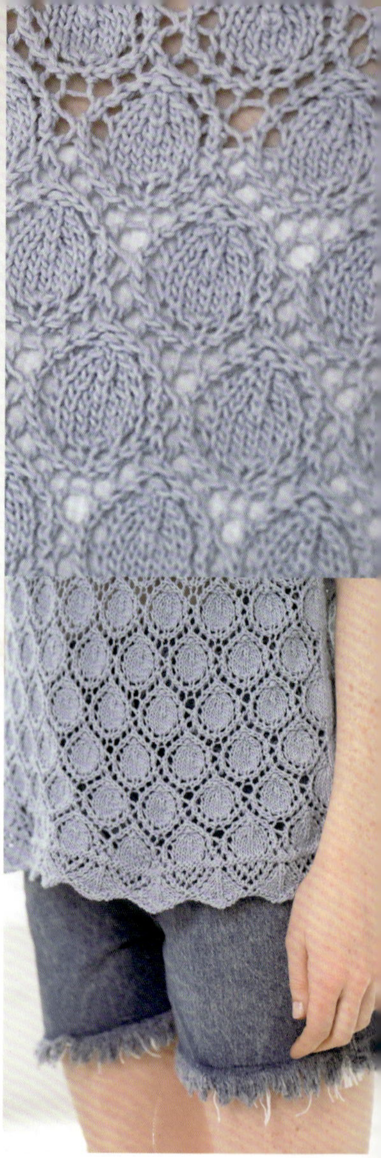

水滴形花样套头衫

棒针编织的水滴形花样，就像苏打水的泡泡一样，非常可爱。水滴形部分和镂空花样达到了恰到好处的平衡，别有一番意趣。身片不加减针，做等针直编。如果从袖口挑针编织，可以形成自然的法式袖。

设计 / 奥住玲子

编织方法 / 111页

使用线 / 毛线Pierrot

Lacy Summer

「蕾丝的夏天」

紫色休闲套头衫

身片中心是颇具匠心的编织花样，两侧钩织简单的花样，形成鲜明有趣的对比。宽松的套头衫，下摆随风摇曳，休闲又青春。除了搭配牛仔裤，也很适合套在连衣裙外面。

设计 / 川路祐三子
编织方法 / 108页
使用线 / 毛线 Pierrot

[第23回]

野口光的织补缝大改造

织补缝是一种修复衣物的技法，在不断发展、完善中。

野口 光

创立“hikaru noguchi”品牌的编织设计师。非常喜欢织补缝，还为此专门设计了独特的蘑菇形工具。处女作《妙手生花：野口光的神奇衣物织补术》中文简体版已由河南科学技术出版社出版，正在热销中。第2本书《修补之书》由日本宝库社出版。

【本期话题】

根据衣服上的图案设计织补形状

织补前

纤薄的衣服，不知不觉中磨破了

photograph Hironori Handa styling Masayo Akutsu hair&make-up Yuri Arai model Nastya

本期使用了织补水母。

这是一款面料考究、颇具匠心的夏日衬衫，三角形图案的欧根纱，仿佛在水面摇曳。廓形版型穿着凉爽，领口井然有致，无论工作还是宅家，都可以穿。因为习惯左肩挎包，因此左下身片的欧根纱部分有些磨损。为了保持这件衣服固有的清爽感觉，同时增强它的耐磨性，使用韧性较好的棉质手缝线。在色彩上，选择了可以让人感受到水和风的清凉之感的冷色调。在技法上，在磨损部分做平行移动的锁边绣，同时做平行移动的三角形、四边形或梯形的蜂窝织补绣。这种技法不仅可以修补磨损部位，还可以修补破洞或污点。修补后，正面和反面都别有一番韵味，大家可以放心尝试这种织补技法。它很适合用在容易污损的春夏衣物上面。

总之，可以只在磨损的地方织补，可以多织补几处使整体达到一种平衡，还可以随心而动自由织补，这也是织补缝的魅力之所在。

2022

Hamanaka

春夏新线

Hamanaka 系列

Rich More 系列

联系电话：020-83652870

公司地址：广州市越秀区华乐路
华乐大厦南塔921室

ハマナカ

编织人物专访
1

天马行空的编织师：「203gow」

photograph Bunsaku Nakagawa text Hiroko Tagaya

原创生物作品是203gow老师的拿手绝活

定制的编织玩偶。给人强烈的视觉冲击

曾出现在《毛线球》连载栏目中，也是203gow老师非常喜欢的作品

总是随身携带的工具。编织师的必备用品

编织师203gow

持续编织非同寻常的"奇怪的编织物"。在她看来，世间万物皆可编织。成立了让编织充满街头的编织集团"编织奇袭团"，还涉足百货商店和当街店铺的橱窗展示，杂志等的背景装饰，立体装置，空间装饰展示，编织讲师、跨年代编织交流会，以及用编织连接人与街道的各种活动。
摄影协助：千代田区社会福祉协议会秋叶分会

值得纪念的第1期专访嘉宾是203gow老师。她的创作领域囊括百货商店和当街店铺的五彩编织橱窗设计、美术馆的展示、舞台及杂志的背景装饰、用来销售的围脖设计……作品数量之多很难想象出自一个人的创作。那么，是什么让她一路走到今天的呢？

"说到编织，很多人都是编织服装，而我更倾向于空间的创作。我很喜欢画画，当我正在思考自己的画是否可以制作成什么立体物件时，恰好看到桌子上的毛线，于是决定尝试一下编织。"

当时她的目标是做一个平面设计师，但是机缘巧合从事的却是企业的公关策划工作。"策划这份工作你越深入就越觉得有趣，但是公司的组织结构让我感觉很拘束。于是为了追求自由，我离开了当时的策划工作，做起了独立编织师。不过，公司职员的经历让我了解了公司内部的结构，如今站在自己创业的角度，感觉受益良多。"

不仅是经营，从资金的运转到作品的制作，再到场地的布置，所有的一切都要亲力亲为，这一点真的非常厉害。

"那倒不是件难事。因为不少企业朋友对编织作品并没有什么清楚的概念。比如需要多少天和预算，还是自己主动说明来得快。为了项目可以顺利推进，往往一开始就会在策划书中写清楚完成后的效果。但是制作过程中，难免会出现比如加入某个设计会更加有趣之类的想法。或许正是因为一个人，才能如此自由发挥吧。"

编织也不例外，一旦成为一份工作，需要借助的编织以外的部分也很重要吧。"比如说，大型作品为了尽量做得紧实一些，就要在填充材料和基底上下功夫，还要考虑配送和存储等问题。另外，选择不容易损坏的材料，加工时让织物看上去更加精美也非常重要。必要时，也会使用建筑材料。"

既有装饰空间的大型作品，也有《毛线球》连载中经常出现的小作品。从海洋生物到小石头，这些作品都有着某种扣人心弦的奇妙魅力。

"与实物相比，不要苛求100%相同或许更好。我觉得80%左右的相似度更容易走进人们的内心。"

乍一看十分可爱的海蛞蝓，因为其逼真的造型令人大为称赞。也可以说是因为作品整体微妙的色彩变化。

"为了表现出中间色等微妙的色调，我会将2根或3根线合并混色，或者加入金线和金银线，在不同的光线下就会呈现出不一样的色调。这一点就像绘画时用颜料调色的感觉。电视机的显像管也是通过荧光屏的红绿蓝三原色像素点发光的，凑近一点看会是什么颜色呢？一边这么想着，一边加入对比色或者其他颜色，充满了乐趣。"

难怪用两三种颜色钩织的小石头凑近了看也很有实物的感觉，太神奇了。这就是203gow老师作为独立编织师创作的艺术，而且她的创作空间还在不断拓展中。

1 / 203gow老师毫无保留地向我们分享了各种实用的编织经验　2 / 编织的大王乌贼，长达8米，极具视觉冲击力　3 / 海蛞蝓。海洋生物也编织过许多　4 / 文中提到的小石头。果然真假难分　5 / 203gow老师的技艺在空间装饰展示中得到了充分发挥　6 / 还编织了南部仙贝。看上去极为逼真　7 / 编织的小章鱼。吸盘部分使用了串珠　8 / 尝试用编织表现所有物品　9 / 一部分用来销售的围脖。五颜六色，非常受欢迎

1	2	
	3	4
5	6	7
	8	9

华丽的棒针编织

优美的棒针蕾丝

棒针编织的纤细花样和钩编蕾丝有着截然不同的魅力。
精心编织的蕾丝花样，穿在身上时仿佛被怡人的空气包围。

photograph Shigeki Nakashima styling Kuniko Okabe,Yumi Sano
hair&make-up Hitoshi Sakaguchi model Noemie

Shetland Lace

设得兰蕾丝披肩

用设得兰蕾丝编织地道的设得兰蕾丝披肩。从中心开始环形编织，仔细做编织花样。和设得兰蕾丝风格的编织花样组合在一起，编织有代表性的边缘，使这款披肩很有视觉冲击力。

设计 / 风工房
编织方法 / 116页
使用线 / Jamieson’s Ultra

Kunst Stricken

孔斯特蕾丝披肩

使用稳重的大地色，编织引人注目的孔斯特蕾丝花片。这款披肩的花片还加入了钩针编织。中心用棒针编织的花朵花片，和钩针编织的网眼针搭配在一起，毫无违和感，给人耳目一新的感觉。

设计/岸 睦子
编织方法/ 112 页
使用线/和麻纳卡

Haapsalu Lace

哈普萨卢蕾丝披肩

使用诞生于爱沙尼亚西海岸的哈普萨卢地区的蕾丝编织而成的这款披肩看起来可爱迷人。主体花样上设计了很多名为Nupp的小球球，边缘则使用了清爽利落的针法，披上很有度假风情。

设计 / 伊藤直孝
编织方法 / 119页
使用线 / 芭贝

Summer Vacation

海军风+度假风

大海的气息，叶子的私语……令人身心愉悦的夏日毛衫，一定要编织成海军风+度假风才过瘾！

photograph Hironori Handa styling Masayo Akutsu hair&make-up Yuri Arai model Nastya

海军风夏日毛衫

用经典的藏青色线和白色线编织成海军风条纹，自由自在地组合，设计具有特色的款式。加入红色线条，起到很好的视觉效果。无论是度假，还是在街头，穿上它去感受夏日清风徐来吧。

设计／冈本启子
制作／佐伯加寿子
编织方法／125页
使用线／钻石线

V形花样段染线毛衫和贝雷帽

只用1种线编织，便可以享受配色的乐趣，这就是段染线的魅力。编织挂针和2针并1针，设计成大大的V形花样，是这件毛衫的亮点。配上和纸线编织的贝雷帽，完成清凉的夏日穿搭。

设计/河合真弓
制作/冲田喜美子（毛衫）、关谷幸子（贝雷帽）
编织方法/ 120页（毛衫）、126页（贝雷帽）
使用线/钻石线

海军风T恤款毛衫

简单编织的T恤款毛衫，使用了等针直编的条纹花样。衣领两侧加入三角片，增加了时尚感和穿着舒适度。不同粗细的条纹花样，演绎出别样的都市海军风。

设计／冈 真理子
编织方法／122页
使用线／芭贝

镂空花样连帽
开衫和遮阳帽

这款镂空花样的连帽开衫，可以放心沾水，也可以穿在泳装外面。无论去海边，还是去山上，这件毛衫都很合适！度假氛围满满的遮阳帽，在帽身使用了横向编织的拉针花样，很有特色。

设计/柴田 淳
编织方法/ 122页(开衫)、127页(遮阳帽)
使用线/芭贝

叶子花样的圆形台布

极具存在感的大号台布，
建议选用空隙比较多的花样。
蛛网状的锁针部分形成绝佳的镂空效果，
叶子和小花花样既简单又不失现代感。

设计／河合真弓
编织方法／134页
使用线／奥林巴斯

用蕾丝装点家居

在日常生活中增添一些精致的蕾丝装饰，房间的氛围立马清雅了许多。或许是心理作用吧，照进房间的夏日阳光也好像没那么强烈了。今年夏天，让我们近距离感受蕾丝，开始蕾丝般雅致的生活吧。

photograph Shigeki Nakashima styling Kuniko Okabe,Yumi Sano hair&make-up Hitoshi Sakaguchi model Noemie

杯垫和装饰垫

玻璃杯里的夏日饮料看上去格外清凉，
凝结在杯子上的水滴悄悄滑落在杯垫上。
错落的大小尖角和立体的小球花样是装饰垫的迷人之处，
一起打造完美的餐桌布置吧。

设计 / 笠石亚纪
编织方法 / 128页
使用线 / 奥林巴斯

方眼针蕾丝桌旗

在常见的桌子或架子上装饰蕾丝桌旗，
让很普通的地方变得有点特别。
以方眼针为基础，用各种长针填补空隙形成花样，
这样的设计可以演绎出各种变化。
挑选与室内家居搭配的颜色也是一大乐趣。

设计／冈 真理子
制作／大西二叶
编织方法／133页
使用线／达摩手编线

素雅的咖啡帘

在亚麻布的下方装饰方形蕾丝花片制作成咖啡帘，
用来烘托夏日气氛再合适不过了。
换上后，房间的氛围便截然不同。
小球坠饰随风摇曳，在家也能度过舒适的美好时光。

设计/稻叶由美
编织方法/130页
使用线/奥林巴斯

土耳其共和国横跨欧亚两洲，东西方文化在此交汇融合。正因为如此，土耳其人、库尔德人、拉兹人、土库曼人等均生活在这里，由此诞生的手工艺品也丰富多样。本期为大家介绍的是其中拥有约600年历史的托卡特（Tokat）地区的手工木刻印染“巴斯克”。

巴斯克，是Baskı的音译，在土耳其语中是“印刷”的意思。先用木版蘸取染料，再将图案转印到布料上。当地比较多的叫法是“Tahta Baskı”“Ahşap Baskı”（Tahta、Ahşap是木板、木材的意思），传统工匠有时也将其叫作“Taş Baskı”。Taş的意思是石版，而实际上是木版印刷，之所以这么叫是因为过去有的模版是用黏土制作的。虽然工匠之间存在着不同叫法，但制作工艺的核心是一样的，这里就为大家介绍这种叫作“巴斯克”的手工木刻印染（也包括手绘）技艺。

土耳其的巴斯克起源于印度的木刻印染（Block Printing），据说这项技术是15世纪左右从印度经亚美尼亚传进来的。之后，风靡土耳其全国，被使用于各种布料和物件上，比如西服面料、祈祷用的坐垫、被套、叫作“Sofra”的餐桌布、叫作“Bohça”的包袱皮、室内装饰面料、围巾……托卡特地区就是以这种巴斯克技艺而远近闻名的。

在城市西侧的石山上有一座托卡特城堡，登上山顶可以俯瞰全城

托卡特的巴斯克历史

托卡特是托卡特省的省会城市。大约从公元前4世纪开始就有人居住了，到16~17世纪作为丝绸之路的商贸之地繁荣一时，手工艺品的生产制造业也兴盛起来。其中就有头巾工坊（Yazmacılık）。Yazma指的是印有图案的头巾。在穆斯林很多的土耳其，女性用来

世界手工艺纪行㊶（土耳其共和国）

从丝绸之路到现代生活的

托卡特传统手工木刻印染巴斯克

摄影/森谷则秋　协助编辑、撰文/春日一枝　实地摄影、资料提供/成原智子

包裹头发的头巾曾经是生活必需品。而生产、销售头巾的地方就叫作Yazmacılık。头巾上会应用到巴斯克技艺，在托卡特历史上逐渐发展成为很重要的一大产业。政府为了确保苏丹皇太后（君主的生母或继母）的收入来源，对托卡特生产的头巾进行征税。一部分工匠对高额的税收感到不满纷纷离开托卡特，转移到其他地方。为了防止收入的减少，政府于1820年前后强制这些工匠返回托卡特，并在之后的大约100年间，禁止拥有巴斯克技艺的工匠及木版流向外地。也正因为如此，巴斯克在托卡特取得了独特的发展，逐渐形成了花草果实等别具一格的图案。

巴斯克的操作工序

首先是制作木版。将菩提树（Ihlamur）切割成7~8cm厚的圆片，放在没有湿气的阴凉处2年以上使其干燥。然后在横截面画上图案，使用一种特殊的刻刀进行深雕。深雕是为了防止染料沉积，提高连续作业的效率。

接下来就是用制作好的木版在布料上进行印染。印染的方法有两种：一种是“直接印花（Karakalem）”，用蘸上染料的木版在布料上压印出图案；另一种方法“拔染印花（Söktürme）”恰好相反，压印的图案部分不染色，只有图案之外的布面才会被染上色。19世纪中期苯胺合成染料被发明出来后，主要使用的就是苯胺染色法。

“直接印花”时，首先将苯胺、硫酸铜、氯酸钾和水一起混合，调制出浅绿色的溶液（siyah nors）。然后将黄芪根浸泡在水中泡发一天后加在溶液里。用木版蘸取这种苯胺染料压印后，在阴凉避光处放置24小时晾干，再移至放有氨水的房间。室温比较高的情况下需要晾上8~10小时，室温比较低的情况下需要晾上24小时。绿色的染料与氨水发生化学反应后会变成黑色。不过，最近很多时候也会一开始就直接使用调制的黑色染料。

托卡特市立博物馆内头巾工坊的现场展示。这位工匠正在压印的是赫梯（公元前小亚细亚地区的奴隶制国家）纹样『太阳』和『鸟与鹿』

A / 在穆斯林很多的土耳其，女性用来包裹头发的头巾曾是生活必需品。在手工木刻印染的巴斯克头巾的边缘是土耳其蕾丝（İğne Oya），这是用缝针编织的小巧的蕾丝饰边　B / 受印度木刻印染影响的披巾（Şal Hamamiye）　C / 土耳其西部的克尔卡阿奇(Kirkagac)地区制作的餐桌布　D / 现代女性工匠对传统图案进行创新、手工雕刻的木版　E / 第3代继承人，作为头巾工匠获得文化旅游部认证的阿提夫・哲奥卢（音译）。同时在学校等机构开展木刻印染的教学指导课程　F、G / 在干燥的菩提树圆片上描出图案，然后精心雕刻　H / 将染好的布料挂起来晾晒的头巾工坊“Yazmacılar Han”。这是木结构部分烧毁之前的照片

世界手工艺纪行41

（土耳其共和国）

托卡特传统手工木刻印染巴斯克

“拔染印花”时，首先将苯胺、硫酸铜、氯酸钾和水一起混合，调制出蓝绿色溶液。将布料浸泡在此溶液中，取出后拧到半干的状态将布料摊开展平。然后用石灰、水、砂糖、少量色素调制出浅粉色的染料。在布料不想着色的部分用木版蘸上浅粉色染料压印。使用浅粉色染料是为了使压印的版更容易分辨。晾上2天左右，没有印花的部分会变成绿色。再用水清洗，木版压印部分的石灰被清除后就会露出没有着色的图案。继续晾干，绿色部分接触空气后就会变成黑色。

主版压印完成后，接下来就是上色了。“Elvant”是使用多块不同的色版进行套色的方法。这种方法在托卡特特别盛行，多版套色需要精湛的技术。“Fırça işi”是用毛笔自由上色的方法。调配颜料，或者加入晕染变化，可以表现各种各样的效果。这种技法主要是在伊斯坦布尔使用，托卡特直到2011年以后才开始使用。因为无须刻制多块色版，自由度也很高，所以现在越来越多地使用这种方法进行上色。

活跃在土耳其国内外的文化旅游部认证工匠亚塞明·埃尔顿女士。积极致力于巴斯克的推广活动

托卡特地区的特色图案

19世纪，托卡特的巴斯克技艺已经取得了独特的发展，其中有几种图案独具特色。“Tokat içi dolusu”（图P）是托卡特最早的原创设计。içi意为“内部、中间”，dolu意为“填满”，su意为“所有、全部”，即铺满图案的头巾。顾名思义，整面头巾都是巴斯克图案。与之相反，中间空白的“Tokat içi boş”（图Q）只在边框和四角印有图案。

水果图案也很特别（图I）。“Tokat elmalısı”是苹果图案，一般使用红、黑两种颜色。原来是用圆形表现苹果的，但是近年来变成了爱心形状。“Tokat yarım elmalısı”是半个苹果的图案。虽然很难看出是苹果，但是不规则的形状给人一种现代感。“Tokat kirazlısı”是樱桃图案，一个个小圆圈连续排列。“Asma yaprağı”（图K）是藤叶图案。加上虞美人，或者葡萄果实，可以衍生出很多变化。“Purket”（图L）是托卡特最古老的图案，是一种主题花朵图案沿着边框压印的设计。“Kaynana yumruğu”（图M）在土耳其语中的意思是“婆婆的拳头”。原来是蔓性植物的2片叶子组成的图案，因为形状如拳头而得此名。听说过去常用于孩子的头巾上。

巴斯克文化的未来

巴斯克在托卡特曾经盛极一时，但是进入20世纪后，随着机械工业化的发展，手工印染被机械印染所代替，巴斯克也逐渐走向衰退。1950年左右，托卡特市内共有10家左右的头巾工坊，但是最后一家工坊“Gazioğlu Han”在1997年倒闭后，改名为“Yazmacılar Han”搬到了郊外。现在那里已经入驻了好几家工作室。在2020年1月的一场火灾中，木结构部分被烧毁，不过很快重建，并且经营至今。

巴斯克工匠在漫长的历史中曾经都是男性，但是最近几年开始出现了女性工匠和艺术家。

出生于托卡特近郊村庄的亚塞明·埃尔顿（音译）在婚后孩子3岁时，开始到女子职业高中的夜校学习手工艺。

“我学习过各种门类的手工艺，但是一直在脑海里挥之不去的却是巴斯克。一方面是因为非常适合自己，但更多是因为巴斯克是托卡特当地的传统文化。以前男性工匠制作的大多是传统的头巾和餐桌布等，但是需求越来越少，木刻印染日渐走向下坡路。长此以往，传统文化就会消失，我就觉得必须制作出大家真正需要的东西。”

亚塞明在2013年成为土耳其文化旅游部的认证工匠，之后除了在土耳其国内，还远赴北马其顿、意大利、希腊、罗马尼亚、阿塞拜疆等国家，开展巴斯克的推广活动。此外，她还在托卡特的教育研究机构制作资料，向后辈传播巴斯克文化。不仅如此，她还经常致力于符合时代需求的全新设计实用作品的创作。

在托卡特市中心的“Taşhan”商场拥有工作室和商店的法蒂玛·登丹尔（音译）凭借其女性的直觉，生产经营着头巾、包包、桌布、服装等产品。法蒂玛出生在托卡特，结婚后，因为孩子们上了小学不再需要贴身照顾，于是参加了巴斯克的市民讲座。因为她觉得自己身为托卡特人，却不曾接触过托卡特所重视的这门手艺。

“遇见巴斯克对我来说是命运的安排。曾是普通家庭主妇的我一直觉得这就是我的天职。托卡特本来是用多版套色的方法进行彩色印染的，不过用毛笔上色的指导课程在2011年成为观光项目，之后特别是在女性之间广为流传。这种方法不需要费力刻制许多木版，配色也更加自由，可以创作出丰富多样的设计，因此越来越多的女性得以在创作上更加活跃。”

随着机械技术的发展和生活方式的变化，一度濒临消失的巴斯克又开始刮起了一股热潮。

由过去的商队驿站改造的商场『Taşhan』。2层楼的建筑物，有成排的手工艺品店，中庭的咖啡馆总是挤满了托卡特市民和游客。法蒂玛女士也在这里经营着工作室和商店

I

J

I / 托卡特水果图案的巴斯克。从左上方按逆时针方向依次为 “Tokat kirazlısı”（ 樱 桃 ）、“Tokat yarım elmalısı”（ 半 个 苹果 ）、“Tokat elmalısı”（ 苹果 ）。中间的主题图案与外圈的 “边框”（ Kenar ）一般是成套的木版　J / 法蒂玛・登丹尔女士。工作室中悬挂着托卡特地区代表性的木版印染大幅布料　K / 藤叶图案 “Asma yaprağı”，与虞美人组合在一起　L / 主题花朵加上小花点缀的图案 “Purket”　M / 叫作 “Kaynana yumruğu” 的图案，寓意 “婆婆的拳头”　N / 法蒂玛女士制作的短袖上衣。花朵图案的木版也是原创的。与彩色图案相呼应的边缘蕾丝装饰（ Oya ）是定制的　O / 一家全是女性工匠的工作室内的盖巾。配色明亮柔和　P / 托卡特最早的原创设计 “Tokat içi dolusu”　Q / 只在边框和四角印有图案的 “Tokat içi boş”

K

L

M

N

O

P

Q

Sequence Knitting

塞西莉亚的“序列编织”❷

photograph Hironori Handa styling Masayo Akutsu hair&make-up Yuri Arai model Nastya

按相同的序列（排序）编织下针和上针，这就是序列编织。
只要记住了序列，不看编织图也可以编织。
因为是按照序列重复编织，据说还能起到疗愈和冥想的效果。
本期将继续介绍塞西莉亚的序列编织，希望大家可以感受到其中的妙趣。
（翻译、监修：西村知子）

条纹花样简约风围巾

本期作品是一款用夏季线材编织的围巾，使用了第39页样片D的花样，可在日照强烈时佩戴。大家也不妨试试按自己的节奏编织。

制作/八木裕子
编织方法/141页
使用线/ Isager

反面　　正面

A

B

C

D

本期介绍的是Serpentine Method（S形）序列。与上一期的1-Row Method（1行完结法）一样都是基础序列，不过这次1行的针数并不要求是序列针数的倍数。这样一来，可以在序列的中途结束，下一行从序列中断的地方接着编织。因为序列从上一行延续到下一行，从编织顺序上看就像这个序列名称一样呈S形前进。
即使用相同的序列编织，1行的针数只要相差1针，如下所示就会编织出截然不同的花样，真是非常有趣。

这里使用的序列是“K4, P4, K2, P2（4针下针，4针上针，2针下针，2针上针）”的重复。

样片A（12针的倍数＋1针）
样片B（12针的倍数＋2针）

正如这两个样片所示，即使用相同的序列编织，针数不同可以改变花样的呈现效果。像下面这样改变序列的排序也别有一番趣味。
样片C、D的针数都是“8针的倍数＋2针”。

样片C的序列是“K3, P3, K1, P1（3针下针，3针上针，1针下针，1针上针）”的重复。

样片D改变了序列的排序，是“P3, K1, P1, K3（3针上针，1针下针，1针上针，3针下针）”的重复。

无论哪种序列，按编织图逐针编织并不容易。但是，只要记住了序列，不知不觉就编织出了花样！由此可以体会到不同寻常的编织感受。
在本期的Serpentine Method序列中，要将织物翻面后接着上一行的序列继续编织，所以在下一行的起点往往容易忘记上一行的针目。反之，不要看针目，只要一直背诵序列即可！而且，找到自己的节奏进行编织。比如，“P3, K1, P1, K3”就重复“1、2、3——1——1——1、2、3”。这是我个人的方法，大家一旦开始编织也会慢慢找到自己的节奏的。

Cecelia Campochiaro
塞西莉亚·坎普基亚罗

现居美国加利福尼亚州的硅谷。长年从事计算机芯片制造所需特殊显微镜的研发工作。同时，在纺织、摄影等多个艺术领域也有深入的研究。通过编织这项多年的兴趣爱好，对于简单的上下针组合排序竟能演绎出各种丰富的纹理这一点深深着迷，从2010年开始就序列编织的可能性展开了探索。2015年出版了首部著作*Sequence Knitting*。

来自塞西莉亚女士的寄语

下面是塞西莉亚女士关于本期的序列编织提出的建议。
我的建议是，正式开始编织作品前，先用零头线编织小样片练习一下。选一个容易集中注意力、比较安静的地方，编织7~8cm的样片，这样就会慢慢熟悉序列的结构了。

夏日风情的装饰

夏天的海面波光粼粼。波浪涌起又退下，冲刷着留在沙滩上的脚印……
将那个令人怀念的夏天留在心底的回忆制作成夏日风情的装饰，把夏天请进房间吧！

photograph Toshikatsu Watanabe styling Terumi Inoue Special Thanks AWABEES,UTUWA

装饰环

在灰白色调的花样中，热带鱼显得格外鲜艳。
市售的花环基底上错落有致地排列着充满夏日气息的海洋小生物。

设计／松本薰
编织方法／136页
使用线／奥林巴斯

杯垫

夏天是杯垫大派用场的季节！配色编织出波浪基底，再在上面装点40号蕾丝线编织的迷你花样，就用它们招待客人吧。

设计／松本薰
编织方法／136页
使用线／奥林巴斯

各种小物里全都塞入了填充棉，非常立体饱满。编入串珠的海星、白色漂亮的珊瑚碎片、用段染线编织的贝壳，洋溢着浓浓的夏日氛围。五颜六色的编织小球是被海水磨去棱角的海玻璃。彩色小丑鱼更是亮眼的点缀。虽然仅靠必需品生活也没什么问题，但是每个季节装饰一些手工艺品，或者为迎接下个季节做点准备，抑或为了辞旧迎新整理一下，一点点增加这样的编织小物也不失为一件愉快的事。

乐享毛线 Enjoy Keito 20

这个夏天，让我们用再生棉线享受夏日编织的乐趣吧！

photograph Hironori Handa styling Masayo Akutsu hair&make-up Yuri Arai model Nastya

Saredo
re-specked cotton

再生棉100%　颜色数／11（Keito在售）　规格／每筒约200g　线长／约780m　线的粗细／中细　适用针号／棒针3~6号（Keito推荐针号）

100%利用日本纺织工厂在生产过程中的落棉（未利用纤维）再生加工的线材。是用独特的纺织技术，选取纤维较长的落棉纺染加工的日本制造的环保再生毛线。

re-specked cotton使用一种叫作“斑点染色”的特殊技法进行染色，形成杂色调的效果，散发着复古牛仔布般的韵味。

镂空花样夏季套头衫

透气的镂空花样套头衫是夏日备受欢迎的单品。编织花样很有规律，也是非常容易编织的一款设计。

设计／石塚真理
编织方法／138页
使用线／ Saredo re-specked cotton

Keito

邮编：111-0053
地址：日本东京都台东区浅草桥3-5-4 1F
电话：03-5809-2018
传真：03-5809-2632
电子邮箱：info@keito-shop.com
营业时间：10:00~18:00
休息日：星期一（星期一为节假日时，则次日休息）

Saredo FaiRe:y Floss

再生棉100%　颜色数/10（Keito在售）　规格/每筒约200g　线长/约134m　线的粗细/超级粗　适用针号/棒针8~12mm，钩针7~10mm
FaiRe:y Floss是加工成带状的超级粗毛线。用这款线编织的基础花样和麻花花样看上去更加立体，推荐使用棒针编织。

锯齿花样单肩包

从圆形底部往上编织时变换成锯齿花样，设计新颖独特。因为使用了超级粗的毛线，作品非常结实。

设计/一色 奏
编织方法/140页
使用线/ Saredo FaiRe:y Floss

一到夏天，不少人会放下编织，转向其他手工艺。不过，现在有很多棉、麻等夏季线材可供选择，希望大家夏天也能享受到编织的乐趣。

说到 Keito 店铺的夏季经典线材，不得不提奈良的 Saredo 品牌线。自从 2017 年 4 月开始销售以来，粉丝每年都在增加。

Saredo 的毛线均使用再生棉加工而成，非常环保。从中细到超级粗，产品系列非常丰富。根据染色工艺，颜色分为纯色和杂色调，手感很柔软。因为是棉线，接触皮肤也没有刺痒的感觉。从袜子、披肩到毛衣、家居用品，可以编织的作品非常广泛。在 Keito 店铺虽然袜子比较受欢迎，但是本期将为大家介绍的两款作品分别是用棒针编织的夏季套头衫和用钩针编织的单肩包。

中细毛线 re-specked cotton 每筒约 780m 的线长也十分诱人。这里使用比线粗一点的棒针编织了一款镂空花样的套头衫。规则的花样只要掌握了重复规律，编织起来会非常快。

钩针编织的单肩包使用的毛线是 FaiRe:y Floss。这款带状线虽然很粗，但是由于是 100% 棉的材质，整体来说比较轻。还有一个优点是针目看上去略显复杂。底部是环形钩织，侧面则是往返钩织，再加上颜色的交替，可以一边编织一边享受色彩的变化。

这两款作品都非常适合夏日的休闲风穿搭。

简约风夏日编织

随意穿搭也能穿出简洁得体的感觉，这就是夏日毛衫的优点。
本期汇集了几款休闲舒适、可以日常穿着的简约风设计。

photograph Shigeki Nakashima styling Kuniko Okabe, Yumi Sano hair&make-up Kazunori Miyasaka
model Sakura Maya Michiki

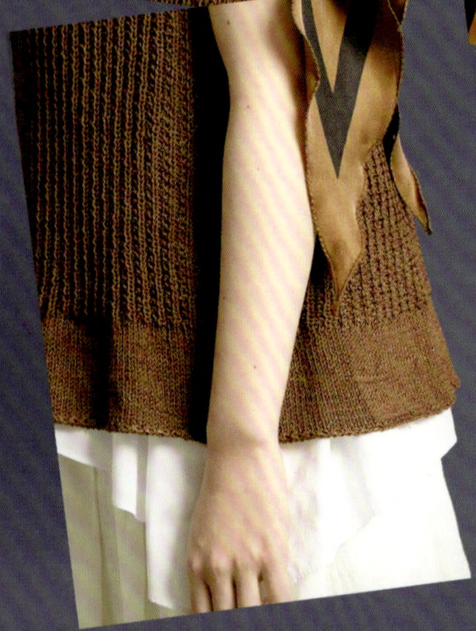

可叠穿的百搭背心

大大的领口是这款背心的亮点，可以享受叠穿的乐趣。不用编织边缘，袖窿和领窝也无须另外处理，这样的设计非常讨人喜欢。下摆编织下针，按相同的针数继续往上编织花样，下摆就会呈喇叭状展开，增添了一分动感。

设计 / 奥住玲子
编织方法 / 142 页
使用线 / 手织屋

雅致一字领无袖衫

鲜亮的绿色让人不由得想要深呼吸。这款设计通过改变编织时线的根数来调整密度，打造出独特的通透感，充满了夏日气息。主体的镂空花样也十分雅致，漂亮又不失休闲感，非常适合成熟女性穿着。

设计 / 笠间 绫
编织方法 / 144页
使用线 / 手织屋

Simple Knit for Summer

波纹花样套头衫

挂针的方块与2针并1针的方块交错排列，形成了此起彼伏的波纹花样，很是优雅。我们可以从这款作品中感受到简单针法也能完成织物的妙趣以及手编的韵味。

设计 / YOSHIKO HYODO
制作 / 矢部久美子
编织方法 / 145页
使用线 / 钻石线

一衣两穿的锯齿花样半袖开衫

这款毛衫可以前后换着穿。编织花样若隐若现，编织过程一点也不会感觉枯燥，穿搭方法也多种多样。这款设计还可以在颜色和衣长上进行不同的尝试。

设计/大田真子　　制作/须藤晃代
编织方法/ 146页
使用线/钻石线

调色板

黑色

如果是第一次挑战装饰领，就用黑色线编织一款简单点的吧。这是百搭的万能色，既能驾驭任何服装，又可以恰到好处地展现蕾丝的甜美。

Color Palette

领口的别样风采

日常服饰也能瞬间穿出十足的女人味。
施展装饰领的魔法，愉快地度过一个新的夏天吧！

photograph Shigeki Nakashima styling Kuniko Okabe,Yumi Sano
hair&make-up Kazunori Miyasaka model Sakura Maya Michiki

设计/冈 真理子　制作/冈 千代子　编织方法/ 148页
使用线/奥林巴斯

米色
这款装饰领与浅粉色的宽度相同。用相同的线编织细绳，打结后自然下垂，减少了甜美气息，可以像小披肩一样搭配使用。

浅粉色
充满少女气息的装饰领在主体织片上增加了华丽的边缘，放大了尺寸。搭配偏深色的无领连衣裙，更能衬托出精美的花样。

原白色
宛如蕾丝的装饰领造型简单，不会过于甜美。将绳子系在身后，突显了蕾丝的清新雅致，看上去更加清秀可人。

浅绿色
雅致的装饰领的编织图与黑色的相同。搭配在褶边衬衫的领口也不显累赘，反而看上去更加可爱，是一款非常不错的配饰。

Yarn Catalogue

「春夏毛线推荐」

本期介绍的是凉爽的线材，正好适合夏季编织。

photograph Toshikatsu Watanabe styling Terumi Inoue
Special Thanks AWABEES,UTUWA

Ricordo
芭贝

线名ricordo的意思是“记忆、回忆”，细腻的渐变色调宛如从过去延续到未来，故取此名。6种漂亮的颜色仿佛可以刺激我们的五感，令人回味。无论棒针编织还是钩针编织，都可以感受到丰富的质感。

参数

人造丝39%、棉26%、腈纶23%、苎麻6%、亚麻6%
颜色数/6 规格/每团40g 线长/约125m 线的粗细/粗 适用针号/4~6号棒针，4/0~5/0号钩针

设计师的声音

颜色的变化很漂亮，手感干爽，也比较顺滑，编织起来非常顺手。(奥村利惠子)

Puppy Linen 100
芭贝

这是一款100%亚麻的线材，编织夏日服饰凉爽又舒适。原产地佛兰德地区的亚麻拥有悠久的历史，现在仍然是生活中不可或缺的重要原材料。充分发挥亚麻的特性，以自然色为主，也精选了几种鲜亮的颜色。

参数

亚麻100% 颜色数/10 规格/每团40g 线长/约148m 线的粗细/粗 适用针号/4~6号棒针，5/0~6/0号钩针

设计师的声音

没有粗糙感，也没有麻线特有的起毛现象，非常容易编织，是很漂亮的一款平直毛线。无论制作毛衣还是小物都很合适的亚光色调正合我意。虽然偏细，但是编织起来很顺手。因为是100%亚麻成分，熨烫后的针目更加整齐，作品精美、不易变形。(michiyo)

Carta —书信—
Pierrot Yarns ♪

销售达10年以上。编织的作品十分雅致，现已成为经典热销款毛线。增加新色后，更多颜色可供选择。轻柔的棉线加上顺滑、富有光泽的真丝混纺而成，不仅手感舒适，还隐约散发着淡淡的光泽。

参数

棉90%、真丝10%　颜色数／12　规格／每团40g　线长／约122m　线的粗细／粗　适用针号／4~5号棒针，3/0~4/0号钩针

设计师的声音

虽然是偏细的夏季线，但是编织时针不会打滑，针目也很端正，编织体验非常棒。干爽的质感加上适中的柔软度，我觉得可以用这款线设计各种类型的作品。（奥住玲子）

Sawayaka Cotton、Sawayaka Cotton 40
Pierrot Yarns ♪

这是一款中细毛线，从毛衫到小物均可编织。线的捻度较高，结实耐用，容易编织，作品也很漂亮。因为材质是轻柔爽滑的100%棉，一年四季均可编织。而且，2根线合股编织，或者与其他线合股编织，可以自由发挥。有筒装和团装两种规格可供选择。

参数

棉100%　颜色数／20　规格／每筒100g（约380m）、每团40g（约152m）　线的粗细／中细　适用针号／2~4号棒针，2/0~3/0号钩针

设计师的声音

线虽然偏细，但是内含芯线，很容易编织。因为密度容易收缩，钩针编织时注意长针的根部要保持一定的长度。用熨斗整烫平整，作品会更加美观。（川路由美子）

现在还不知道?

零头线的活用小妙招

是否有很多人为零头线怎么处理而烦恼?
如果有几团的数量，可以编织小物件；
如果线的粗细一致，可以配色编织提花花样；
还有一些不足1团的零头线，我想一定有人舍不得丢弃。
那就将这些零头线制作成漂亮的创意线，让它们焕发新生吧!

摄影/森谷则秋　监修/青木千鹤

1

首先，像这样把手头的毛线全部拿出来看看

完整的线团、用剩的线团、不成团的零散毛线，只要是20cm以上的线全部摆放出来。接着观察整体情况，根据条件筛选出同类的毛线。

2

按毛线的粗细大致分类

按极粗以上、中粗左右、中细以下，可以将毛线大致分成3或4类。
如果冬季线和夏季线的数量分别可以编织一件衣服，也可以尝试分开。
如果只有少量夏季线，可以和冬季线合并使用，不分开也没有关系。

●粗到中粗类别的毛线

在毛线堆里，粗到中粗的毛线比较多，所以按颜色又细分为“绿色系”“紫色系”“白色系”。

紫色系的毛线　约700g

绿色系的毛线　约800g

白色系的毛线　约1000g

●其他类别的毛线

零散的毛线暂时另外归类。粗细一致的毛线也可以再买一些组合起来使用，细线也可以合成粗一点的线使用。

夏季线

中细以下的毛线

极粗以上的毛线

建议1

如果有的颜色不确定属于哪一类，可以按对比色暂时放在容易搭配的类别里。后面如果觉得不合适还可以再拿出，所以请先大致分成几类。

3
一边打结接线，一边制作线团

1

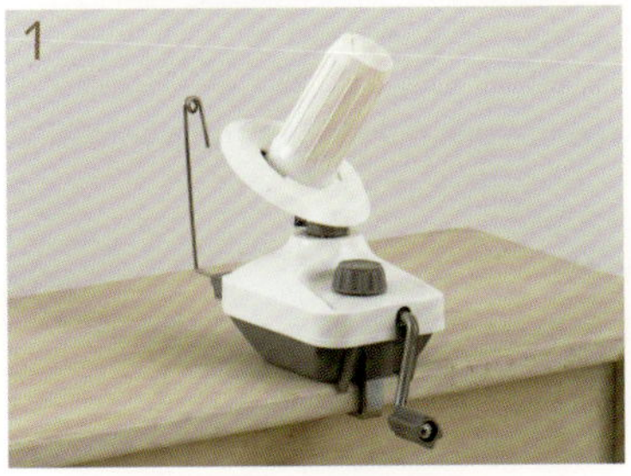

准备绕线器。也可以用手绕线。

2

用“织布结”的方法接线。如图所示将毛线放在手上。

3

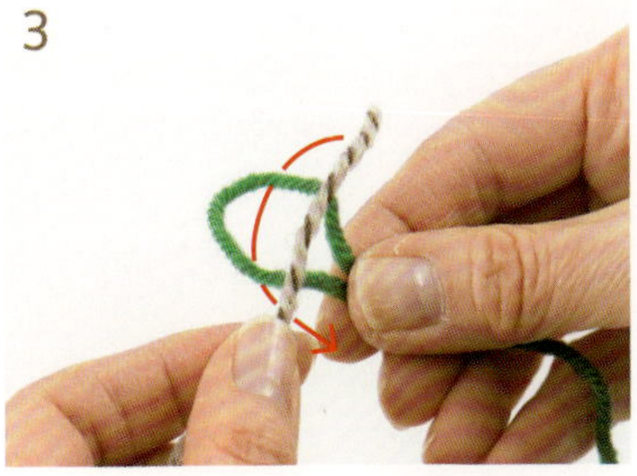

将另一根毛线放在上面，如箭头所示绕线。

4

将线头穿入开头的线环里。

建议2
不同毛线的长度（间隔）会影响编织时的条纹效果。但是，绕线时如果考虑太多就会进展得很慢，暂且剪一段绕一段。反正是零头线。编织时如果觉得不合心意可以剪断重新打结，所以请放心大胆地把眼前成堆的毛线绕成线团吧。

5

拉紧两边的线。

6

注意力道要均衡，不要一边松一边紧。

7

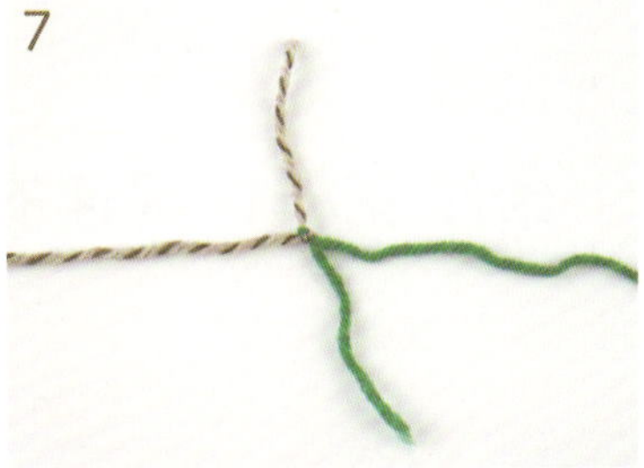

织布结就完成了。这种打结方法不易松散，线结也不太明显。

建议 3

当你觉得差不多粗细的毛线太少时，可以将2根或3根细线合并，使其变成相同粗细的线。

建议4
当绕线器上绕满线后，制作下一个线团。在制作第1团线剩下的线中加入线堆中选出的别的线。这样重复操作后，同一种线会出现在不同线团中，整体的感觉比较和谐统一。

这里要将粗到中粗类别的毛线绕成线团。从分好类的线堆中挑选出5~8种毛线，先绕一点线后剪断，再接上别的线继续绕，如此重复操作。将线堆中不同颜色和质感的毛线组合在一起，可以突显层次变化。

几个小时后……

绕出了很多线团
感觉不错哟！♡

粗到中粗类别的约800g绿色系零头线绕出了14个线团。还剩2个量比较多的零线团。

就用这些线团编织毛衣吧！
具体方法请参照第77页！

建议5

剩下很多的零线团作为“调和用线”，可以加到任何线团中，这样整体就有了共同性，视觉上更加协调。当然也可以不加到其他线团中，直接剩下来，编织作品时方便用在不想换色的地方。剩下很多的零线团也不一定非要重新绕成线团，可以暂时保持原状。

[第15回] michiyo 四种尺码的毛衫编织

炎热的夏天来了。
用清爽的亚麻线编织轻薄的毛衫，使用适合夏天的粗条纹花样吧。

photograph Shigeki Nakashima styling Kuniko Okabe,Yumi Sano hair&make-up Kazunori Miyasaka model Sakura Maya Michiki

条纹花样休闲连衣裙

本期的连衣裙，将夏天经典的条纹花样稍微进行变化，比相同粗细的条纹更有韵味和时尚感。使用细细的亚麻线编织，成品轻薄，穿着凉爽。白色线部分编织起伏针，针目比只做下针编织更加细密。而且，起伏针的运用让下摆不再卷边，更加整洁漂亮。

衣领和衣袖也加入了不同的减针。从大领窝环形挑针编织罗纹衣领，沿着肩部在肩线减针。这种减针方法更加平整。同时，袖窿设计得很宽大，穿着不贴身，比较凉快。衣袖从宽宽的袖窿挑针，均匀地减针，编织成圆圆的袖口。

前后身片的起针要松松地，以免搅缠在一起。织好后，要充分熨烫定型。

这件织物既可以当作长款的夏日毛衫，搭配牛仔裤穿，也可以当作休闲连衣裙穿。

本期使用的是100%天然亚麻线，清爽的手感很适合编织夏日毛衫。细线编织会稍微有点辛苦，想着成品效果坚持编下去吧。粗条纹和细条纹组合，编织效果更适合成人。看起来像是简单的下针编织花样，其实组合使用了起伏针，不仅更有质感和韵味，也避免了下摆卷边。

制作/饭岛裕子
编织方法/150页
使用线/芭贝

michiyo

做过服装、编织的策划工作，1998年开始以编织作家的身份活跃。作品风格稳重、简洁，设计独特，颇具人气。著书多部。现在主要以网上商店Andemee为中心发布设计。

以编织花样为基准改变尺码，因此尺寸的变化并不均匀。

Let's Knit in English!
西村知子的英语编织——7

不一样的放针的加针

photograph Toshikatsu Watanabe styling Terumi Inoue Special Thanks AWABEES,UTUWA

< Pattern A >

Multiple of 13 sts + 1 edge st on each side
Row 1 (RS): Purl.
Row 2 (WS): Knit.
Row 3: K1 (edge st), *p6, (k1, p1) three times into next st, p6*, rep from * to * to last st, k1 (edge st). (5 sts inc'd for every rep)
Row 4: K1 (edge st), *k6, p6, k6*, rep from * to * to last st, k1 (edge st).
Row 5: K1 (edge st), *p6, k6, p6*, rep from * to * to last st, k1 (edge st).
Row 6: Rep Row 4.
Row 7: K1 (edge st), *p2tog twice, p2, (k2, yo) twice, k2, p2, p2tog twice*, rep from * to * to last st, k1 (edge st).
Row 8: K1 (edge st), *k4, p8, k4*, rep from * to * to last st, k1 (edge st).
Row 9: K1 (edge st), *p2tog twice, (k2tog, yo, k1, yo) twice, k2tog, p2tog twice*, rep from * to * to last st, k1 (edge st).
Row 10: K1 (edge st), *k2, p9, k2*, rep from * to * to last st, k1 (edge st).
Rep Rows 1 to 10 for pattern.

<花样A>

起针：13针的倍数＋两端各1针边针
※样片在两端各多加了2针。
第1行（正面）：编织上针。
第2行（反面）：编织下针。
第3行：1针下针（边针），【6针上针，在下一针里编织3次"1针下针、1针上针"，6针上针】，重复【～】至最后剩1针，1针下针（边针）。（每个花样增加了5针）
第4行：1针下针（边针），【6针下针，6针上针，6针下针】，重复【～】至最后剩1针，1针下针（边针）。
第5行：1针下针（边针），【6针上针，6针下针，6针上针】，重复【～】至最后剩1针，1针下针（边针）。
第6行：重复第4行。
第7行：1针下针（边针），【上针的左上2针并1针×2次，2针上针，"2针下针、挂针"×2次，2针下针，2针上针，上针的左上2针并1针×2次】，重复【～】至最后剩1针，1针下针（边针）。
第8行：1针下针（边针），【4针下针，8针上针，4针下针】，重复【～】至最后剩1针，1针下针（边针）。
第9行：1针下针（边针），【上针的左上2针并1针×2次，"左上2针并1针、挂针、1针下针、挂针"×2次，左上2针并1针，上针的左上2针并1针×2次】，重复【～】至最后剩1针，1针下针（边针）。
第10行：1针下针（边针），【2针下针，9针上针，2针下针】，重复【～】至最后剩1针，1针下针（边针）。
重复第1~10行。

放针的加针在泡泡针等编织花样中经常会用到。所谓放针的加针，一般的方法是在1针里编织若干针下针或上针，并在下针或上针之间加入挂针。

这种方法在英文编织说明中也可以看到，但是更常见的加针方法是kfb (knit into front and back of stitch)，即"在1针里编织下针和扭针"（1针放2针的加针方法）。这种加针方法在日本也越来越普遍。在编织针目的同时就可以完成加针，非常方便。运用这种方法还可以加出更多的针数。

本期介绍的花样就是使用下针（knit）和上针（purl）进行放针的加针。

通过挂针进行放针的加针时，挂针后面一定要编织下针或上针，否则加针无法固定。而在本期介绍的方法中，因为是通过下针和上针进行加针，所以加针的针数不受限制。无论要加出的针数是奇数还是偶数都可以，而且加出的针目非常稳定。使用放针的加针编织的部分根据想要的纹理效果，也可以替换成挂针的加针，对两者要区分使用。

说回开头1针放2针的加针kfb，如果直译就是"分别在针目（线圈）的前面和后面入针编织下针"。从方法来看是"下针和扭针"，从表面来看则是"下针和上针"。根据需要或许可以当作花样灵活使用。如果在织物的反面行做kfb的加针，从正面看上去就是2针并列的上针，所以正面是上针等针法的织物不妨使用这种方法加针。

本期通过下针和上针做放针的加针时，可以用下面的方法表示加针的数量。

1针放3针的加针：knit, purl, knit into same stitch.
（在同一针目里编织"下针、上针、下针"。）
1针放4针的加针：(knit, purl) twice into same stitch.
（在同一针目里编织"下针、上针、下针、上针"。）
上面的是直译，如果加针次数比较多就容易混淆，所以统一为下面的表述方法：
(k1, p1) twice into same stitch. ＝在1针里编织2次"1针下针、1针上针"。

下面为大家介绍两款夏季花样，都使用了这种放针的加针技法。
从小物到毛衣，这两款花样都可以广泛应用。请大家务必尝试一番。

西村知子（Tomoko Nishimura）：
幼年时开始接触编织和英语，学生时代便热衷于编织。工作后一直从事英语相关工作。目前，结合这两项技能，在举办英文图解编织讲习会的同时，从事口译、笔译和写作等工作。此外，拥有公益财团法人日本手艺普及协会的手编师范资格，担任宝库学园的"英语编织"课程的讲师。新作《西村知子的英文图解编织教程+英日汉编织术语》（日本宝库社出版，中文版由河南科学技术出版社引进出版）正在热销中，深受读者好评。

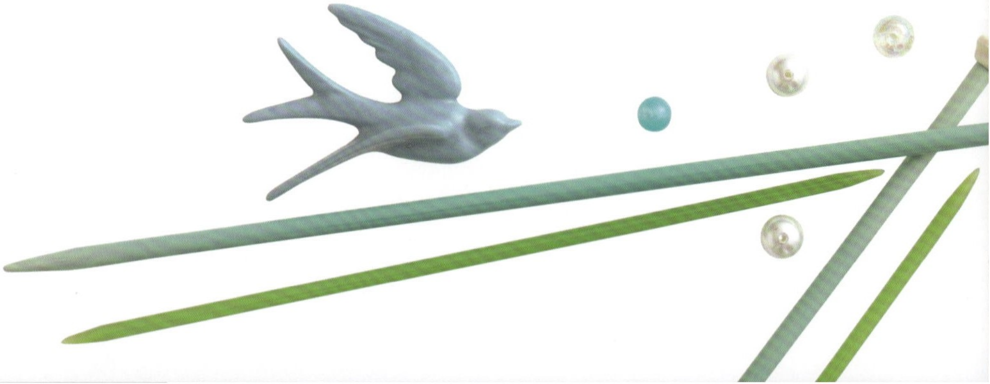

<Pattern B>

Multiple of 6 sts + 3, + 1 edge st on each side
Row 1 (RS): K1 (edge st),*k3, p3*, rep from * to * to last 4 sts, k3, k1 (edge st).
Rows 2, 3, 4: K1 (edge st), k the k sts and p the p sts until last st, k1 (edge st).
Row 5: K1 (edge st), *sk2po, p3*, rep from * to * to last 4 sts, sk2po, k1 (edge st).
Row 6: K1 (edge st), *make 3, sk2po*, rep from * to * to last 2 sts, make 3, k1 (edge st).
Row 7: K1 (edge st), *p3, make 3*, rep from * to * to last 4 sts, p3, k1 (edge st).
Row 8: K1 (edge st),*k3, p3*, rep from * to * to last 4 sts, k3, k1 (edge st).
Rows 9 to 14: K1 (edge st), k the k sts and p the p sts until last st, k1 (edge st).
Row 15: K1 (edge st), *p3, sk2po*, rep from * to * to last 4 sts, p3, k1 (edge st).
Row 16: K1 (edge st), *sk2po, make 3*, rep from * to * to last 4 sts, sk2po, k1 (edge st).
Row 17: K1 (edge st), *make 3, p3*, rep from * to * to last 2 sts, make 3, k1 (edge st).
Row 18: K1 (edge st), *p3, k3*, rep from * to * to last 4 sts, p3, k1 (edge st).
Rows 19 to 24: K1 (edge st), k the k sts and p the p sts until last st, k1 (edge st).
Rep Rows 5 to 24 for pattern.

编织用语缩写一览表

缩写	完整的编织用语	中文翻译
k2tog	knit 2 stitches together	左上2针并1针
make 3	(k1,p1,k1) into next stitch	在下一针里编织"1针下针、1针上针、1针下针"=1针放3针的加针
p2tog	purl 2 stitches together	上针的左上2针并1针

<花样B>

起针：6针的倍数+3针+两端各1针边针
第1行（正面）：1针下针（边针），【3针下针，3针上针】，重复【~】至最后剩4针，3针下针，1针下针（边针）。
第2、3、4行：1针下针（边针），下针织下针、上针织上针至最后剩1针，1针下针（边针）。
第5行：1针下针（边针），【右上3针并1针，3针上针】，重复【~】至最后剩4针，右上3针并1针，1针下针（边针）。
第6行：1针下针（边针），【1针放3针的加针，右上3针并1针】，重复【~】至最后剩2针，1针放3针的加针，1针下针（边针）。
第7行：1针下针（边针），【3针上针，1针放3针的加针】，重复【~】至最后剩4针，3针上针，1针下针（边针）。
第8行：1针下针（边针），【3针下针，3针上针】，重复【~】至最后剩4针，3针下针，1针下针（边针）。
第9~14行：1针下针（边针），下针织下针、上针织上针至最后剩1针，1针下针（边针）。
第15行：1针下针（边针），【3针上针，右上3针并1针】，重复【~】至最后剩4针，3针上针，1针下针（边针）。
第16行：1针下针（边针），【右上3针并1针，1针放3针的加针】，重复【~】至最后剩4针，右上3针并1针，1针下针（边针）。
第17行：1针下针（边针），【1针放3针的加针，3针上针】，重复【~】至最后剩2针，1针放3针的加针，1针下针（边针）。
第18行：1针下针（边针），【3针上针，3针下针】，重复【~】至最后剩4针，3针上针，1针下针（边针）。
第19~24行：1针下针（边针），下针织下针、上针织上针至最后剩1针，1针下针（边针）。
重复第5~24行。

sk2po	slip 1 stitch knitwise, knit 2 stitches together, pass slipped stitch over the knit stitch	以下针的入针方式将1针移至右棒针上，在后面2针里一起编织下针，挑起刚才移至右棒针上的针目，将其覆盖在已织针目上=右上3针并1针
st(s)	stitch(es)	针目
yo	yarn over	挂针

Small or Large?

小包还是大包？

手工制作夏天的包包，已经成为一种习惯。
今年夏天要搭配什么样的包包出门呢？希望大家可以找到想要编织的款式。

photograph Hironori Handa styling Masayo Akutsu hair&make-up Yuri Arai model Nastya

口金弹片手提包

圆鼓鼓的包包造型煞是可爱。由于包口使用了口金弹片，不仅方便实用，而且容量比看上去更大。用同种线编织的提手比较短，是手提包的设计。不过，提手的拆卸非常简单，也可以根据个人喜好换成链子。

设计／BEYOND THE REEF　制作／久保明美
编织方法／154页
使用线／芭贝

Small or Large?

口金弹片单肩包

大包的提手长度可以挂在肩上，更加方便。特意选择与主体不同的颜色编织提手，瞬间提升了时尚感。试试不同的配色和线材，还可以演绎出更多的变化。

设计 / Little Lion（千叶绫香） 制作 / 久保明美

编织方法 / 156页

使用线 / 芭贝

配色花样束口袋

临时出个门或者午餐时，这款束口袋刚好可以用来放钱包和手机。抽紧袋口，就不用担心丢失重要的东西了，用起来很放心。线材和配色也很棒，充满了夏日气息。你更喜欢哪种配色呢？

设计 / Little Lion（千叶绫香）
编织方法 / 153页
使用线 / 芭贝

可通勤使用的托特包

大大的托特包可以轻松放入A4纸大小的文件，再加上侧边的设计，收纳性超强。还有可以固定的包盖，用作通勤包也很放心。用2种线材合并编织的细微色彩变化也非常漂亮。

设计 / Little Lion（千叶绫香）
编织方法 / 158页
使用线 / 芭贝
拧锁金属配件 / INAZUMA

detail

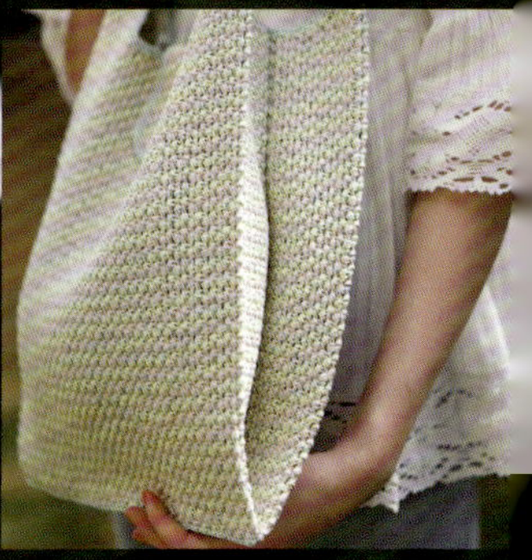

多功能和纸线束口袋

粉色调和藏青色调的束口袋用纯色和杂色2种和纸线编织而成。外侧的编织花样可以当作口袋使用，多功能的设计令人惊喜。搭配夏季服饰也非常合适。

设计 / Hobbyra Hobbyre
编织方法 / 160页
使用线 / Hobbyra Hobbyre

Pink or Blue?

[织物自由变化研究3]短针方眼钩编和序号钩编

运用序号钩编技法编织毛衫吧

作为夏季的织物自由变化研究，过去已经连载了2期“短针方眼钩编和序号钩编”。这次是第3期，让我们尝试编织最能发挥这种钩编技法特性的菱形花样吧。

监修／今泉史子

photograph Hironori Handa styling Masayo Akutsu hair&make-up Yuri Arai model Nastya

菱形花样毛衫

既像多米诺编织，又像白桦编织，其实两者都不是。序号钩编的优势在这款菱形花样中发挥得淋漓尽致。用棒针编织略显麻烦的阿盖尔格纹（又称菱格纹），运用短针方眼钩编技法也可以变得非常简单。选用对比鲜明的配色，编织出具有视觉冲击力的时尚单品吧。

设计／今泉史子

编织方法／171页

使用线／钻石线

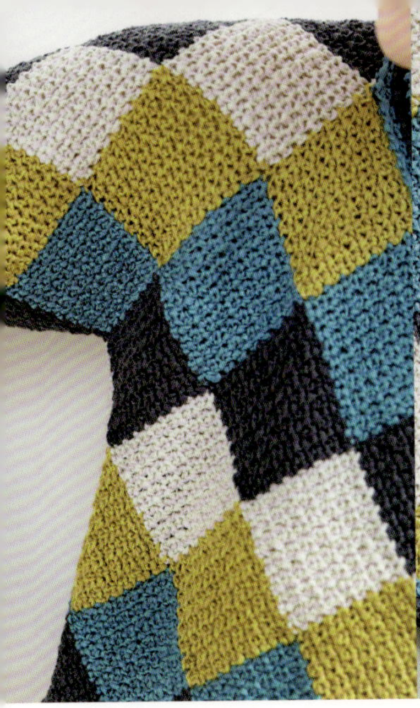

大久保蓉子老师研究出来的短针方眼钩编技法，就是将长针和锁针组成的方眼编织中的长针改成短针。看似简单的技法，却奥妙无穷，从中可以演绎出各种各样的编织方法。因为可以在织块的边上挑针连接，所以一边编织一边做连接就能完成立体的织物。无须缝合就可以编织出衣物也是这种技法的一大亮点。

序号钩编是将短针方眼钩编的小织块不断扩展开来，按编号顺序依次钩织小织块即可。一边编织一边做连接，充分利用短针方眼钩编的特性，就可以编织出灵活多变的作品。不仅可以将四方形织块组合编织成立体的作品，还可以编织出图案花纹，充满了乐趣。另外，每个织块都要改变方向编织，这样织块的四个方向都有张力，织物不易变形，这也可以说是序号钩编的一大优点。

第64页作品的编织方法

下面介绍的是序号钩编的基础技法以及菱形花样的编织方法。

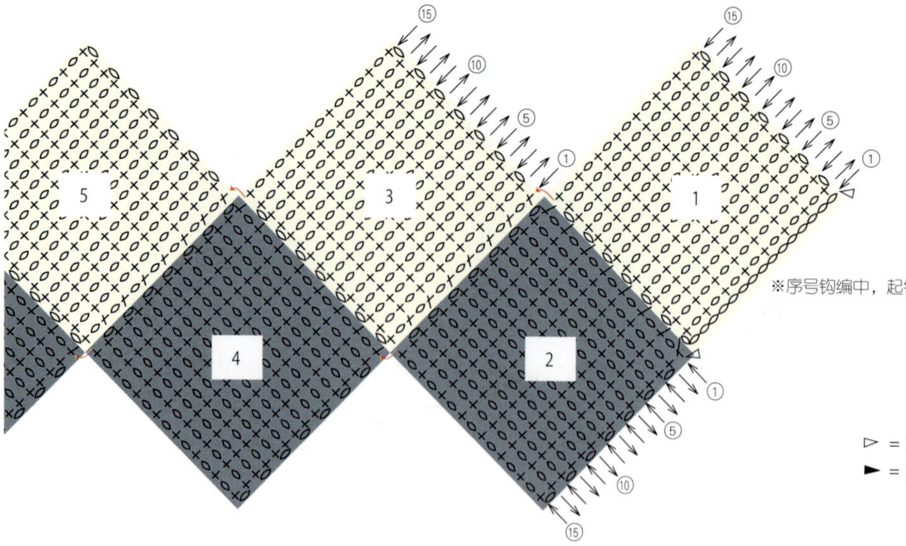

※序号钩编中，起针的锁针计为1行

▷ = 加线

► = 剪线

1

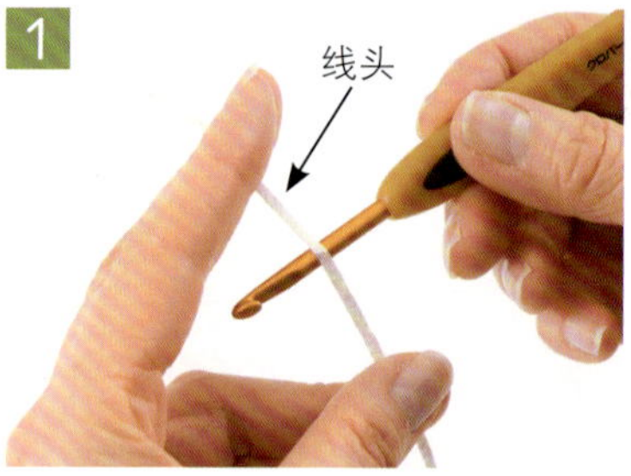

将原白色线的线头朝上拿好，这样后面可以调整第1个线圈的大小。

2

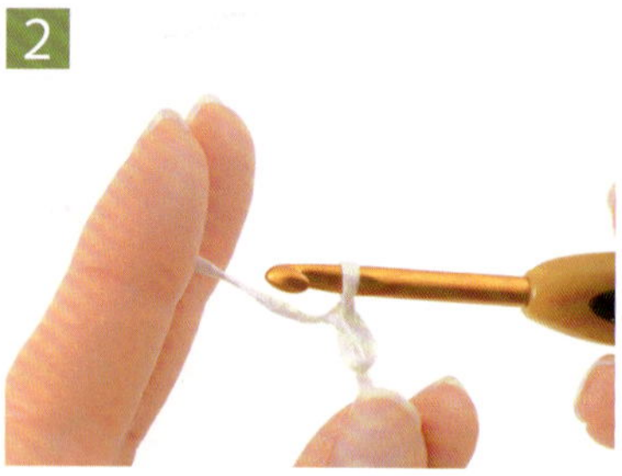

钩织锁针的起始针目。

3

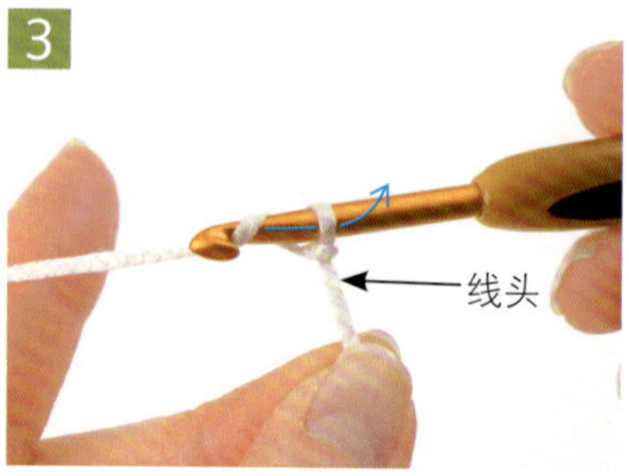

翻转线的上下两端重新拿好，开始钩织锁针起针。

4

15针起针完成后，立织1针锁针，接着在起针针目的半针和里山插入钩针钩织短针。

5

按符号图钩织第1个织块，结束时将针上的线圈拉大，休针。

无须立织锁针，直接钩织短针

6

按步骤1、2的方法，用炭灰色线钩织起始针目，拿好第1个织块。

7

将第1个织块第2行立织的锁针分开插入钩针，钩织短针和锁针(从第2针开始，在奇数行插入钩针)。

8

第2个织块的第1行完成后的状态。按符号图钩织至第15行。

9

第2个织块结束时将针上的线圈拉大，休针。在步骤5中休针的针目里插入钩针，第3个织块的第1针是将立织的锁针分开挑针，最后一针是将第15行的短针分开挑针。交替用炭灰色线和原白色线钩织至第11个织块。

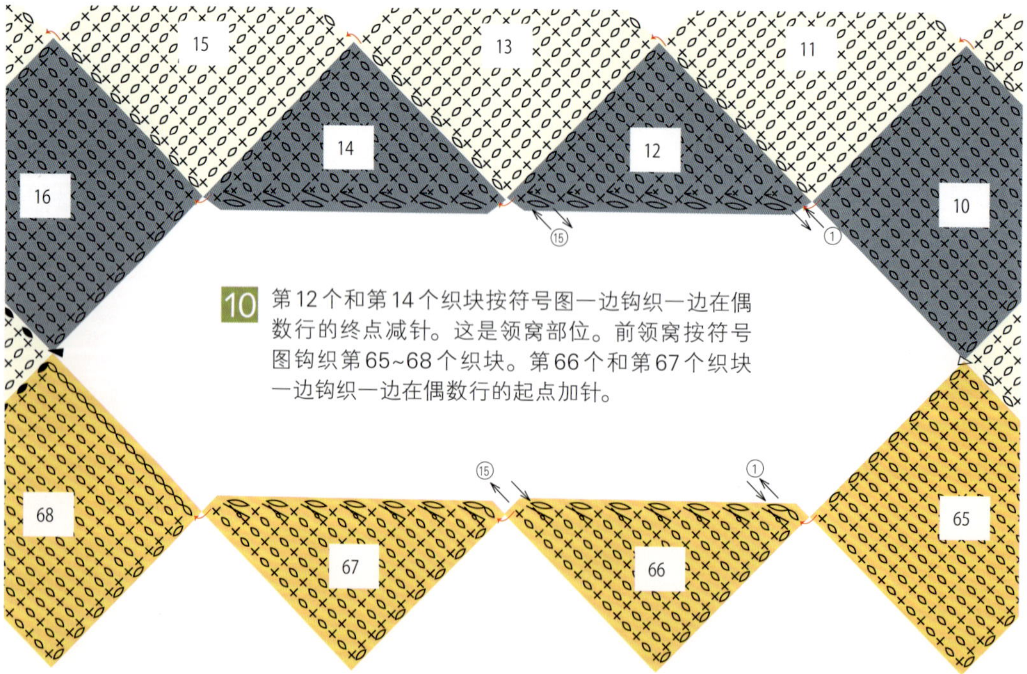

10 第12个和第14个织块按符号图一边钩织一边在偶数行的终点减针。这是领窝部位。前领窝按符号图钩织第65~68个织块。第66个和第67个织块一边钩织一边在偶数行的起点加针。

第26个织块用姜黄色线从第25个织块上挑针钩织第1行，然后在第23个织块的短针里插入钩针引拔。

相邻织块之间无须立织锁针，直接钩织引拔针做连接。

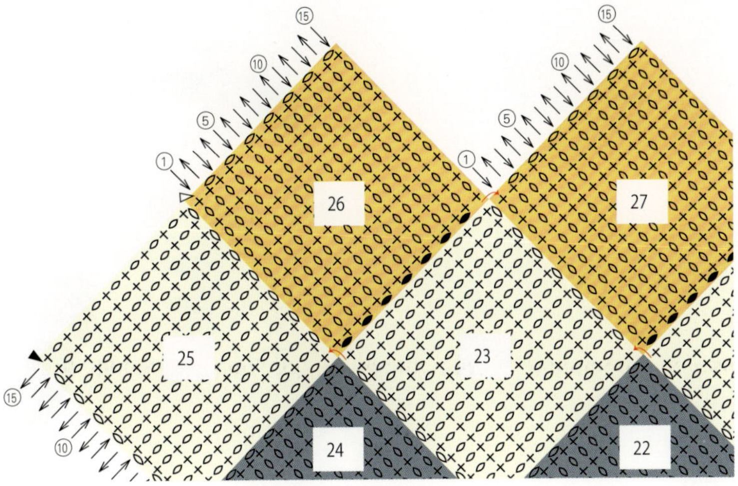

袖下的连接方法

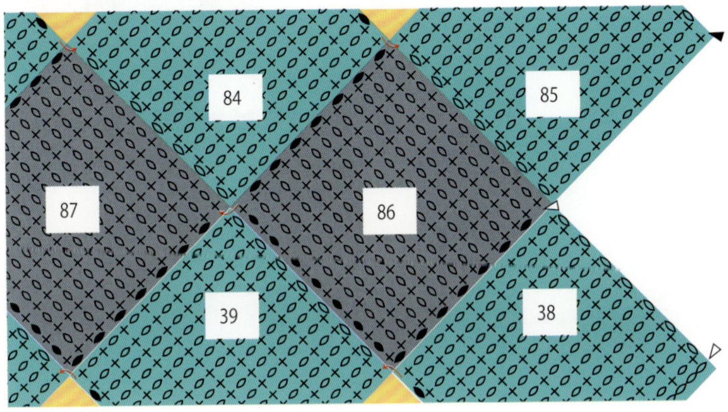

用炭灰色线钩织第86个织块。第1行结束时，在第84个织块的短针里插入钩针做引拔连接。

第2行结束时，在第38个织块上做连接。首次插入钩针的位置是第2个短针。按符号图钩织至第14行。

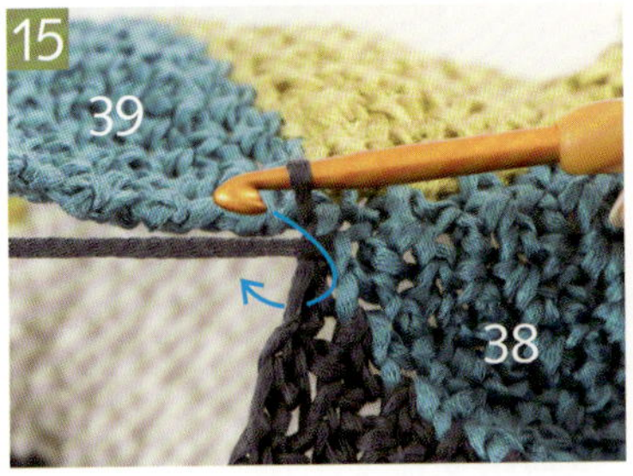

第14行结束时，在第38个织块上引拔，然后翻转织物。紧接着钩织第15行的第1针短针。

从针目上取下钩针，在第38个和第39个织块之间插入钩针，再将刚才取下的短针针目拉出。

钩1针锁针和1针短针（第2个短针）。按步骤16的方法，在第39个织块的奇数行插入钩针，再将取下的针目拉出。

重复“锁针、短针、拉出短针的针目”，一边钩织一边连接第86个和第39个织块。

边缘编织中的拉针

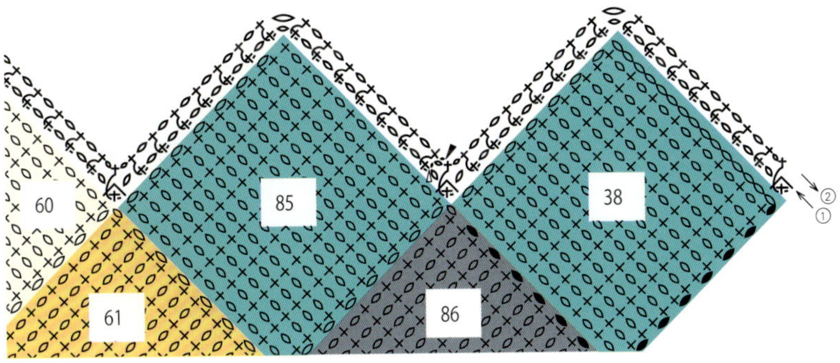

在偶数行钩织短针的拉针。如箭头所示在短针的根部2根线（整个根部）里插入钩针钩织。

第1行短针的根部会变短，看上去更加简洁、平整。

Couture Arrange

志田瞳优美花样毛衫编织新编⑭

后背别有洞天的无袖套头衫

photograph Hironori Handa styling Masayo Akutsu hair&make-up Yuri Arai model Nastya

选自中文版《志田瞳优美花样毛衫编织2：优雅的镂空花样》第18页作品

原作是一款蕾丝花样横向排列的V领法式袖套头衫。

我喜欢看盛夏的积雨云。看着缓缓升起、逐渐变大的积雨云，仿佛自己也充满了力量，真想就这么一直看着。

本期改编的作品选自中文版的《志田瞳优美花样毛衫编织2：优雅的镂空花样》。原作是一款斜纹蕾丝花样横向排列的法式袖套头衫。这次尝试将花样改成了纵向排列，细节的处理上也更加精致。这也是本专栏第一次为大家介绍无袖套头衫。

线材上选择了人造丝为主要成分的毛线，富有光泽，织物的手感也非常爽滑。颜色上选择了方便搭配的米色。身片在胸部变换花样，衣长也设计了前后差行，两侧加入了小开衩。为了使套头衫不受身材曲线的限制，后身片还设计了上端重叠的大开衩。这次的改编之处真的比较多。

夏季前后，再加一件内搭，就是一款非常实用的背心。也可以前后换着穿。大家不妨多多尝试，享受穿搭的乐趣。

detail（细节说明）

从花样的构成来看，除了将原来的横向花样改成纵向花样，还增加了2种新的花样。选取横向排列的1个花样纵向重叠，旁边加上效果迥异的扭针交叉蕾丝花样，组成新的花样重复编织。

前、后身片从下摆手指挂线起针后开始编织边缘（起伏针）。为了呈现漂亮的扇形边缘，使用比编织花样粗1号的棒针编织。胁部的开衩部分连在一起编织起伏针。后身片的开衩部分也是连同边缘的起伏针一起编织，然后将左、右织片叠在一起编织起伏针变换花样，接着编织育克部分。

育克部分是格子状的小蕾丝花样，清凉却不会太透。领口、袖口的细窄边缘也钩织起伏针，使整体更加统一。

选自中文版《志田瞳优美花样毛衫编织2：优雅的镂空花样》
制作 / Keiko Makino
编织方法 / 162页
使用线 / 钻石线

冈本启子的 Knit+1

第32回

炎热的夏天也要享受编织的乐趣。
闪亮的串珠也能为夏天增添别样的光彩。

photograph Shigeki Nakashima styling Kuniko Okabe,Yumi Sano hair&make-up Kazunori Miyasaka
model Sakura Maya Michiki

设计作品时，颜色和款式固然重要，线材的选择也非常关键。

最好是冬暖夏凉的线材。

要说炎热的夏天穿起来也很舒适的，便是“亚麻”和“棉”这样的天然材质。亚麻衣物越穿越有味道，纯棉的衣物则吸汗透气，而且可以随意清洗。贴身穿的衣物还是建议使用亲肤的纯棉线材。

今年K’s K最新推出了一款100%棉的高级精梳棉线“FETTUCCINE”，因为线的形状好像扁平的意大利面，所以取其英文作为线名。用稍微专业一点的话说，通常的棉线多使用粗梳棉纱，而精梳棉线剔除了粗梳棉线中的短小纤维（约1cm以下），增加了纤维的平行伸直度，手感更加顺滑。另外，FETTUCCINE还经过了特殊的黏胶工序，加工成带子形状，使线材更具韧性，不易起毛。

本期就用这款强烈推荐的线材编织了开衫和套头衫。FETTUCCINE的自然色调非常百搭，100%棉的材质轻柔、凉爽！此外，本期的另一个亮点是串珠的使用。套头衫胸前的串珠闪闪发亮，增添了时尚感。开衫的手工珠扣更是让人眼前一亮。

今年夏天，一起编织穿起来凉爽、款式又极富女人味的毛衫吧！

冈本启子（Keiko Okamoto）
Atelier K’s K的主管。作为编织设计师及指导者，活跃于日本各地。在阪急梅田总店的10楼开设了店铺K’s K。担任公益财团法人日本手艺普及协会理事。著作《冈本启子钩针编织作品集》《冈本启子棒针编织作品集》（日本宝库社出版，中文简体版均由河南科学技术出版社引进出版）正在热销中，深受读者好评。

线 / FETTUCCINE

等针直编的条纹套头衫

第70页作品 / 使用3种毛线纵向渡线等针直编。在胸前加上串珠和亮片作为装饰。

设计 / 江本直子　制作 / 江本直子
编织方法 / 164页
使用线 / K's K

圆育克爱心花样开衫

本页作品 / 这款钩针编织的开衫采用了线条流畅的圆育克设计。成排的爱心花样可爱极了。

设计 / 冈本启子　制作 / 森下亚美
编织方法 / 166页
使用线 / K's K

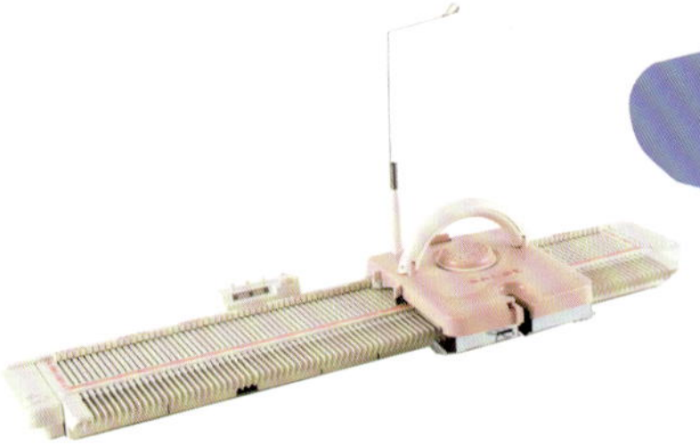

可以快速编织，
乐趣十足

面向初学者的

新编织机讲座❷

我们从上一期开始了新的连载。第2期就来挑战一下退针的拉针编织吧。
退针一词听上去可能感觉有点陌生，但是不必担心，完全没问题！

photograph Hironori Handa styling Masayo Akutsu hair&make-up Yuri Arai model Nastya

镂空花样条纹披肩

退针是机织特有的编织方法。每隔1针退出机针编织，可以简单地编织出镂空花样。中途加入拉针，可以编织出更加精致的花样。使用漂亮的段染线编织，还可以打造出自然的条纹效果。

设计/奥村利惠子（银笛编织研究会）
编织方法/174页
使用线/Ski毛线

一字领无袖套头衫

使用的线比披肩稍微粗一点，保留了镂空感，但是略显紧致。用编织机快速地等针直编2块织片，然后接合肩部，再用钩针钩织边缘即可。组合时稍稍加入手工编织，可以大幅度扩展编织机的应用范围。

设计/奥村利惠子（银笛编织研究会）
编织方法/175页
使用线/钻石线

新编织机讲座

本期试试用退针的拉针编织技法完成一款套头衫吧。
退针指的是退出一部分机针编织，是机织特有的编织方法。
编织拉针的行时，不要忘了将罗塞尔杆调到集圈位置！

摄影／森谷则秋

※下面步骤详解中的针数、行数与作品不同

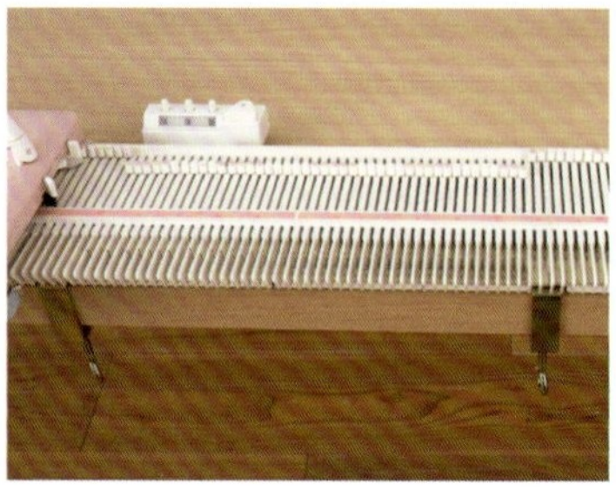

1
先将罗塞尔杆调到平针位置。将所需针数的机针推出至B位置。

2
将1隔1的推针板对齐边上的机针。

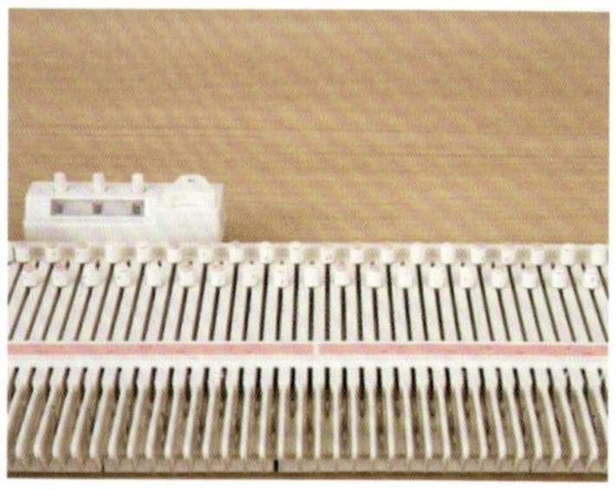

3
每隔1针将机针推回至A位置。

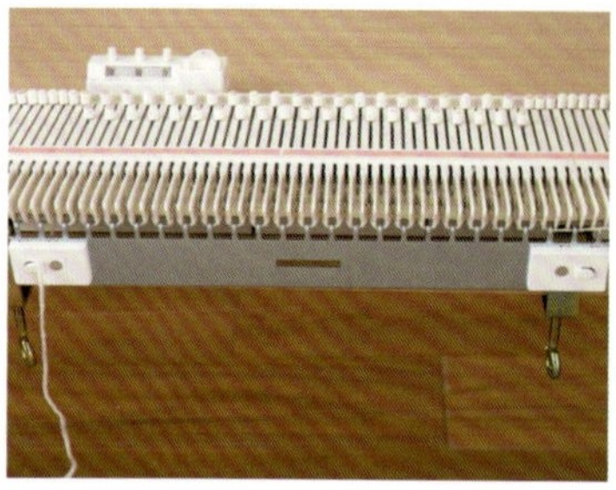

4
用另色线编织1行后，挂上起针梳。

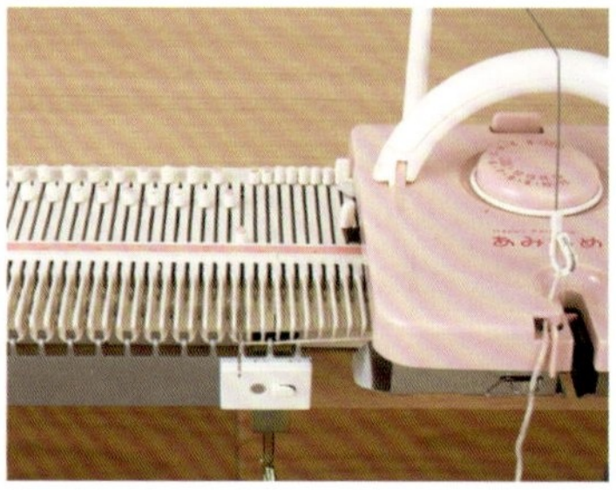

5
将机头一端的边针（步骤3中推回至A位置的机针）推出至D位置。

6
编织1行。

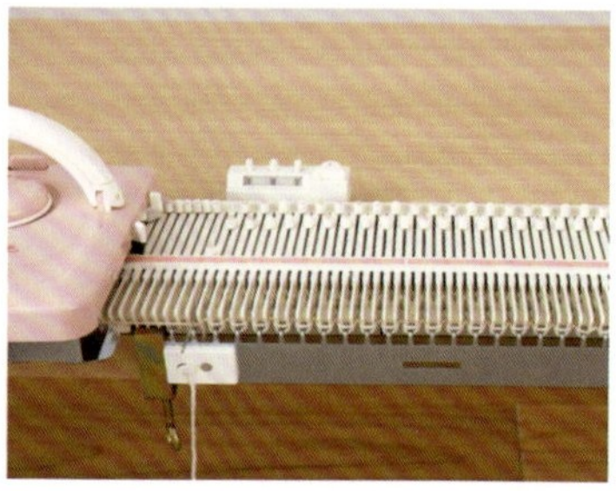

7
与步骤5一样，将边针推出至D位置。

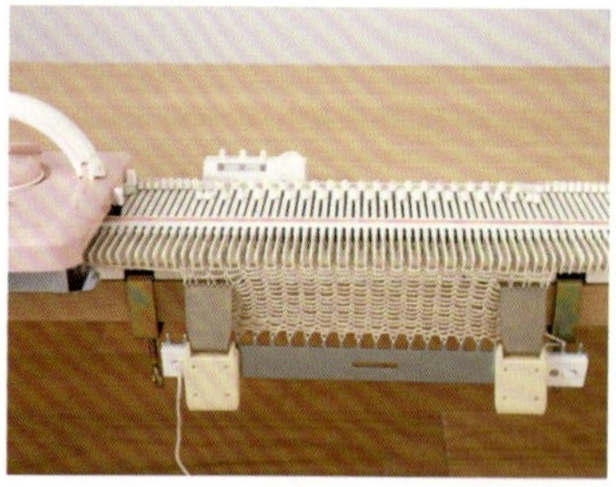

8
在退针的状态下用另色线编织3cm左右，挂上爪锤。

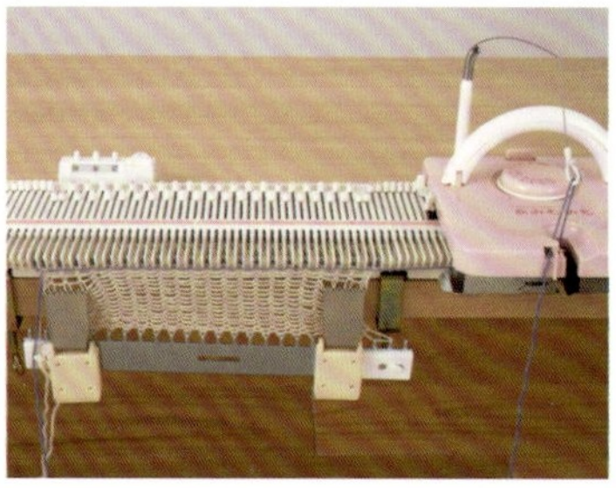

9
换成作品编织用线，编织1行。

10
将3隔1的推针板对齐边上第2根机针，一边用手压住织片，一边将机针推出至D位置。

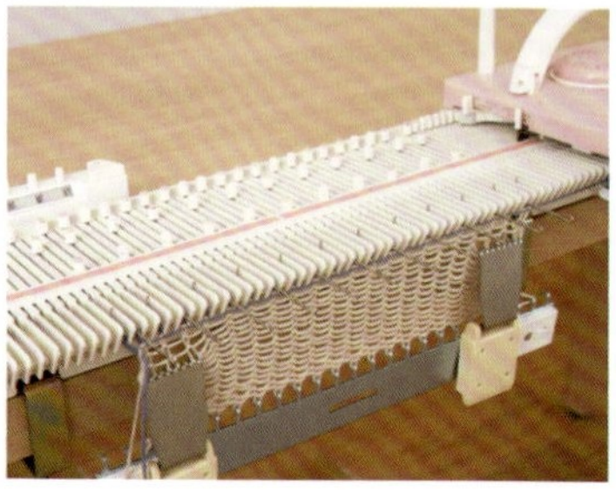

11
推出机针后的状态。

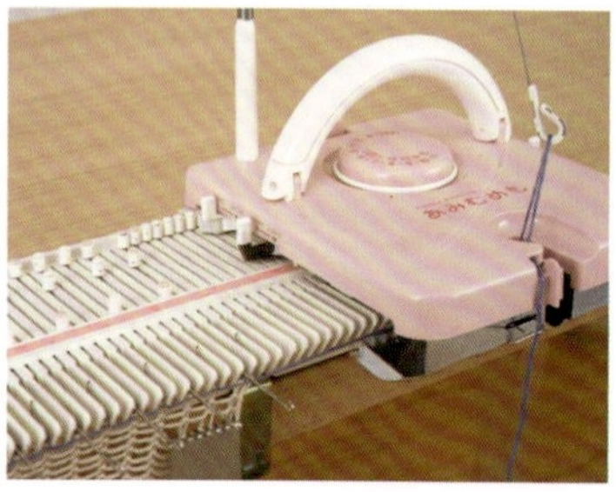

12
将罗塞尔杆调到集圈位置。

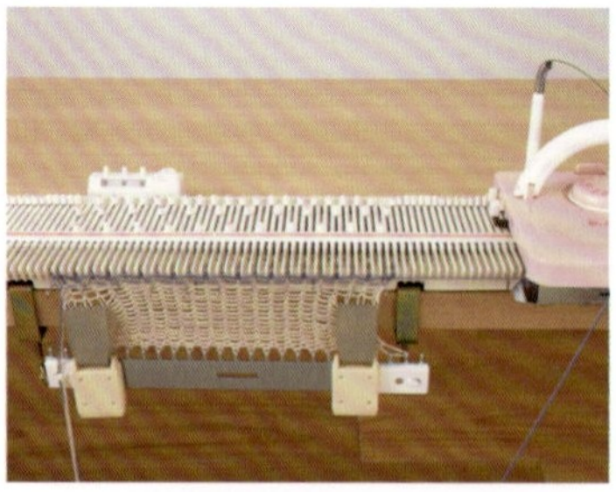

13
从右边开始编织2行。

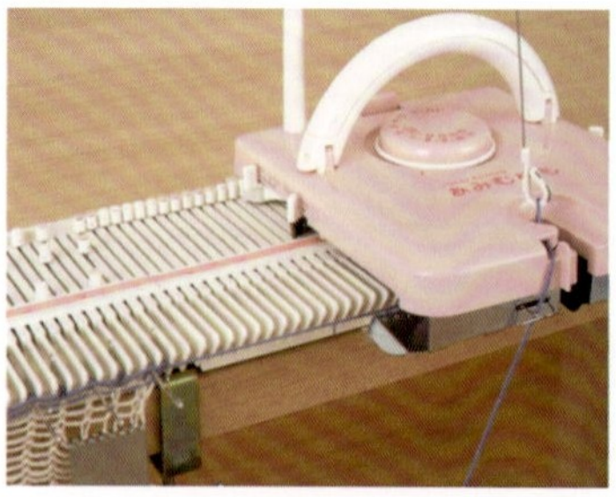

14
将罗塞尔杆调回平针位置。

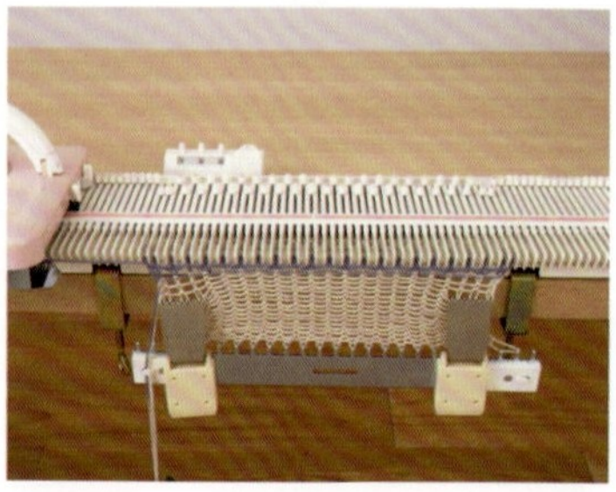

15
编织1行。

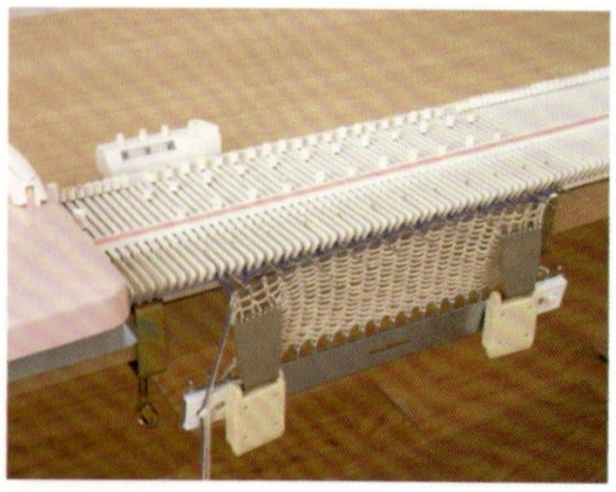

16
与步骤10一样，将机针推出至D位置。

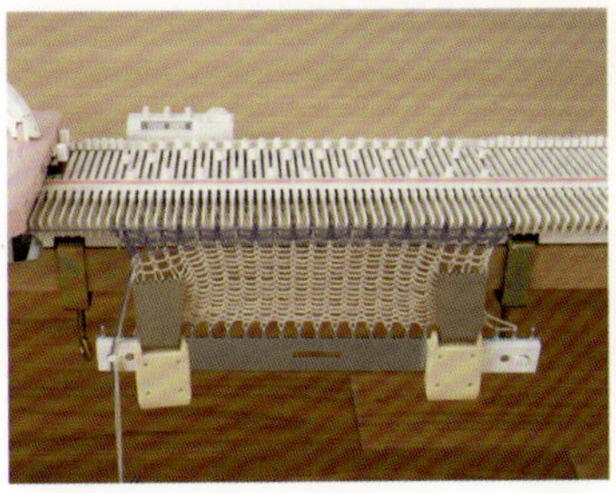

17
将罗塞尔杆调到集圈位置，从左边开始编织2行。

18
将罗塞尔杆调到平针位置，编织1行。

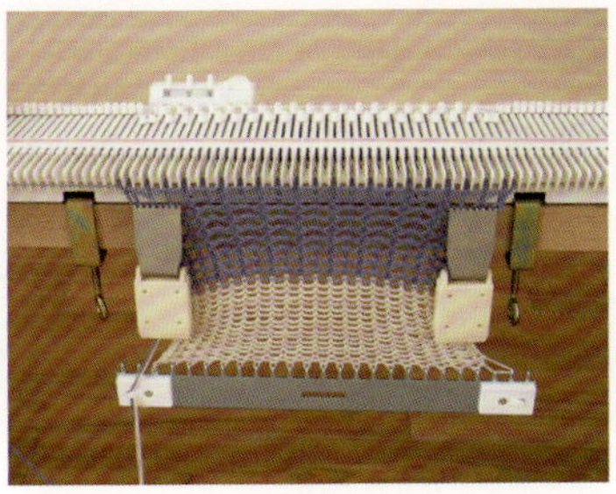

19
重复步骤10~18。边上的针目容易向上拉紧，所以每隔5~10cm重新挂好爪锤。

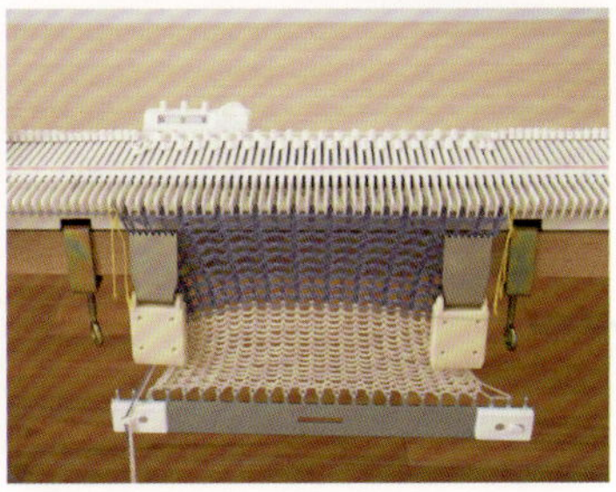

20
编织至袖开口止位，用线做上标记。

21
编织指定行数后，留出一侧肩部的针数，将其他机针推出至D位置，从送线口取下毛线。

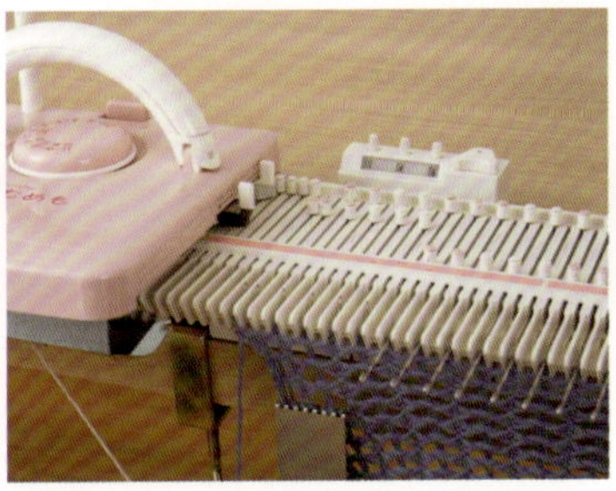

22
换成另色线，将两侧的罗塞尔杆调到集圈位置。

23
在退针的状态下用另色线编织几行。

24
从送线口取下另色线，再移动1次机头，从编织机上取下另色线编织的部分，再将机针推回A位置。

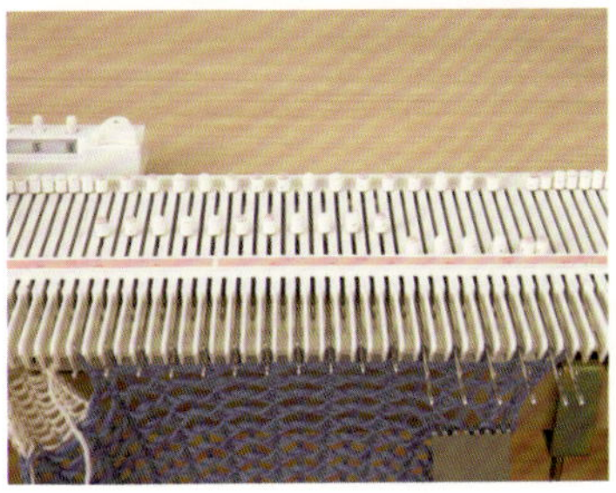

25
将领口对应针数的机针推回C位置。

26
用另色线编织几行。

27
从送线口取下另色线，再移动1次机头，从编织机上取下另色线编织的部分，再将机针推回A位置。

28
将罗塞尔杆调到平针位置。

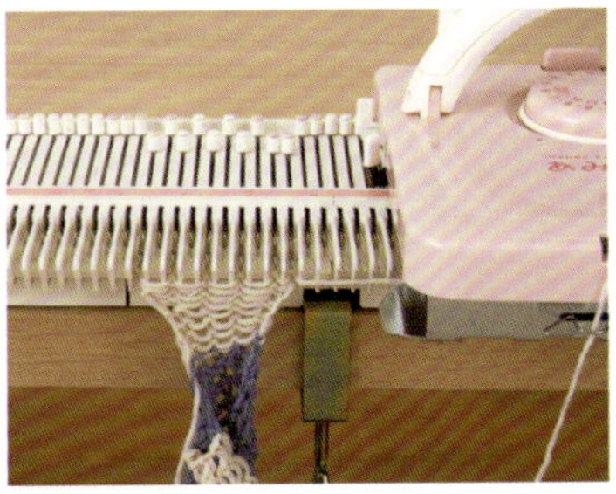

29
剩下的肩部针目用另色线编织几行。

30
从编织机上取下织片。再编织一块相同的织片。作品使用下针的一面。

编织师的极致编织

【第 42 回】车站茶点的风景

42

等待的时间
在电车上眺望着小餐馆

将正在编织的物件
和几种毛线一起放在包中，与旅途为伴

街景，田野，山川，大海，流逝的风景

喝一口茶
现在常用的是塑料瓶和随身杯
更早一些，车站小食和茶饮配套供应
用玻璃器皿盛放着茶点

坐在站前公园
感受着羁旅思绪
接下来，该要继续编织了

文、图 /203gow 作品

编织师 203gow：
持续编织非同寻常的"奇怪的编织物"。成立让编织充满街头的游击编织集团"编织奇袭团"，还涉足百货店的橱窗、时尚杂志背景、美术馆及画廊展示、舞台美术以及讲习会等活动。

零头线的活用小妙招

原来只是一堆零头线，
竟然变成了我自己的原创
毛线！？

在第52页，我们将零头线剪断、打结、绕线，
制作成了富有创意的线团。
下面介绍的是如何利用零头线制作的线团编织作品。
因为线团本身就很独特，所以完成的作品自然是新颖别致的！
一边享受线材和颜色的变化，一边编织专属于自己、独一无二的作品吧。

摄影／森谷则秋　监修／青木千鹤

类似段染线的线团在编织过程中会随机出现条纹，
所以更适合环形编织的作品。
这次就试试“从领口往下编织的毛衫”吧，整件作品都是环形编织。

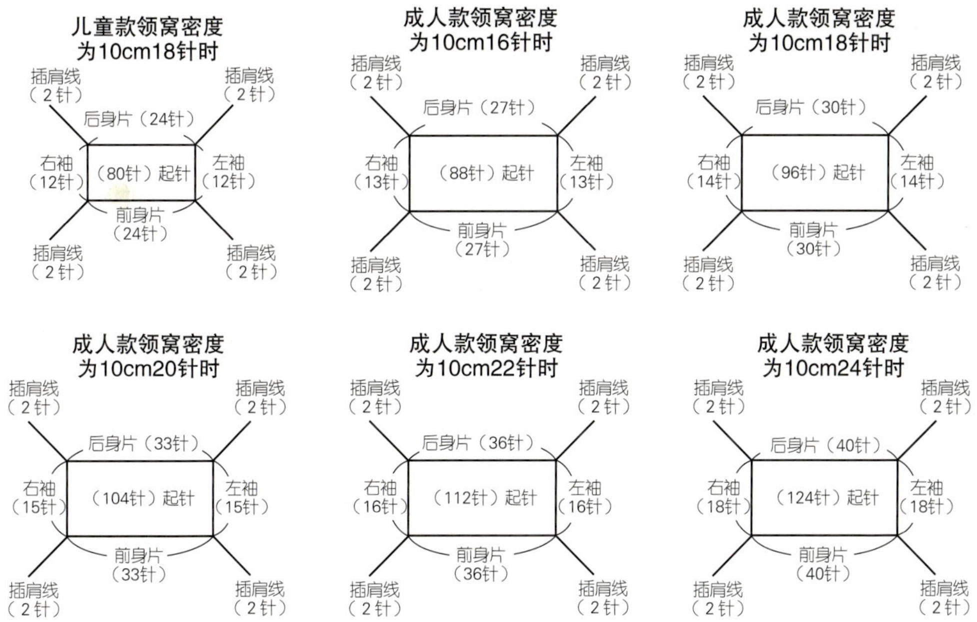

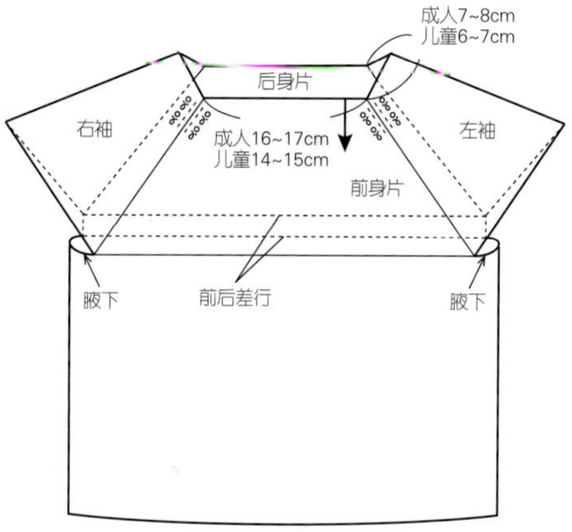

试编下针编织样片，测量密度。因为毛线粗细不均，作为确定起针数的参考，最好在较大面积使用某种线的范围内测量密度。建议使用稍微粗一点的棒针编织。

量出10cm内的针数后，参考左图确定起针数。因为是从领口往下编织，同时要考虑针数的分配。

这里按小编的尺寸，密度虽然是20针，但是选择了针数稍多一点的22针的图解编织。

1 另线锁针起112针。准备8号、60cm长的环形针。

2 在另线锁针的里山插入棒针，挑取112针。

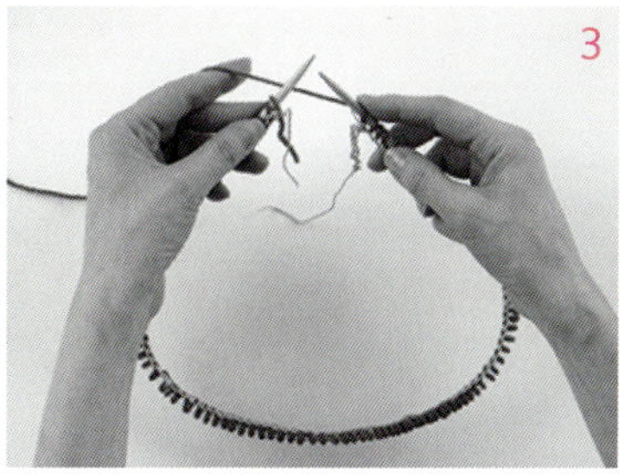

3 挑针完成后的状态。确认起针针目没有扭转后，开始编织第2行。

4 在行与行的交界处放入针数记号扣。编织1针下针和挂针。接着编织后身片的指定针数36针。

编织36针后，从后往前挂线（挂针）。

接着编织1针下针，放入不同颜色的针数记号扣，再编织1针下针。

挂针。接着编织右袖部分的16针下针。插肩线位置立织2针，在其两侧重复挂针加针。

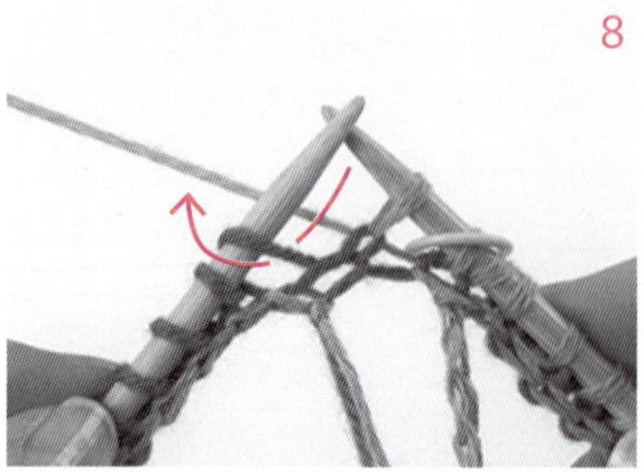

第3行，编织插肩线的1针下针后，在前一行的挂针里如箭头所示插入棒针。

编织扭针。编织下针至下一个插肩线位置。

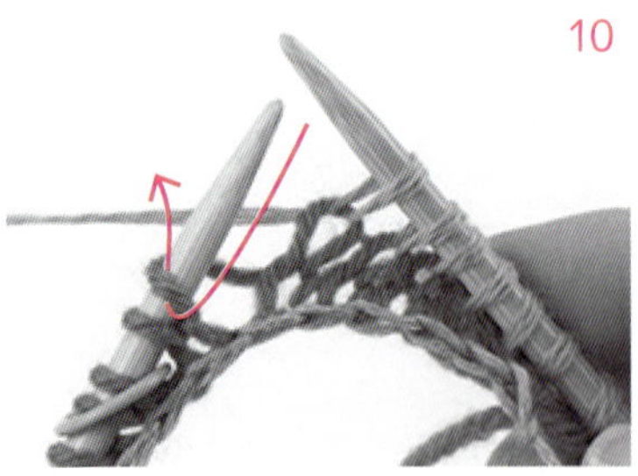

在下一个挂针里如箭头所示插入棒针，编织扭针。

扭针的方向与前一个扭针相反。编织时要注意插肩线左右两边的挂针和扭针方向不同。

碰到线结时，不要在意，请直接往下编织。下一行编织至线结位置再做处理。

编织到15cm左右的长度后，在针目里穿入另线休针，试穿一下！再编织4cm左右，衣宽就差不多了吧？

几天后……

编织1针，拉动编织线，调整针目状态，使线结位于织物的反面。

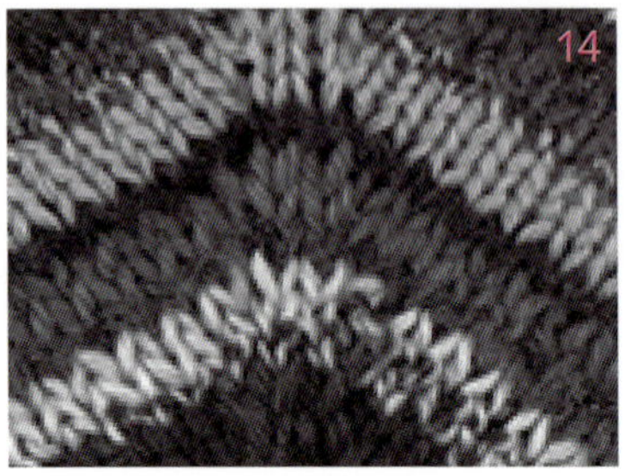

插肩线位置立织2针。左右两侧重复“挂针，下一行编织扭针”。重复加针直到育克编织至想要的长度。

建议 6

腋下的针数由衣宽的不足部分决定（10~20针）。育克长度刚刚好，但是衣宽不够时，可以增加腋下的针数进行适当调整。

又过了几天……

确定育克部分的长度后，在右袖、左袖穿入另线休针。在后身片部分往返编织10行作为前后差行。

后身片编织第11行后，接着从预先准备好的14针另线锁针的里山挑针，作为右侧腋下的针目。

接着编织前身片部分。

左侧的腋下部分也用相同方法挑针，将身片连接成环形。接下来一直编织到想要的长度。按个人喜好编织罗纹针后收针。

袖子使用8号、40cm长的环形针，或者没有堵头的4根一组的棒针编织。将育克的袖子部分休针的针目穿回棒针上。

腋下部分一边解开另线锁针一边将针目移至棒针上，从腋下的中间接线开始编织。这个编织起点位置就是袖下。

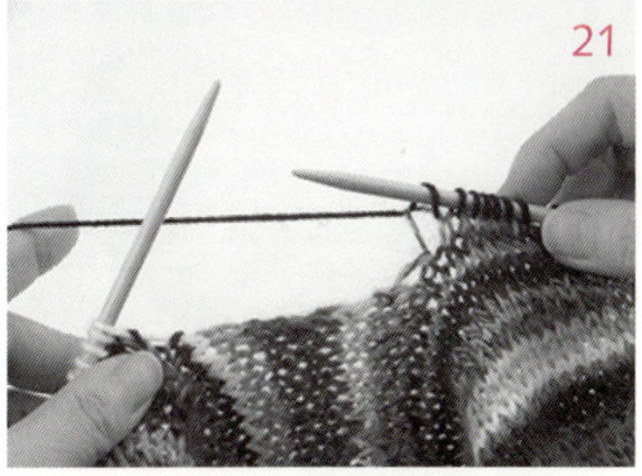

从前后差行的10行上挑取7针。

接着编织育克的袖子部分。

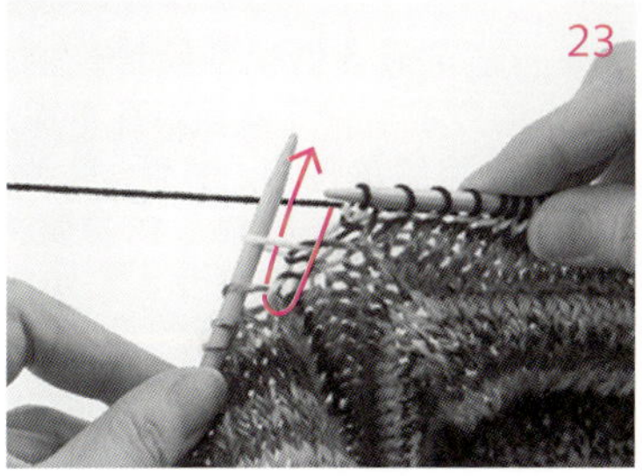

这是育克部分与腋下部分的交界处。在育克的边针与腋下的边针里编织2针并1针。

24

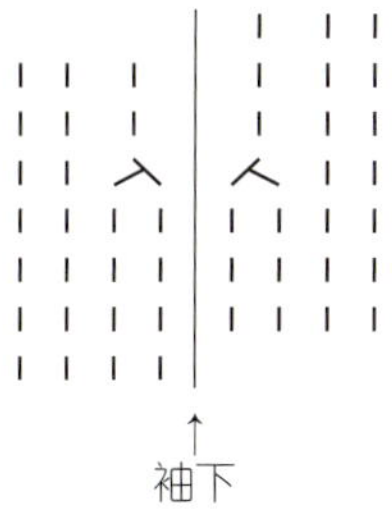

以袖下为界进行环形编织。在袖下的左右两边连续减针简单易懂，如图所示编织即可。

袖口也按个人喜好编织罗纹针后收针。

解开领窝的另线锁针挑针，按个人喜好编织罗纹针。圆领或者高领，可以自由设计。

建议 7

袖下的减针频率根据密度和袖长每6~10行减1次。因为是环形编织，也可以在奇数行减针。编织至想要的长度后，如果发现袖口的针数太少了，可以调整减针的频率重新编织，也可以在刚好达到袖口针数的位置停止减针，继续编织至想要的长度。当然，提前计算好再编织是最理想的，但是考虑到毛线的粗细不均问题，一边观察实际编织效果一边进行调整更能编织出合身的作品。

中粗段染风零头线与细线合并编织的毛衣

这款作品是用白色系的线团与浅粉色马海毛线合并编织而成的。如果有很多纤细的马海毛线和中细毛线，请有效利用起来。细线有调和的作用，单品中条纹的感觉太过花哨时，加入细线合并编织就可以使整体感觉沉稳一些。这款毛衣为了统一左右袖子的条纹，编织其中一个袖子时，每种颜色剩下一半的线(剩下的一半重新打结绕成线团)。毛线的长短间隔也可以调整，如果不喜欢袖子部分只有粗条纹，就可以试试这种方法。

搭配使用“中粗段染风零头线”和“剩下很多的零线团”编织的毛衣

大胆尝试一下细条纹和宽条纹的组合搭配吧。如果不喜欢段染风毛线的斑驳陆离，也可以巧妙使用纯色线加以调和。段染风零头线只有1~2团时，就用剩下很多的零线团增加宽条纹部分，也能给人清爽整洁的印象。

推荐的小物作品

段染风线团因为长短间隔问题可能会出现条纹错位的现象，所以建议用于环形编织的作品。除了从领口往下编织的毛衣，还可以用来制作环形编织的围巾、围脖、包包等作品，完全不会有突兀的感觉。像针数比较少的护腕、手套等，条纹的效果可能不太好看，所以并不推荐大家编织。

这是用双头阿富汗针环形编织的围脖。前进编织和后退编织分别使用不同的线团，条纹相互交错，宛如机织的纹理效果。

也可以按个人喜好将上针作为正面使用，别有一番韵味。因为线团特别小，所以帽子的其中一部分加入了2针2行的桂花针。纯色部分另外加了一点线。

这是从下摆开始环形编织的斗篷。因为非常直观地呈现出线团的感觉，如果加入很多自己喜欢的毛线，编织过程也会充满乐趣！改成环形编织的裙子也一定非常可爱。

这是一款锯齿花样的围巾。往返编织时，无论如何左右两边的条纹都会出现错位现象，所以建议采用横向编织，在长边上起针后开始编织。

时尚达人的手艺时光之旅：

北京冬奥会与时尚达人的编织人造花

再现了当时的时尚达人们编织的人造花。花朵、花茎、叶子表现得栩栩如生

2022年北京冬奥会选手们的精彩表现给居家抗疫的我们带来了生机和活力。而且，格外引起我们关注的是毛线编织的人造花颁奖花束。红色、白色、粉色等毛线的配色给人一种祥和、温暖的感觉。

关于日本编织人造花的记载可追溯至明治二十年（1887年）的女学杂志。上面记载着神户下山手通7街柳阴书屋内的女子学堂在3月22日、23日的春季皇灵祭会时举办了为期两天的毛线编织人造花展示会。人造花的种类有佛手柑、牡丹、芍药、百合、梅花、紫藤、山茶花、燕子花、蔷薇、南天竹等，无论哪种花都非常精美。真是让人吃惊呢。早在明治二十年已经有日本人编织出了家喻户晓的花草。同年7月出版了《插图版毛线编织方法》，从卷末针目细致的牵牛花插图就可以看出编织人造花的精美程度。时尚达人们在练习编织圆形帽子的同时，应该也对编织人造花痴迷不已吧。用1根线打造出立体的编织人造花不啻为一种艺术。

明治二十二年（1889年），毛线染色技术被发明出来后，用彩色线更容易编织出花鸟的形态，时尚达人们开始在设计上争奇斗艳，纷纷在农商务省注册图案设计专利。毛线市场供不应求，这个时期甚至可以买到练习专用的“棉绒线”。

那么，在当时的中国（清朝），编织人造花的发展情况又如何呢？清朝末年，虽然西方文化开始传入中国，但是社会动荡不安，所以编织人造花的发展非常缓慢。

石井富子（Tomiko Ishii）在明治四十一年（1908年）出版的《编物指南》一书中写道：“清朝武昌（现在的武汉市）的周夫人和成都的李夫人给我写过好几封信咨询编织方面的问题。”这是当时中国出现留日热潮时期陪伴留学生丈夫的妻子来的信件。由此可以推断，她们把学到的编织技法以及流行的编织人造花技法带了回去。每次在报纸上看到当时中国的纷争动荡，石井富子总会感到心痛，并祈祷二人平安无事。

那些可爱的毛线颁奖花束传递的温暖，或许某种意义上也是编织人造花技法所连结的友谊的温暖吧。

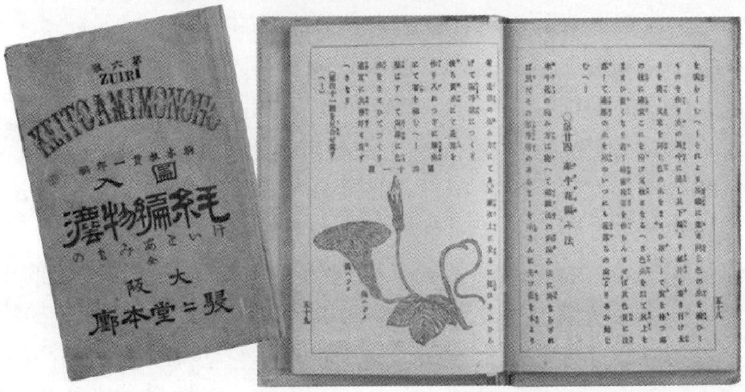

《插图版毛线编织方法》中介绍了牵牛花的编织方法。藤蔓是绕线制作而成的

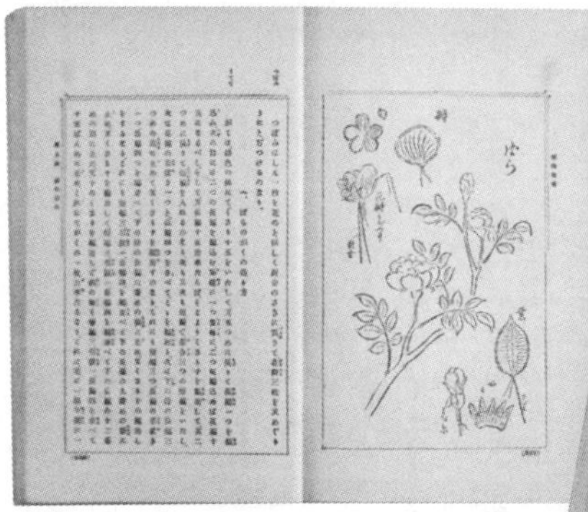

石井富子在《编物指南续篇》中以图文并茂的方式介绍了蔷薇的编织方法

彩色蕾丝资料室　北川景

日本近代西洋技艺史研究专家。为日本近代手工艺人的技术和热情所吸引，积极进行着相关研究。拥有公益财团法人日本手艺普及协会的蕾丝师范资格，是一般社团法人彩色蕾丝资料室的负责人。担任汤泽屋艺术学院蒲田校区、浦和校区的蕾丝编织讲师。还在神奈川县汤河原经营着一家彩色蕾丝资料室。

编织符号真厉害

第20回 串珠时间【钩针编织】

你是否正在编织？我是对编织符号非常着迷的小编。又到了夏号。在这样的季节，会不禁想编织一些精致的东西，我们要不要借机尝试一下串珠编织呢？我一直深信，串珠在编织中的运用，扩大了编织的可能性，让织物变得更加丰富多彩。

本期介绍的是串珠在钩针编织中的运用（棒针编织中也有）。无论是编织符号，还是编织方法，都很简单。只需要事先将串珠穿在毛线上（要使用方便穿线的大孔珠），然后在编织符号相应的地方编入串珠。钩针编织花样大多以基本编织方法为基础，只需要考虑在相应针法的哪个位置加入串珠即可。钩织时，将钩针插入前一行针目，挂线引拔后拨入串珠再引拔。只需注意编织符号中串珠的相关标记。

特别有趣的是长针串珠。因为钩织长针时要重复2次"挂线并引拔"，所以在哪一次编入串珠，或者两次均编入串珠，会有不同的编织效果。如果一次拨入2颗串珠，看起来会倍添华丽。

只需重复编入1颗串珠的长针或者编入2颗串珠的长针，就可以完成截然不同的织片。当然，长长针的织法也类似，大家一定要尝试一番。

串珠编织需要注意的是，反面当作正面用和重量感。编入串珠时，串珠会出现在反面，所以都是将反面当作正面用的。然后就是，编入串珠后织片会变重。如果一件毛衣的所有针目都编入串珠，看起来就像华丽的连环甲一样。所以，要考虑好编入串珠的位置和整体的串珠用量。而且，串珠费用也是要考虑的。所以，串珠编织的小物比较多见。

串珠的重量，有时也可以成为优点。它增加了物件的高级感和厚重感，而且串珠密集的质感也很新颖。比如，在披肩边缘的荷叶边或狗牙针上，适当编入串珠，就会有一种恰到好处的稳定感，也能成为设计上的亮点。

凝视寻常的编织方法图，思考编入串珠的位置，也是一种乐趣。请大家一定要试着想象一下。

小编的碎碎念

自由决定编入串珠的时机，是串珠编织的魅力所在。串珠的颗数和颜色、形状都可以灵活调整，这点也很有趣。在设有串珠柜台的手工艺品店，可以在买毛线时顺便挑选合适的哟。

了不起的符号 1 先将串珠穿在线上，编织时出现在反面

锁针编入串珠

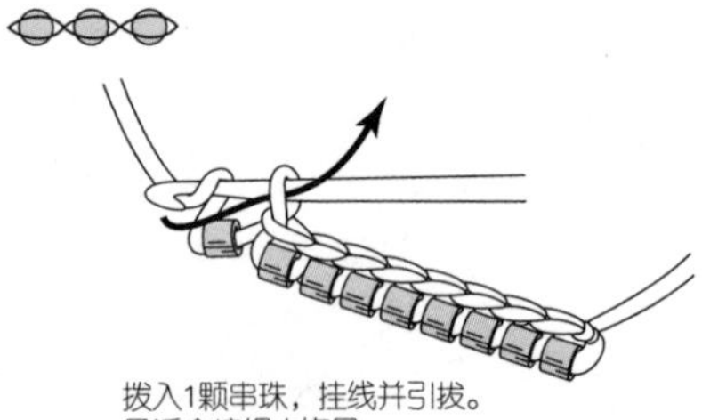

拨入1颗串珠，挂线并引拔。
最适合编织小饰品。

短针编入串珠

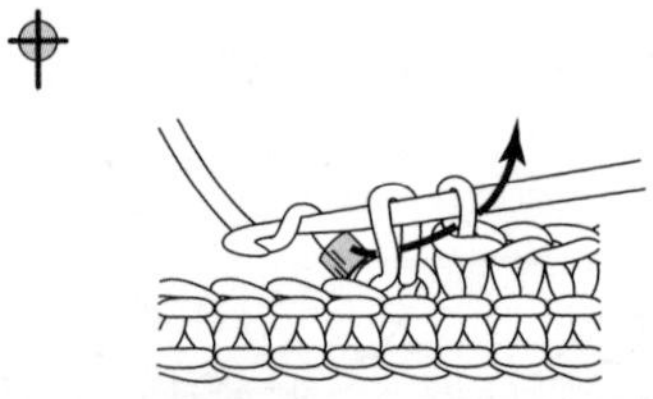

在最后引拔时拨入串珠，
然后挂线并引拔。

了不起的符号 2 长针串珠很有趣！

长针编入串珠

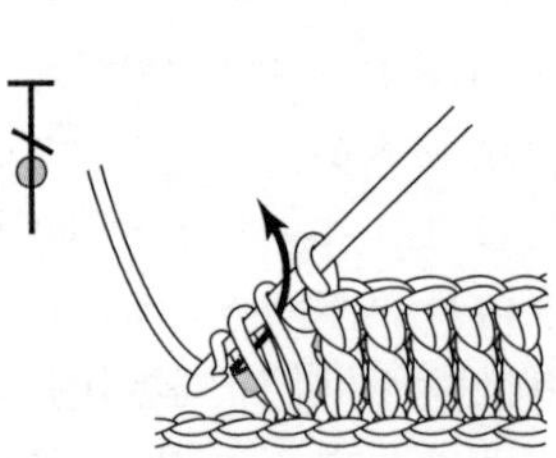

将钩针插入前一行针目，挂线并拉出，然后拨入1颗串珠，挂线并从2个线圈中引拔出。

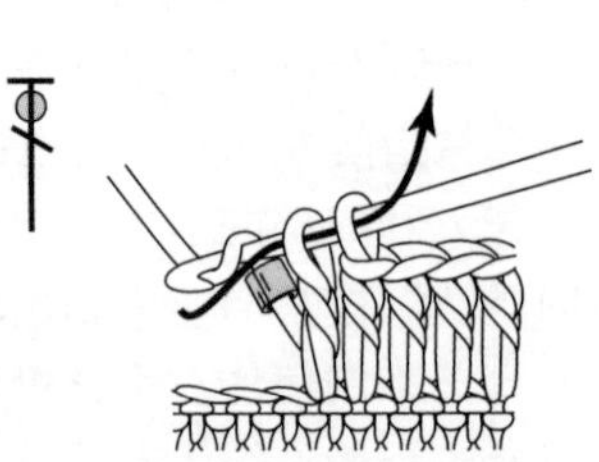

钩织未完成的长针，拨入1颗串珠，再次挂线并从剩余的2个线圈中引拔出。

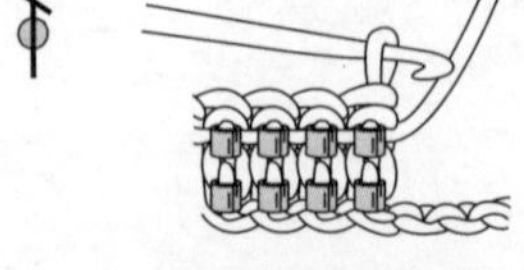

这是编入2颗串珠的情况。织片反面纵向出现2颗串珠。

长针串珠的织法
有变化哟！

作品的编织方法

★的个数代表作品的难易程度和对编织者的水平要求　★…初学者可放心选择　★★…拥有一定自信者都可以尝试
★★★…有毅力的中上级水平者可以完成　★★★★…对技术有自信者都可大胆挑战
※ 线为实物粗细
※ 图中未标注单位的表示长度的数字均以厘米（cm）为单位

材料

DMC Cebelia 10号 毛线的色名、色号、用量请参照下表。直径13mm的纽扣5颗

工具

蕾丝针2号

成品尺寸

胸围91cm，衣长53.5cm，连肩袖长53.5cm

编织密度

花片边长7.5cm

编织要点

●身片、衣袖…用连接花片的方法钩织。从第2片花片开始，一边在最终行和相邻花片连接，一边钩织。

●组合…开衩～后下摆和开衩～前下摆～前门襟～衣领分别钩织边缘。袖口环形钩织边缘。开衩止位重叠着缝合，使前侧在上。缝上纽扣。

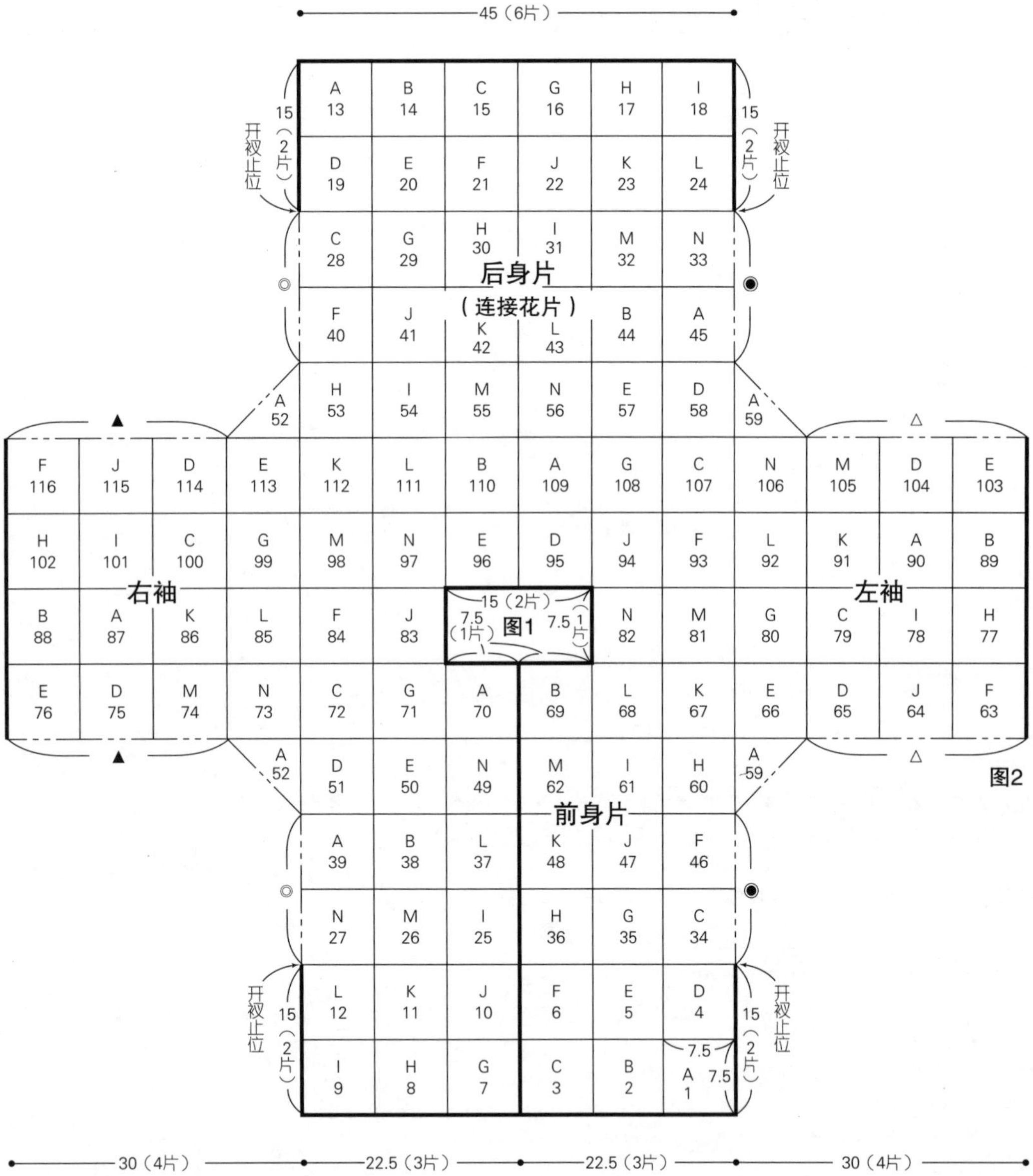

毛线的用量

色名（色号）	用量
黑色（310）	125g/3团
橄榄绿色（989）	20g/1团
浅粉色（224）	各15g/各1团
杏黄色（352）	
黄色（726）	
原白色（746）	
肉桂粉色（754）	
蓝色（797）	
浅蓝色（799）	
淡蓝色（800）	
绿色（911）	
浅绿色（955）	
翠绿色（959）	
粉色（3326）	
橙色（741）	各10g/各1团
浅黄色（745）	
浅蓝绿色（964）	

※ 全部使用2号蕾丝针钩织

※ 花片内的数字表示连接顺序

※ 对齐相同标记连接

花片的配色和片数

	第1行	第2行	第3行	第4行	第5行	第6、7行	片数
A	翠绿色	原白色	橙色	橄榄绿色	粉色	黑色	10片
B	杏黄色	浅绿色	蓝色	原白色	橄榄绿色	黑色	8片
C	浅绿色	杏黄色	原白色	浅蓝色	黄色	黑色	8片
D	肉桂粉色	蓝色	浅黄色	淡蓝色	绿色	黑色	9片
E	浅蓝色	橙色	浅绿色	蓝色	浅粉色	黑色	9片
F	浅蓝绿色	黄色	绿色	浅粉色	浅蓝色	黑色	8片
G	浅黄色	橄榄绿色	杏黄色	蓝色	浅蓝绿色	黑色	8片
H	淡蓝色	绿色	粉色	翠绿色	浅黄色	黑色	8片
I	橄榄绿色	浅粉色	浅蓝色	橙色	浅绿色	黑色	8片
J	橙色	浅蓝色	肉桂粉色	翠绿色	原白色	黑色	8片
K	黄色	浅蓝绿色	杏黄色	橄榄绿色	淡蓝色	黑色	8片
L	蓝色	黄色	淡蓝色	绿色	肉桂粉色	黑色	8片
M	原白色	蓝色	黄色	翠绿色	杏黄色	黑色	8片
N	粉色	橄榄绿色	原白色	黄色	翠绿色	黑色	8片

花片 116片

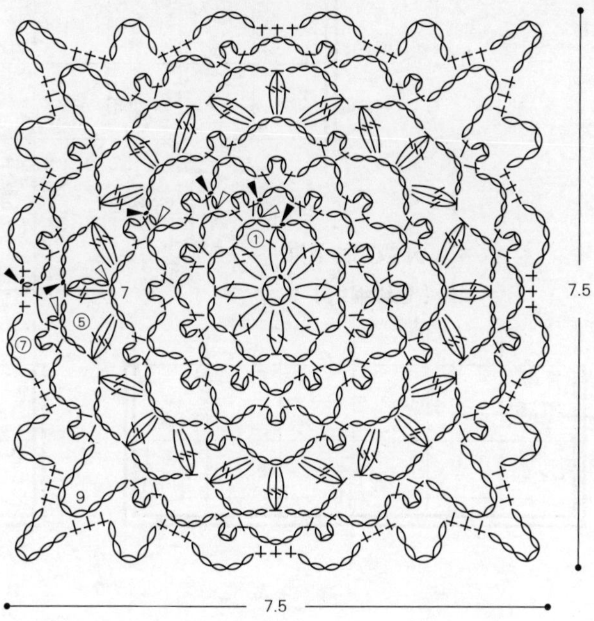

▷ =加线
► =剪线

边缘编织

（开衩~后下摆、开衩~前下摆~前门襟~衣领）

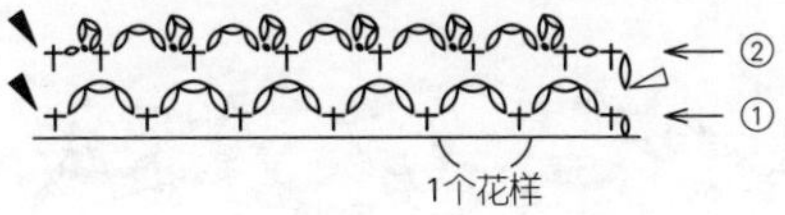

花片的连接方法

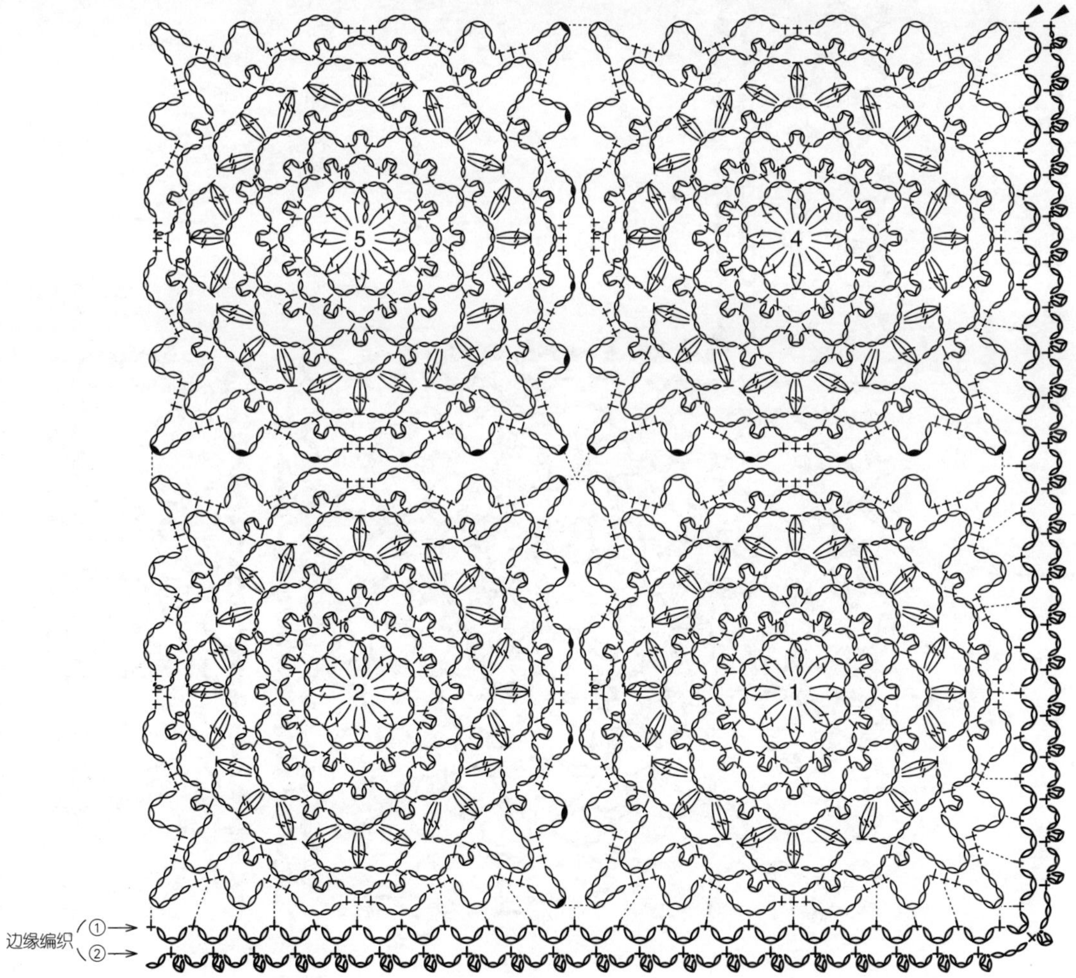

花片角部的连接方法

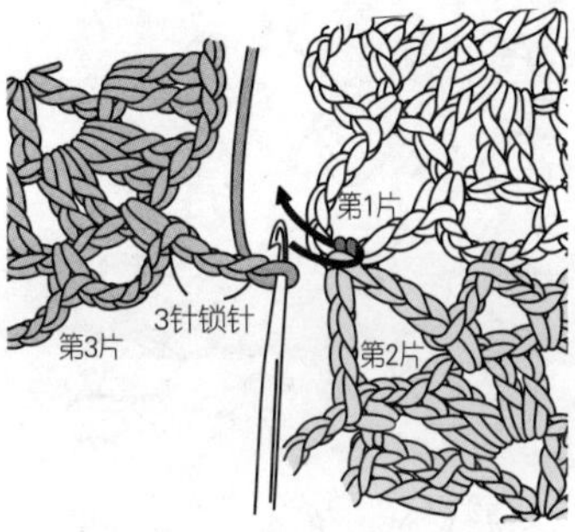

1 在第3片花片连接位置前钩织3针锁针，从上面将钩针插入第2片花片引拔针的底部2根线中。

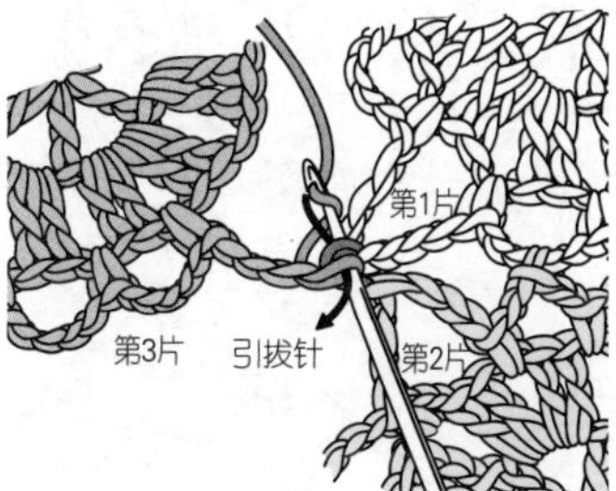

2 挂线并引拔。第4片也在同样位置引拔。

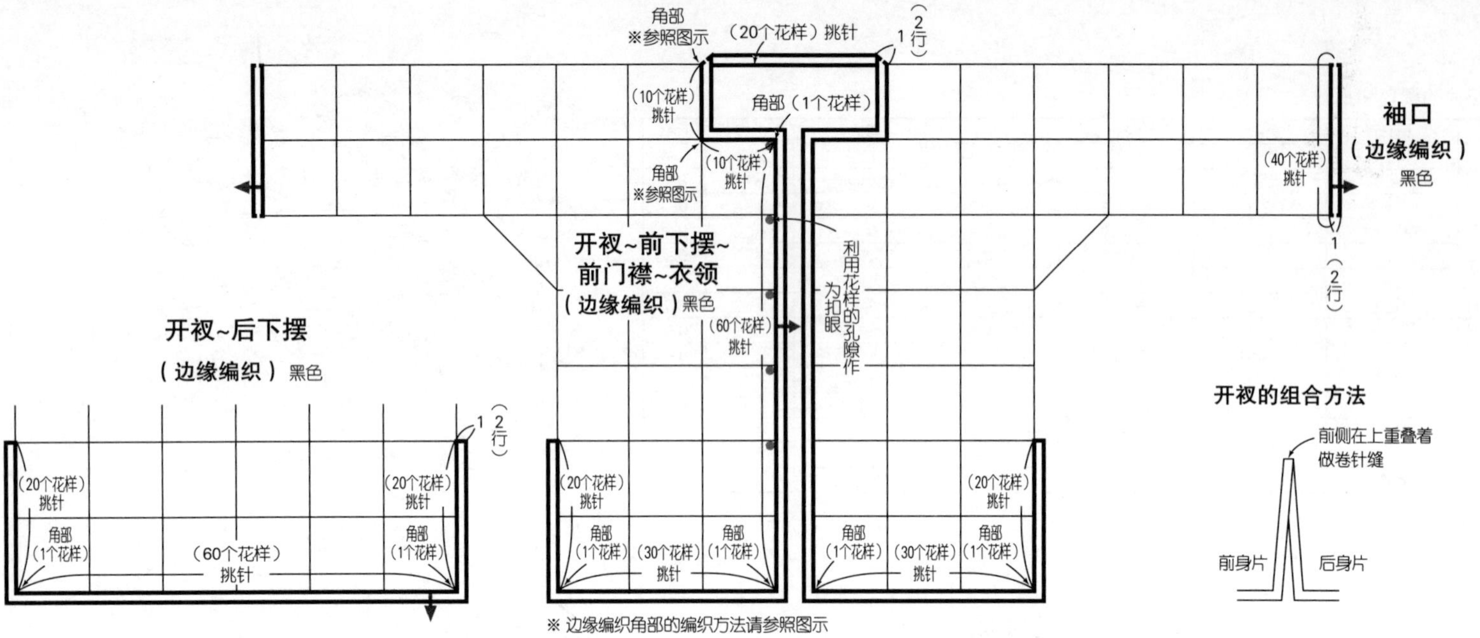

※ 边缘编织角部的编织方法请参照图示

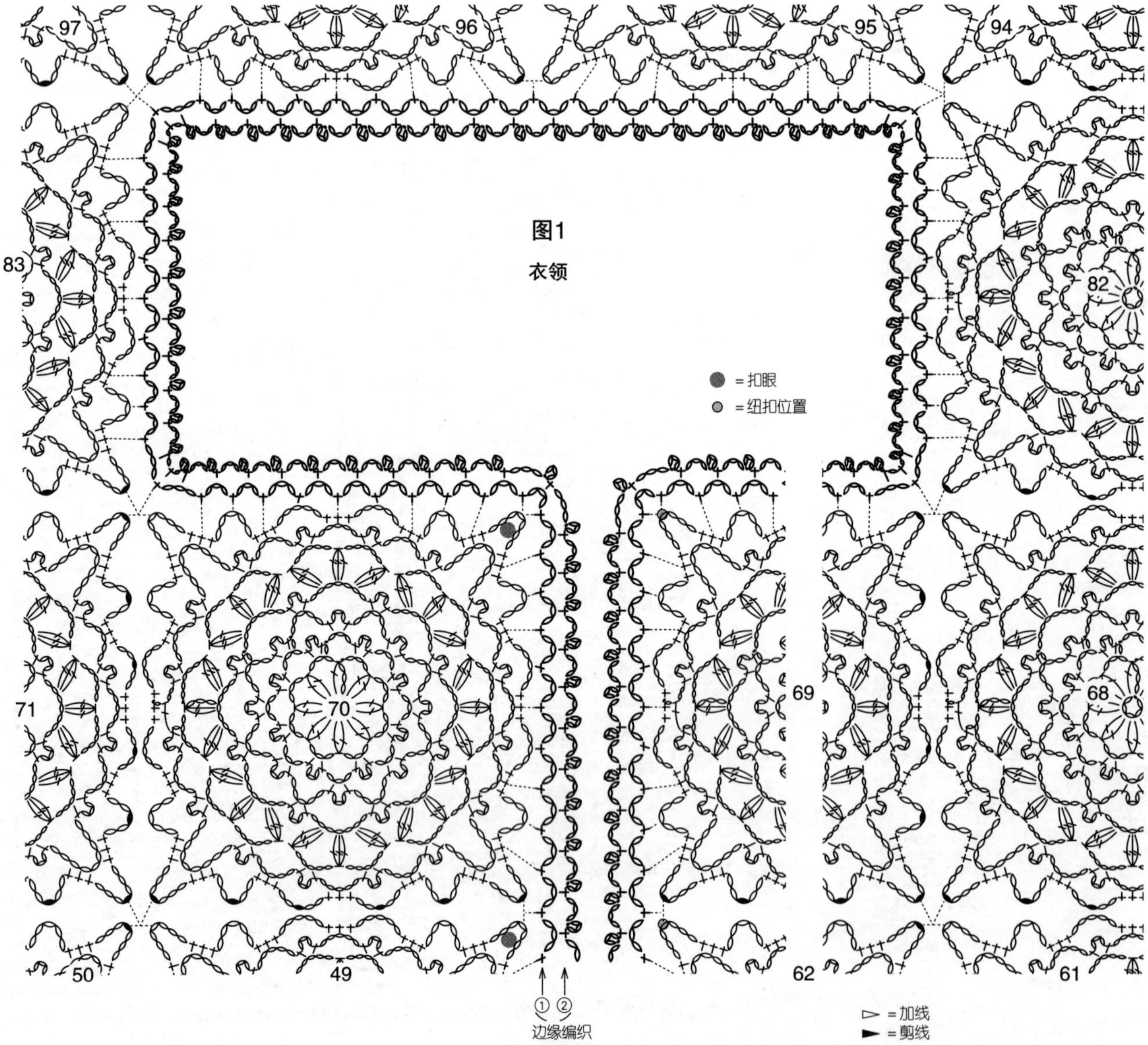

图2 袖口

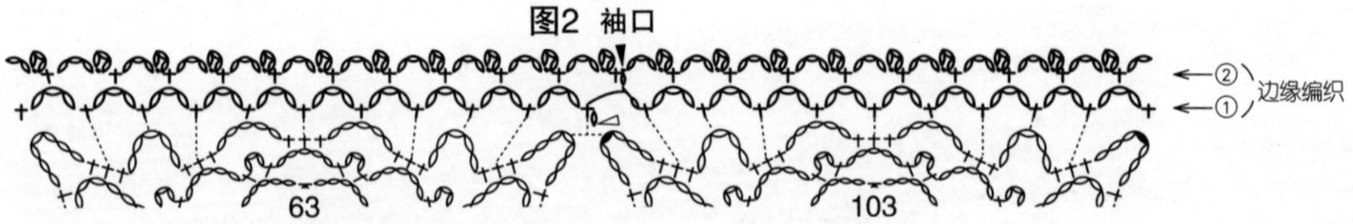

材料

DMC Cebelia 10号 白色（BLANC）155g/4团，浅米色（ECRU）50g/1团

工具

蕾丝针2号

成品尺寸

胸围88cm，衣长51.5cm，连肩袖长21.5cm

编织密度

花片边长7cm

编织花样1个花样3.6cm，12.5行10cm

编织要点

●身片…后身片〈上〉和前身片〈上〉用连接花片的方法钩织。花片在最终行钩织引拔针和相邻花片连接。后身片〈下〉和前身片〈下〉钩织短针和编织花样。〈上〉和〈下〉参照图示，一边钩织边缘编织A，一边连接。

●组合…胁部钩织引拔针和锁针接合。挑起指定数量的花样，衣领、袖口环形钩织边缘编织B，下摆环形钩织边缘编织C。

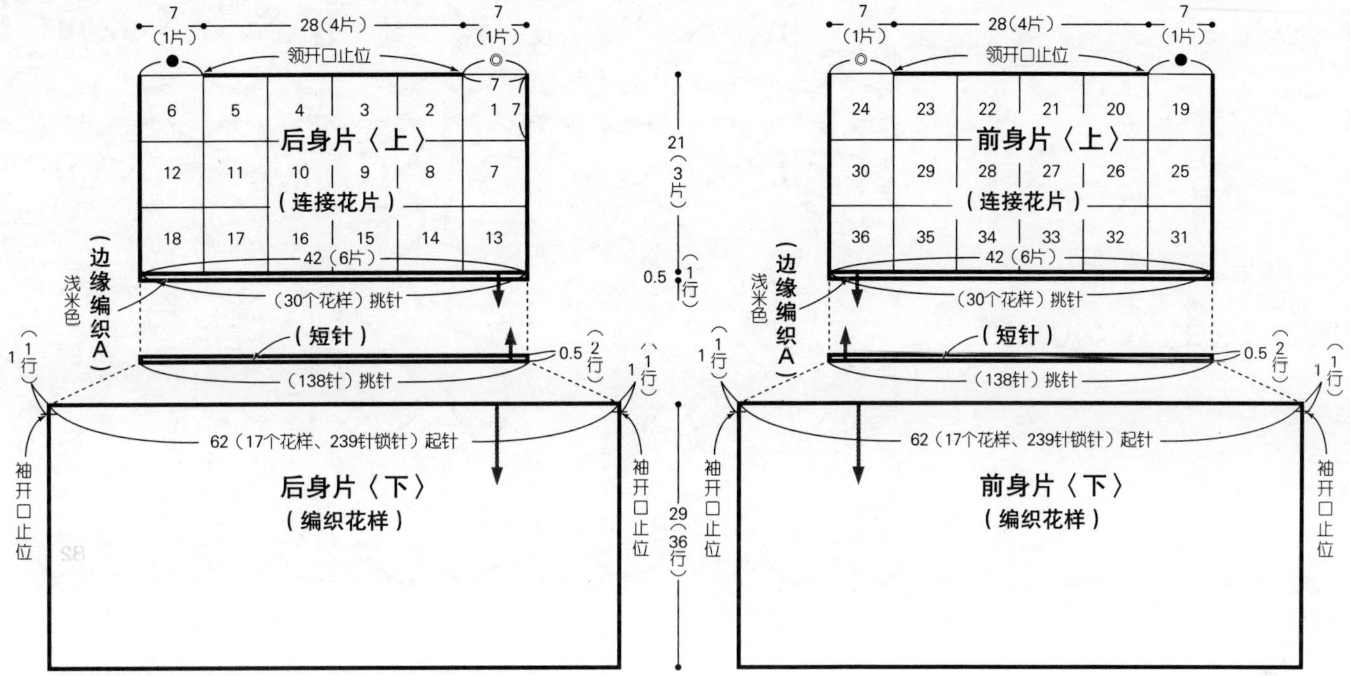

※ 全部使用2号蕾丝针钩织

※ 除指定以外均用白色线钩织

※ 花片内的数字表示连接顺序

※ 对齐相同标记连接

※ 花片角部的连接方法请参照第85页

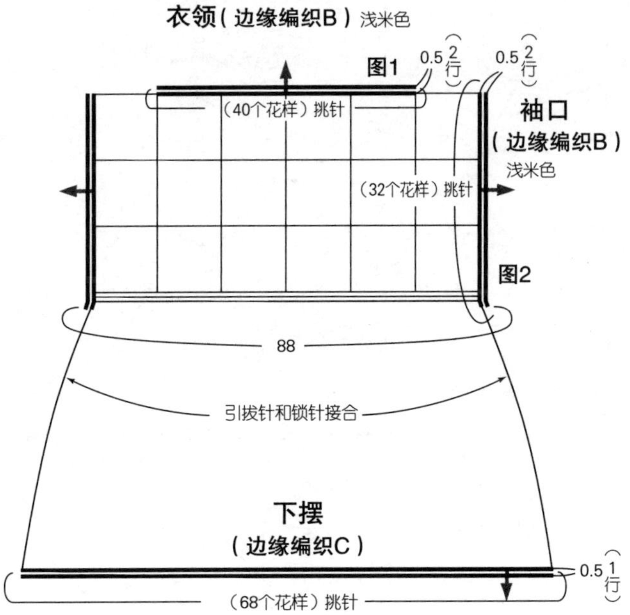

花片 36片

► = 剪线

短针

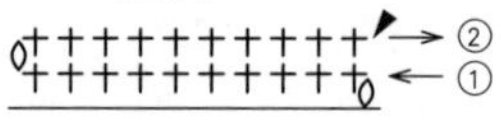

边缘编织A

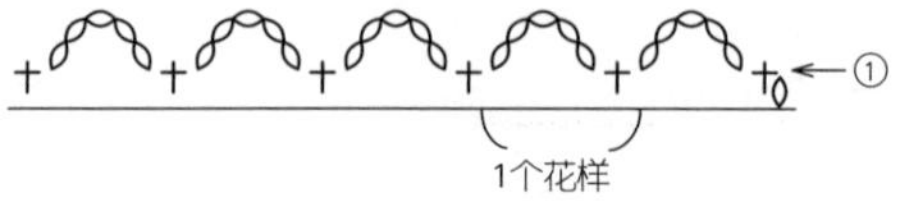

边缘编织B （衣领、袖口）

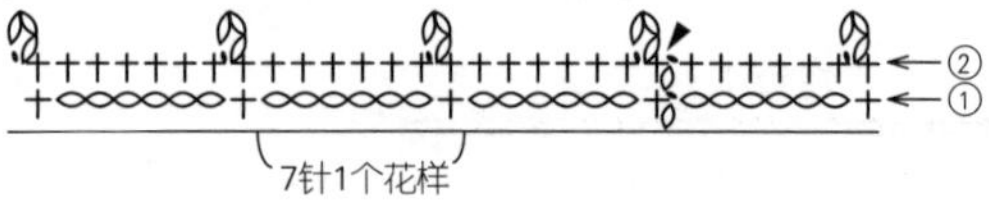

花片的连接方法

配色 { —— =白色
—— =浅米色

编织花样

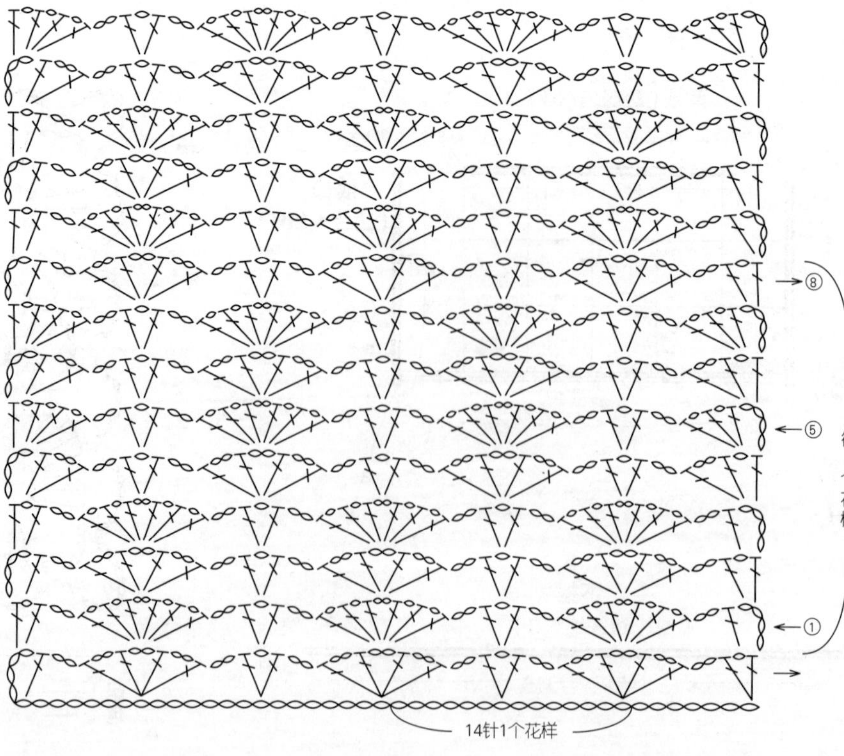

图1 衣领

图2 袖口

边缘编织C

材料

奥林巴斯 Emmy Grande 原白色(804) 280g/3团(每团100g)

工具

钩针2/0号

成品尺寸

胸围112cm，衣长49.5cm，连肩袖长30cm

编织密度

编织花样1个花样3.3cm，13行10cm

编织要点

●身片…锁针起针，从衣领开始做编织花样。从指定位置挑针，下摆下侧做编织花样。

●组合…肩部钩织引拔针和锁针接合，胁部钩织引拔针和锁针接合。衣领做边缘编织A，袖口做边缘编织B，均做环形钩织。

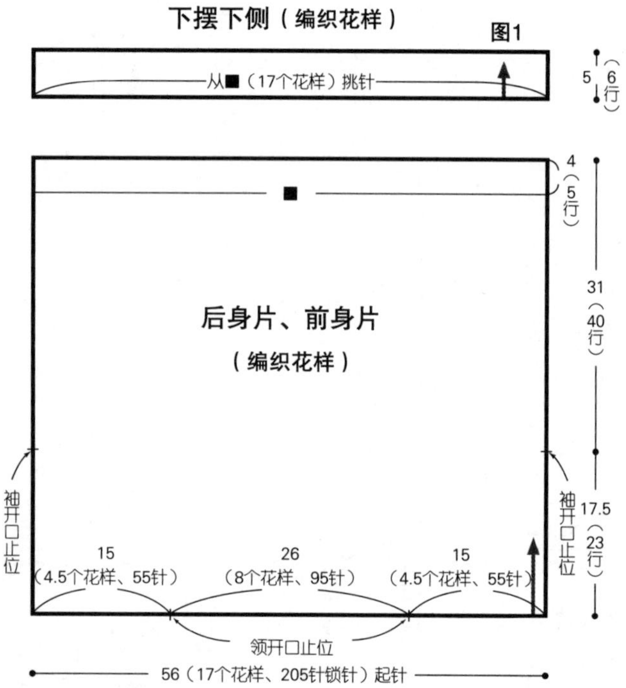

※ 全部使用2/0号针钩织

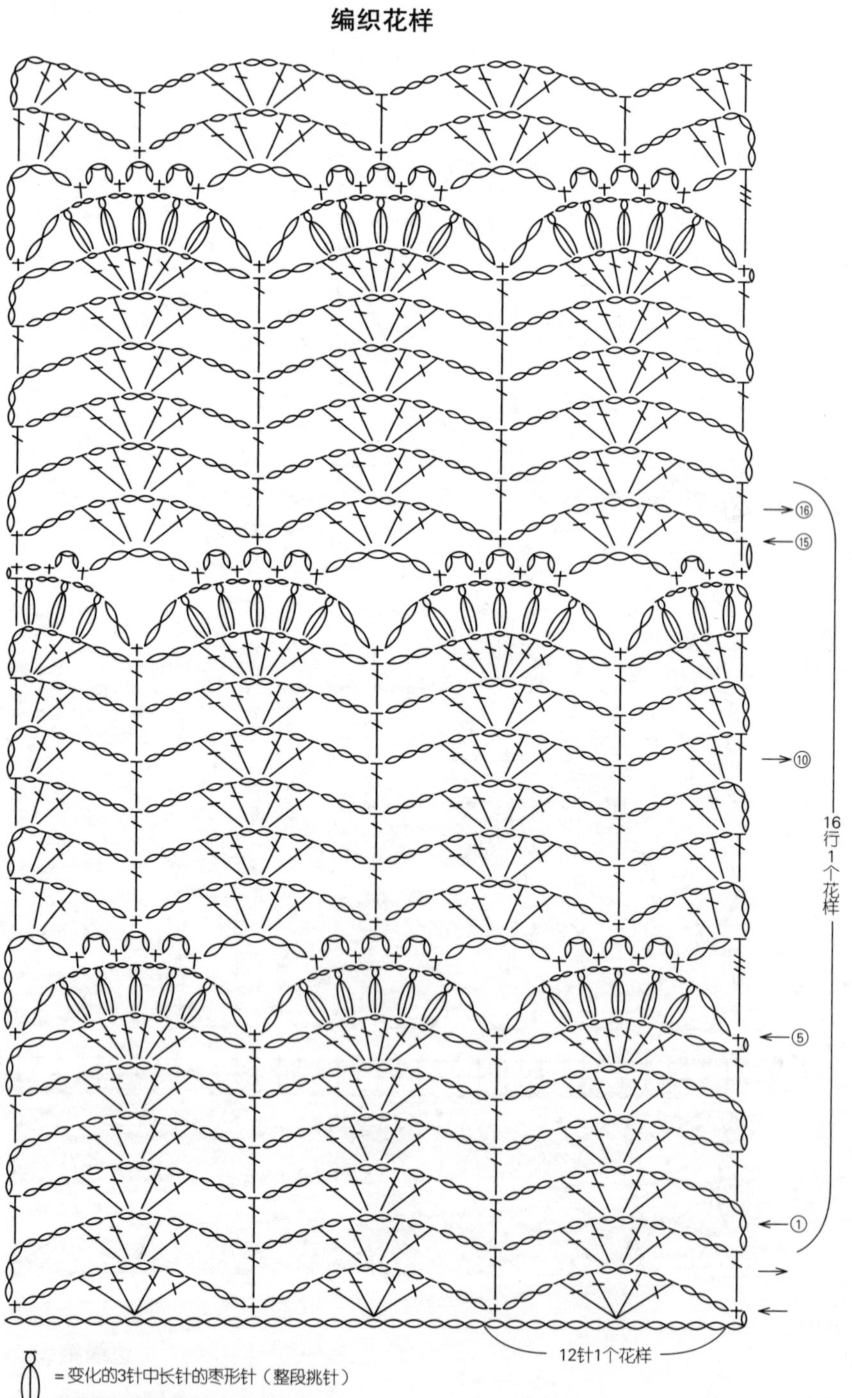

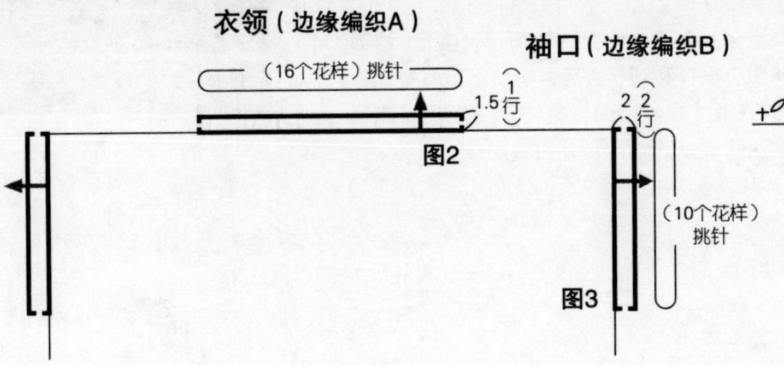

边缘编织A

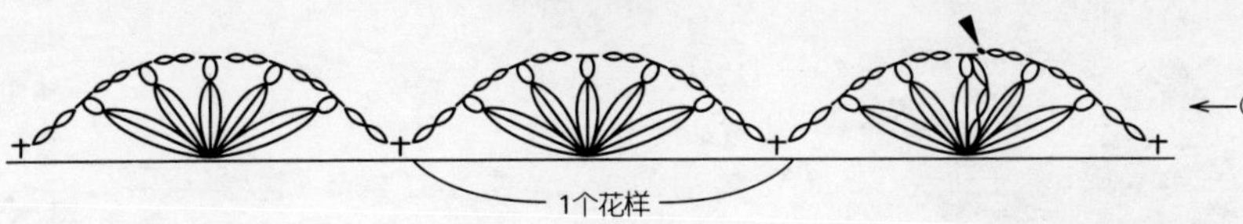

边缘编织B

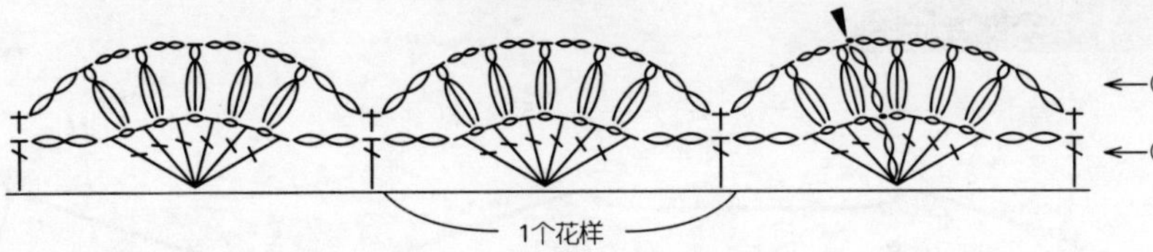

=变化的3针中长针的枣形针

※ 编织方法请参照第147页

▷ =加线
▶ =剪线

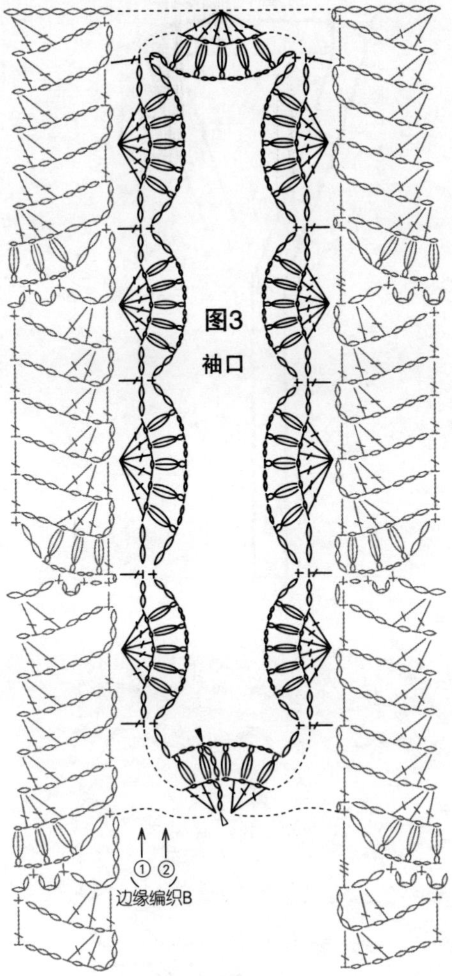

图1 下摆下侧

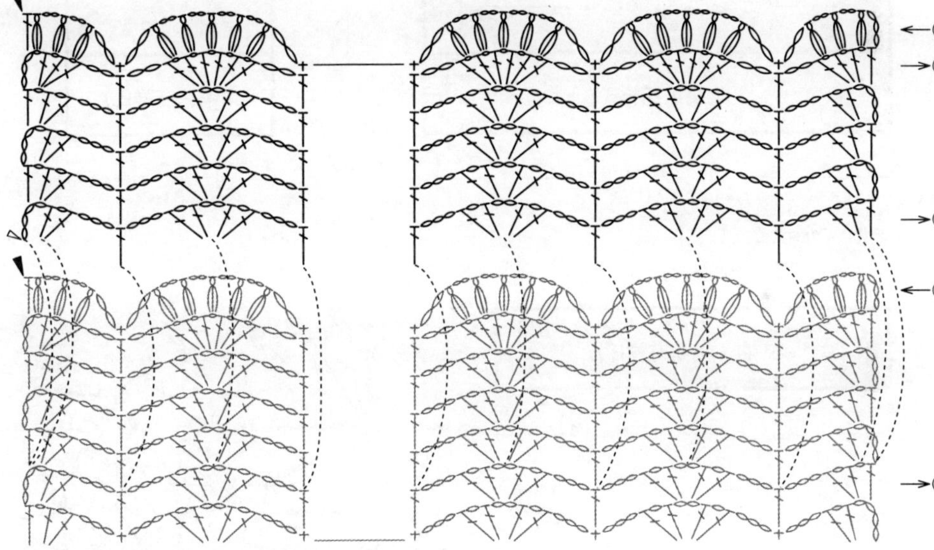

※ 下摆下侧第1行看着身片反面，将下摆的5行倒向后侧挑针

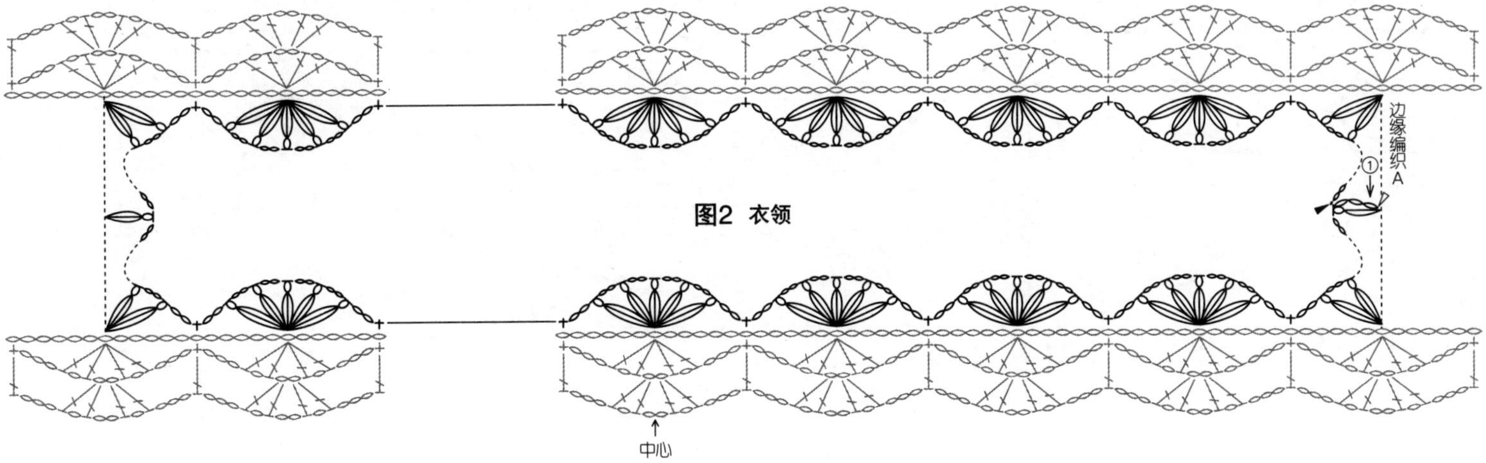

材料

奥林巴斯 Emmy Grande 深蓝色（335）230g/5团，直径18mm的纽扣1颗

工具

钩针2/0号

成品尺寸

胸围97.5cm，衣长52.5cm，连肩袖长36cm

编织密度

编织花样A 1个花样6.3cm，15.5行10cm；
编织花样B 1个花样8针2.5cm，11行8cm

编织要点

●身片…锁针起针，做编织花样A。参照图示钩织加减针。

●组合…肩部钩织引拔针和锁针接合，胁部钩织引拔针和锁针接合。挑取指定数量的针目，下摆、衣袖做编织花样B，前门襟、衣领钩织边缘。右前门襟开扣眼。缝上纽扣。

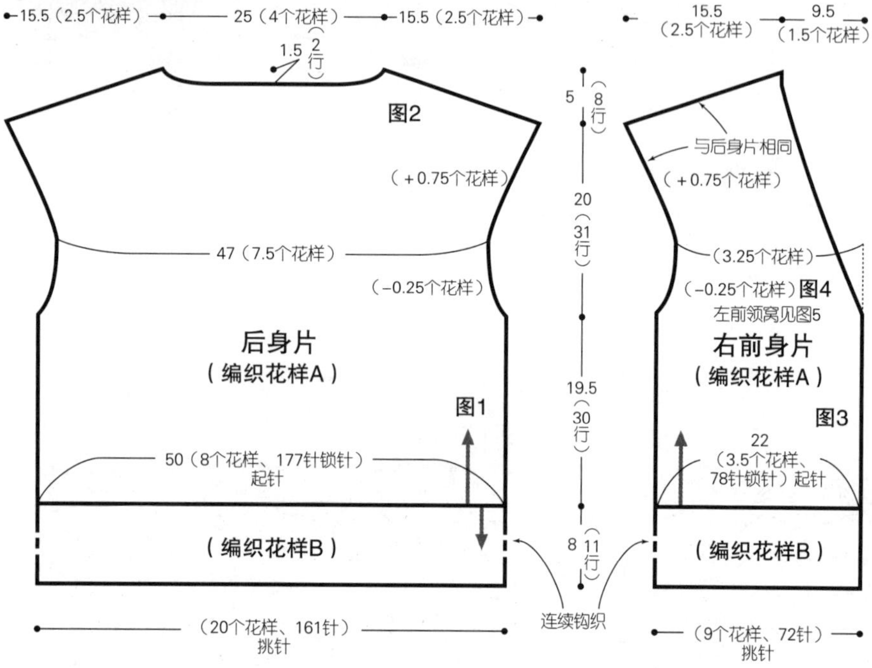

※ 全部使用2/0号针钩织

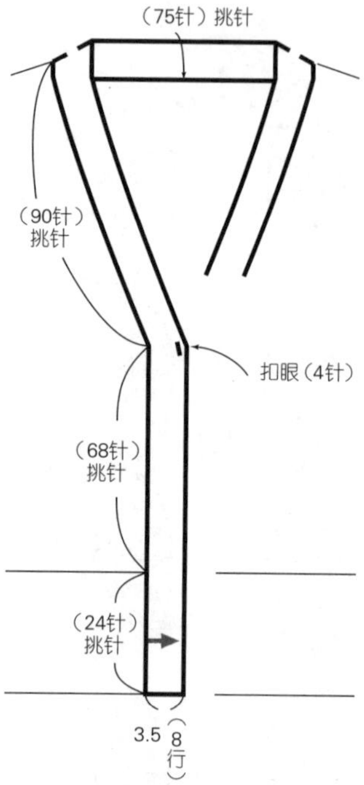

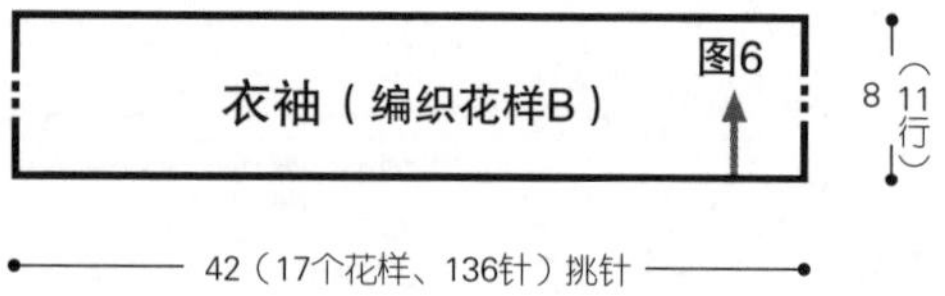

► = 剪线

编织花样B （下摆）

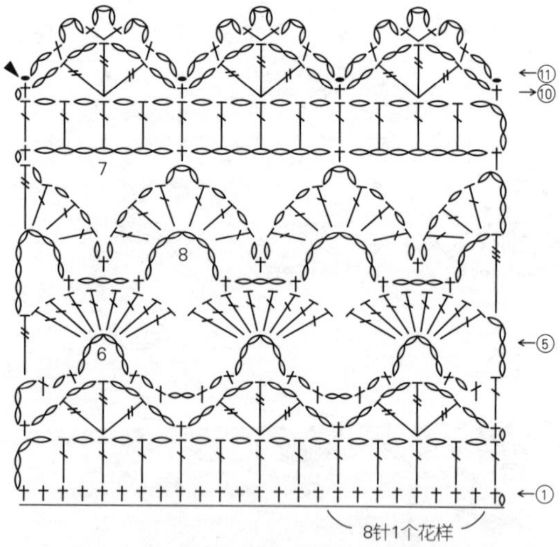

※ 第9行，挑起锁针钩织的长针要插入前一行针目中钩织

编织花样A

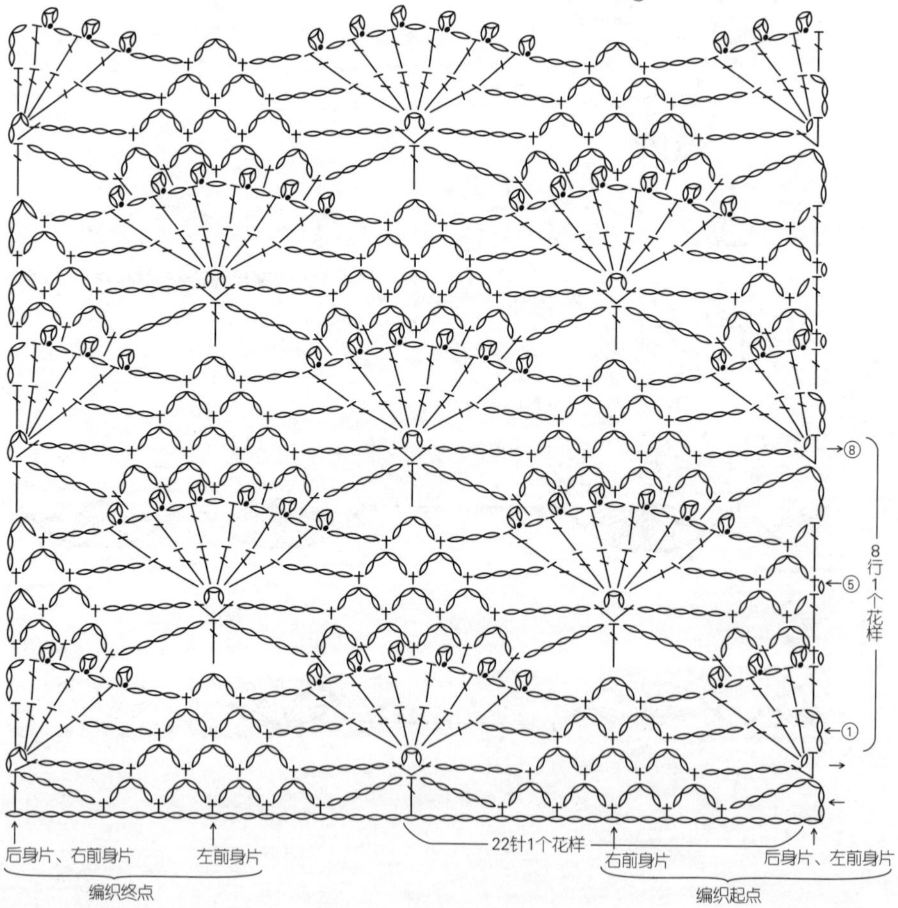

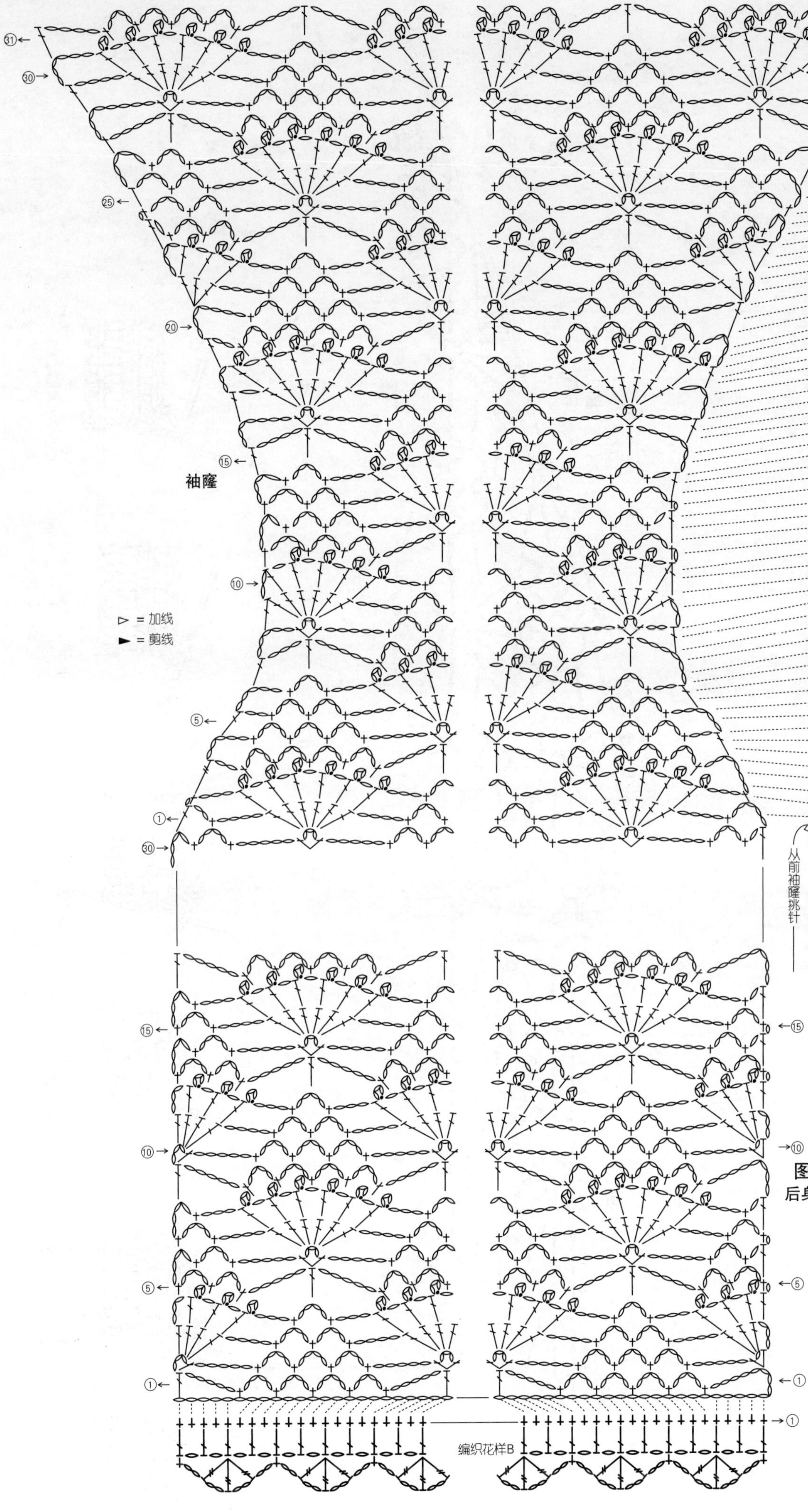

图1
后身片

图6
衣袖

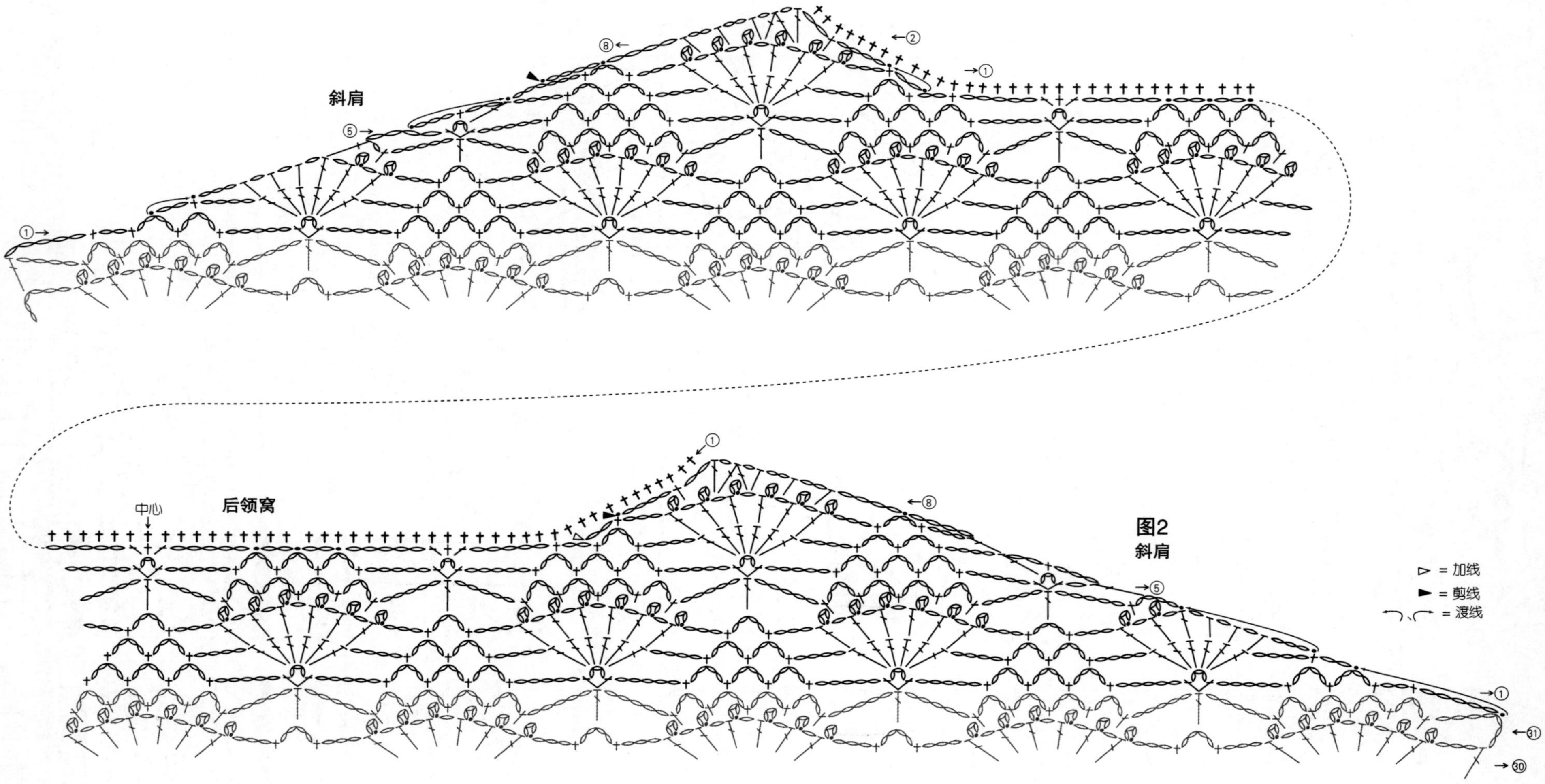

反短针

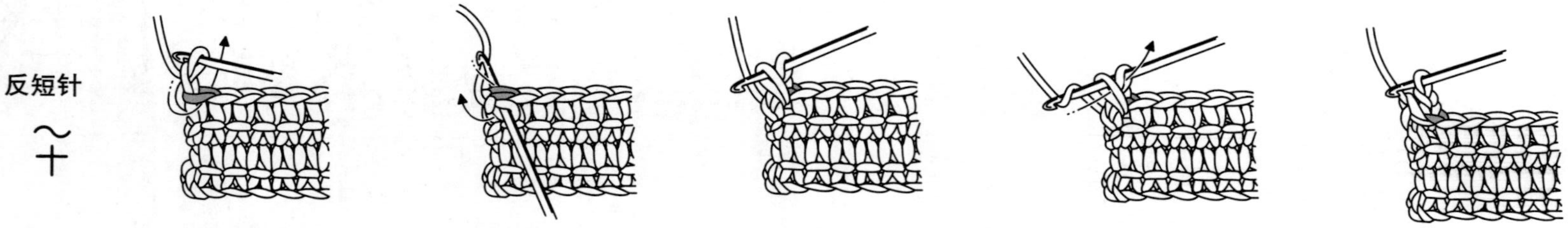

1 保持织片的方向不变，立织1针锁针，如箭头所示转动钩针，从前向后插入前一行针目头部的2根线中。

2 钩针在线的上方挂线，然后直接拉到织片前面。

3 将线拉到织片前面的样子。

4 在钩针上挂线，按照箭头的方向，一次性地从2个线圈中引拔出来，钩织短针。

5 反短针钩织完成。

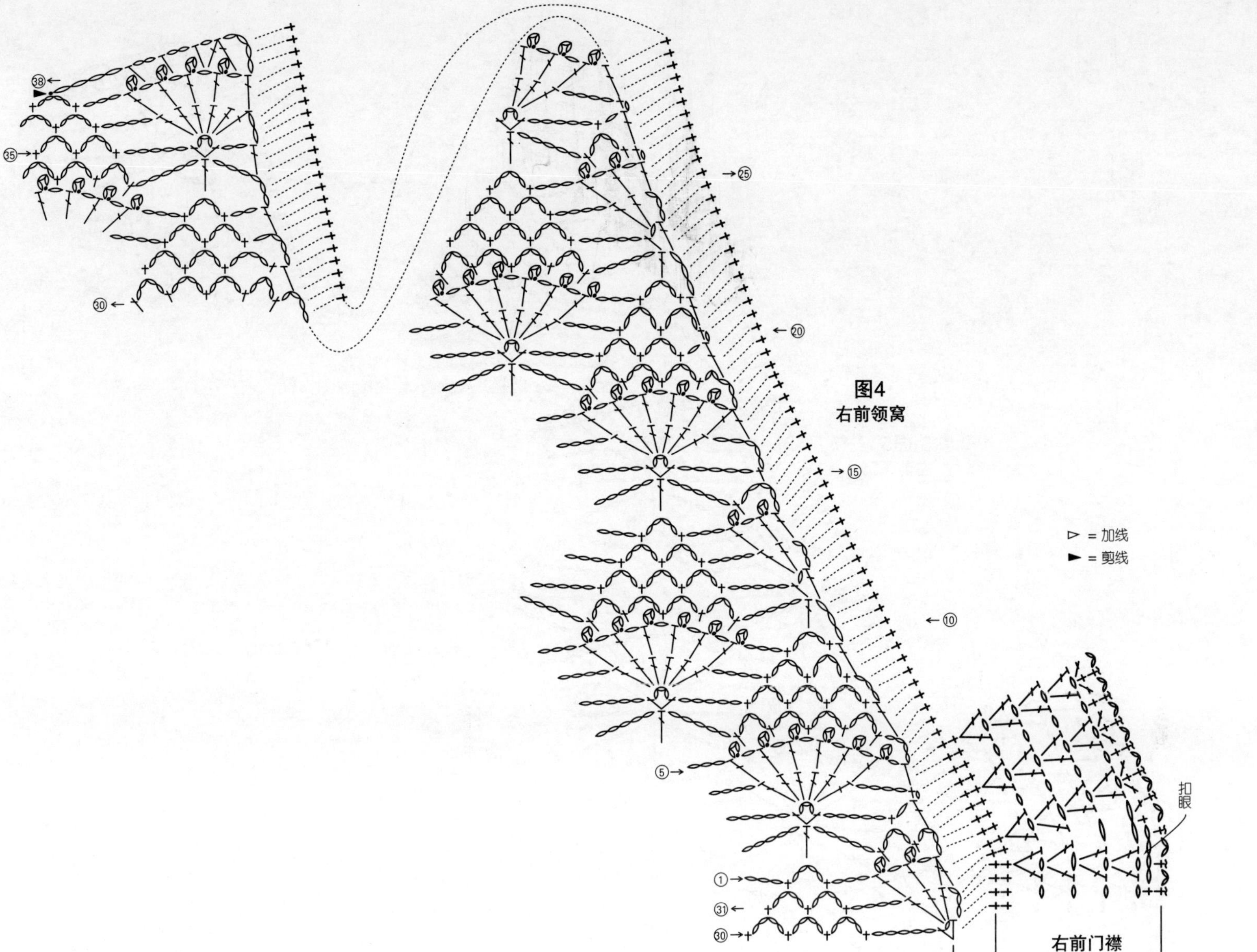

图4
右前领窝

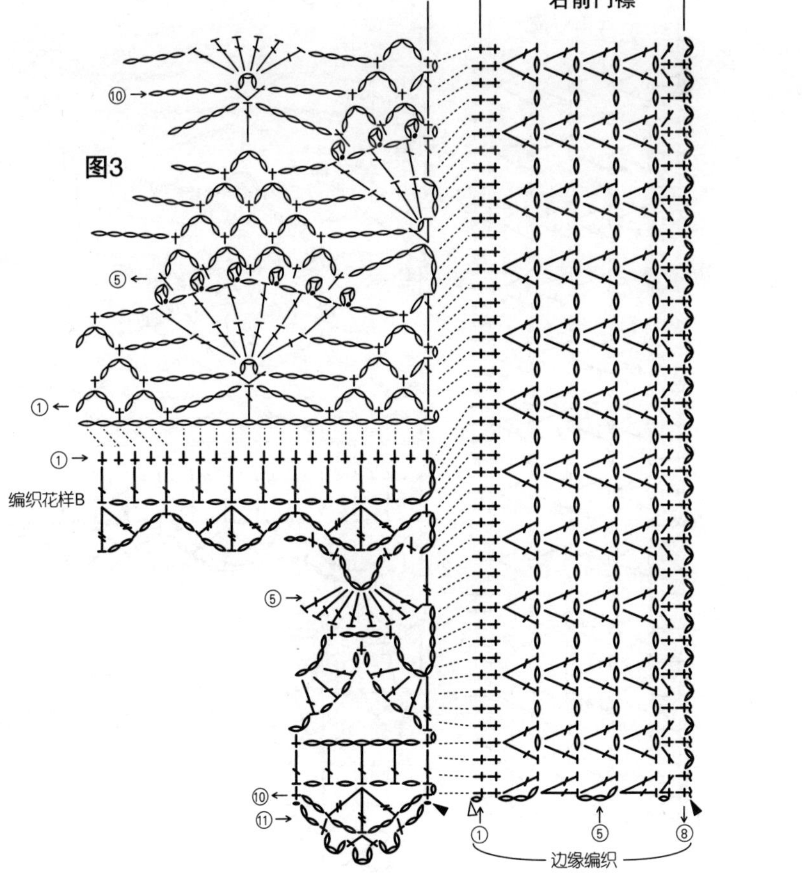

图3

边缘编织

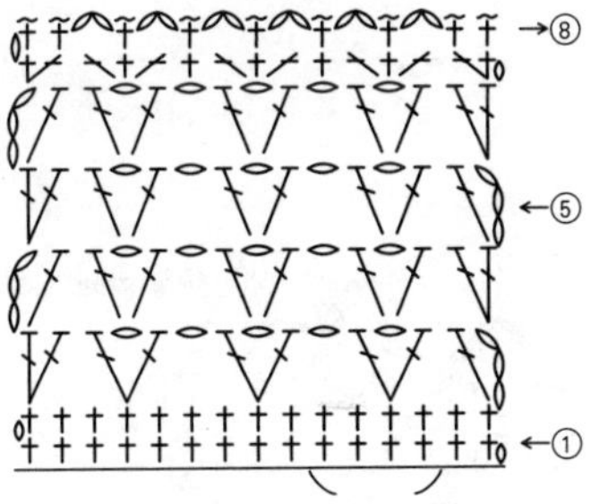

干 = 反短针

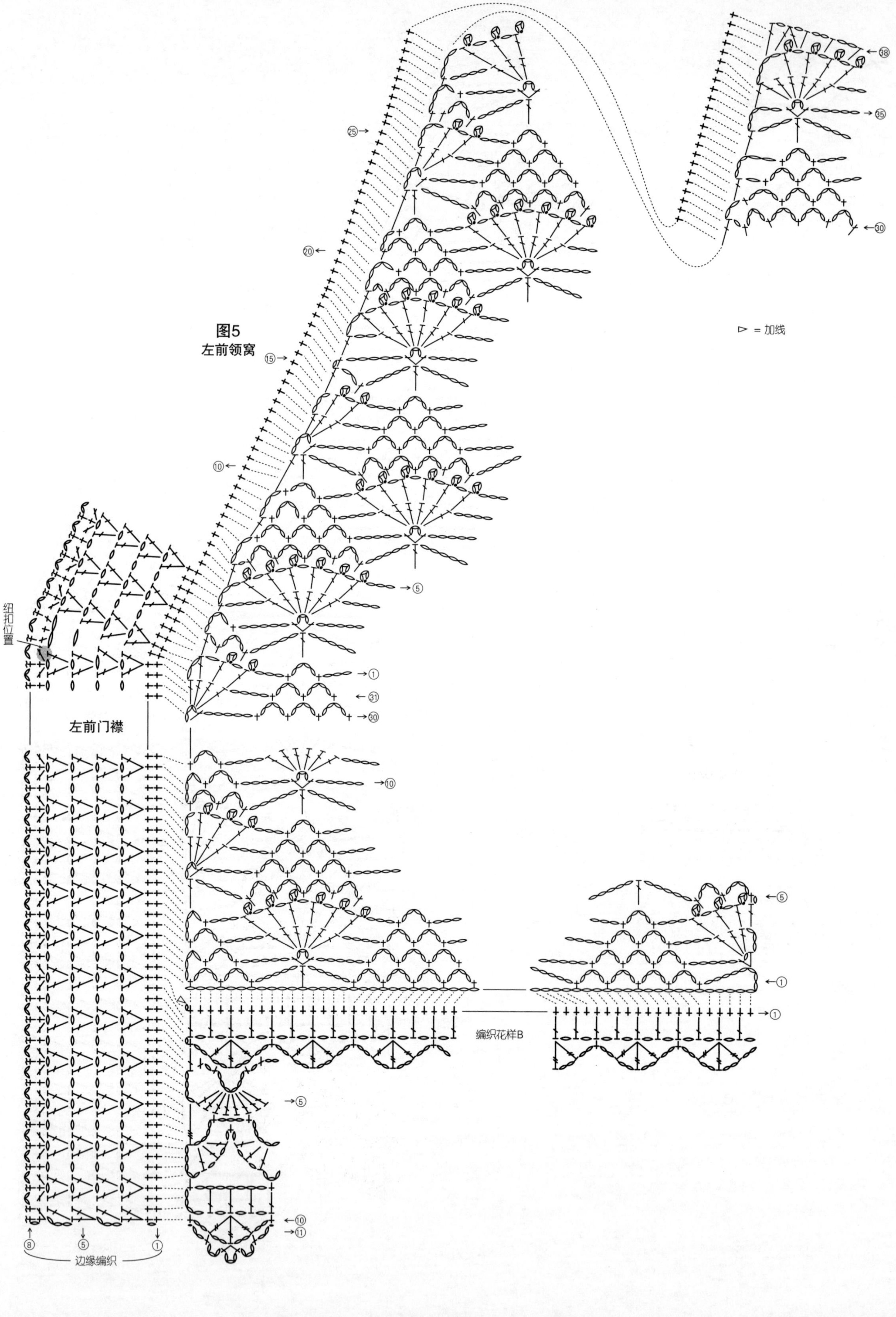
图5
左前领窝
⊳ = 加线
纽扣位置
左前门襟
编织花样B
边缘编织
㉕
⑳
⑮
⑩
⑤
①
㉛
㉚
㊳
㉟
⑪
⑧

材料

奥林巴斯 Emmy Grande <House> 灰粉色（H10）380g/16团

工具

钩针4/0号、3/0号

成品尺寸

胸围96cm，衣长52.5cm，连肩袖长37.5cm

编织密度

编织花样1个花样2.8cm，14行10cm

编织要点

●育克、身片、衣袖…育克共线锁针起针，参照图示一边分散加针，一边环形做编织花样。后身片往返钩织4行，织出前后差行。后身片、前身片从前后差行、育克和腋下的共线锁针起针挑针，环形做编织花样，钩织指定行数后，继续做边缘编织。衣袖从育克、腋下起针和前后差行挑针，做编织花样，然后钩织边缘，在第2行减针。

●组合…领口挑取指定数量的针目，钩织1行短针。角部参照图示减针。

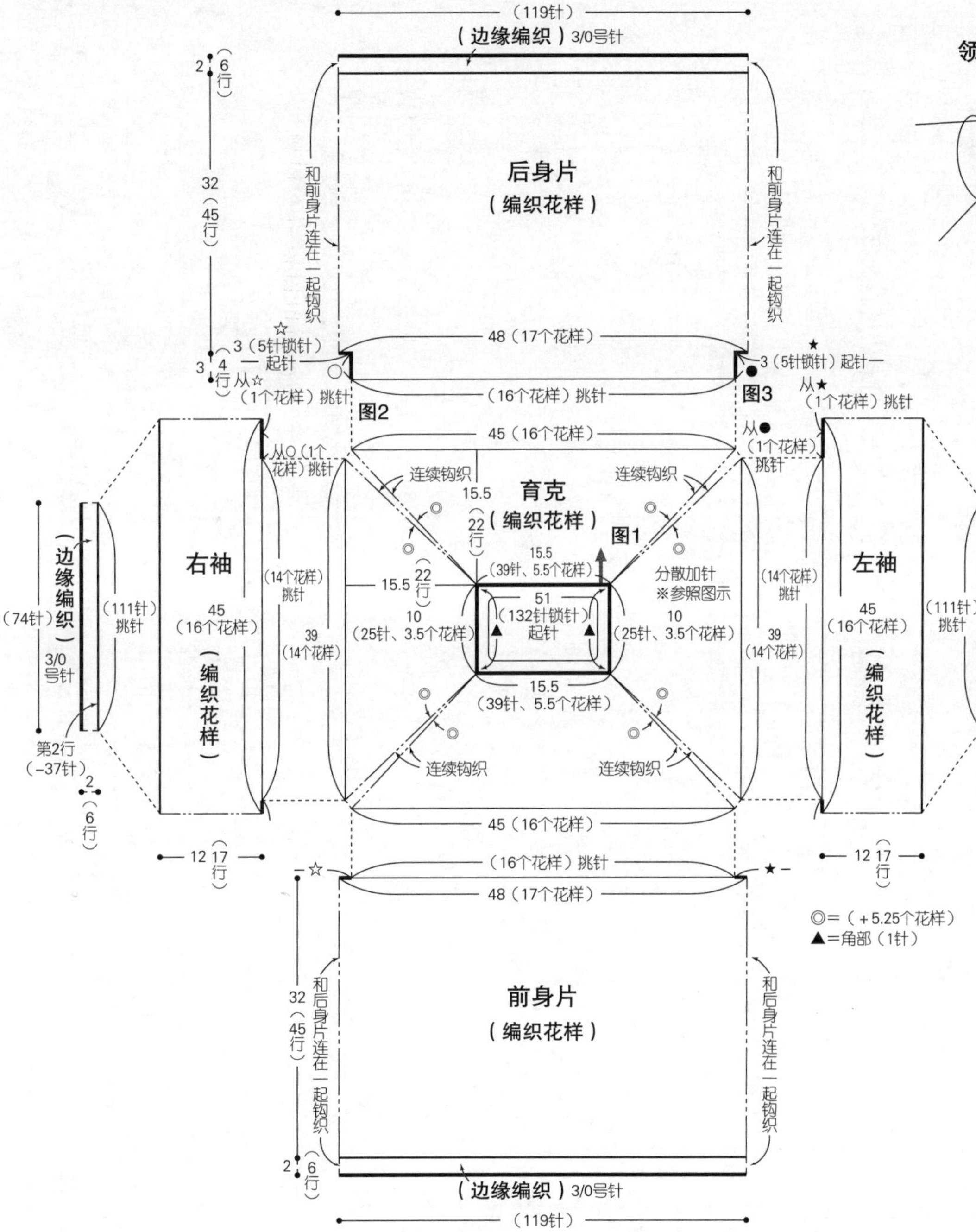

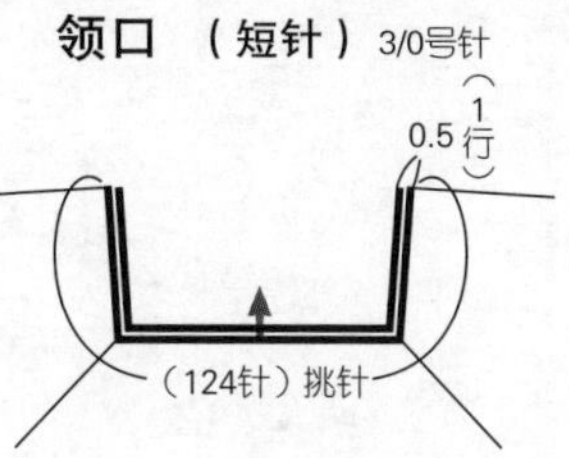

※ 除指定以外均用4/0号针钩织

※ 腋下将前后身片连在一起起针（5针锁针）

边缘编织（下摆）

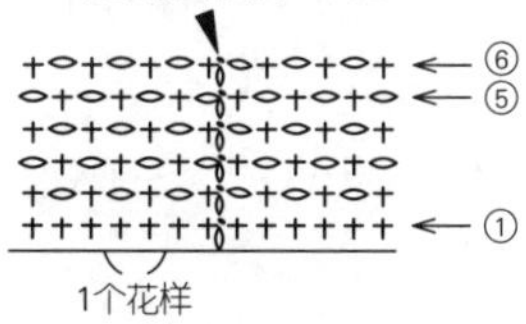

边缘编织（袖口）

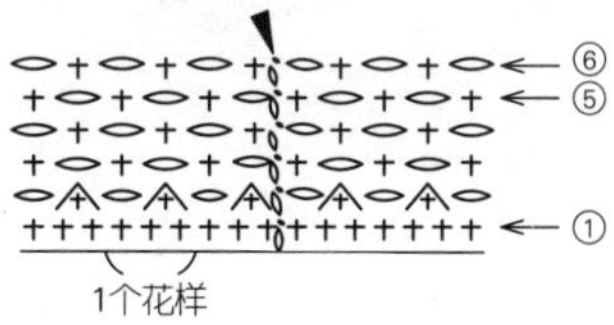

► =剪线

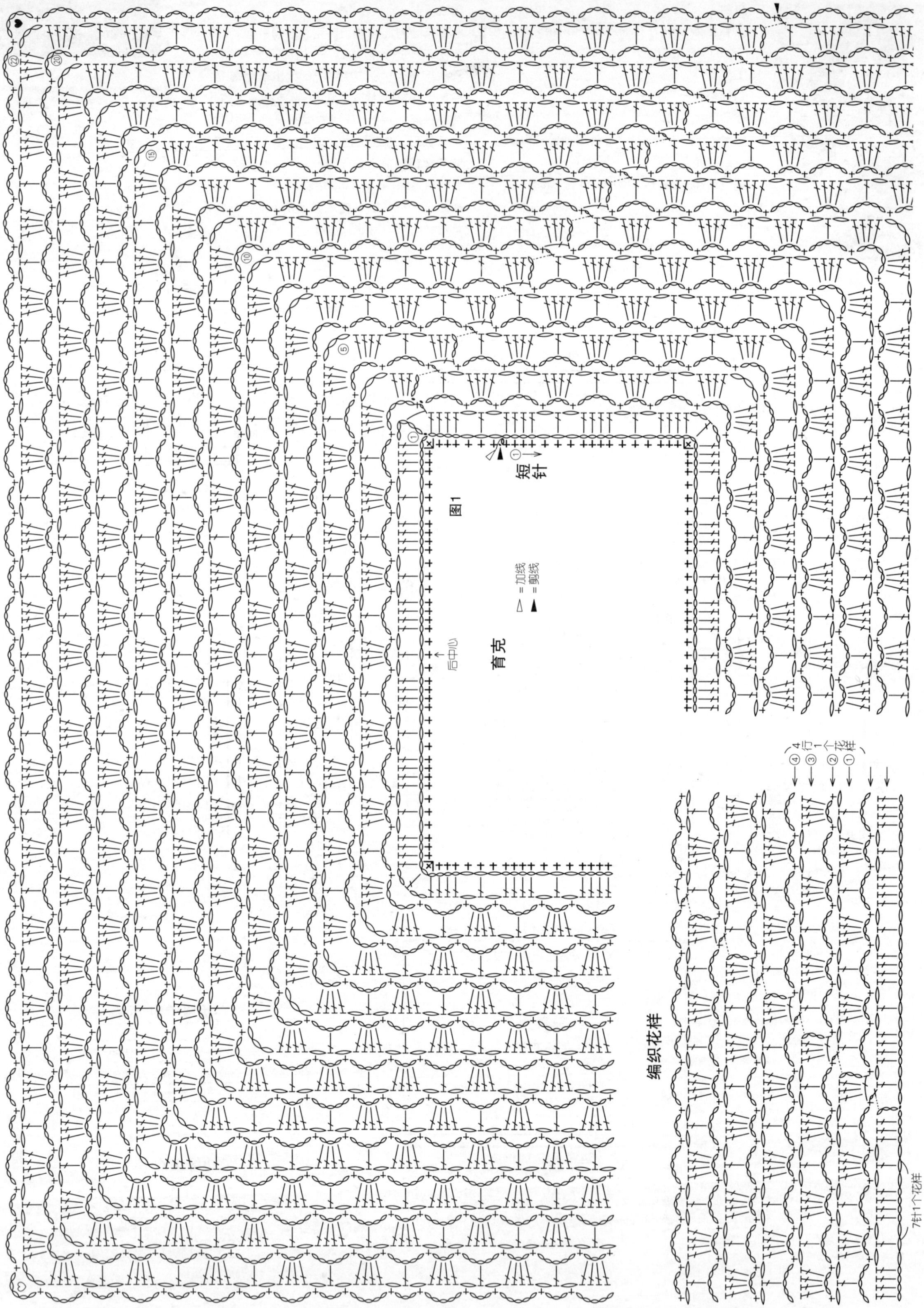
育克
图1
后中心
短针
①
▷=加线
▶=剪线
编织花样
4行1个花样
7针1个花样

前后差行、腋下的编织方法

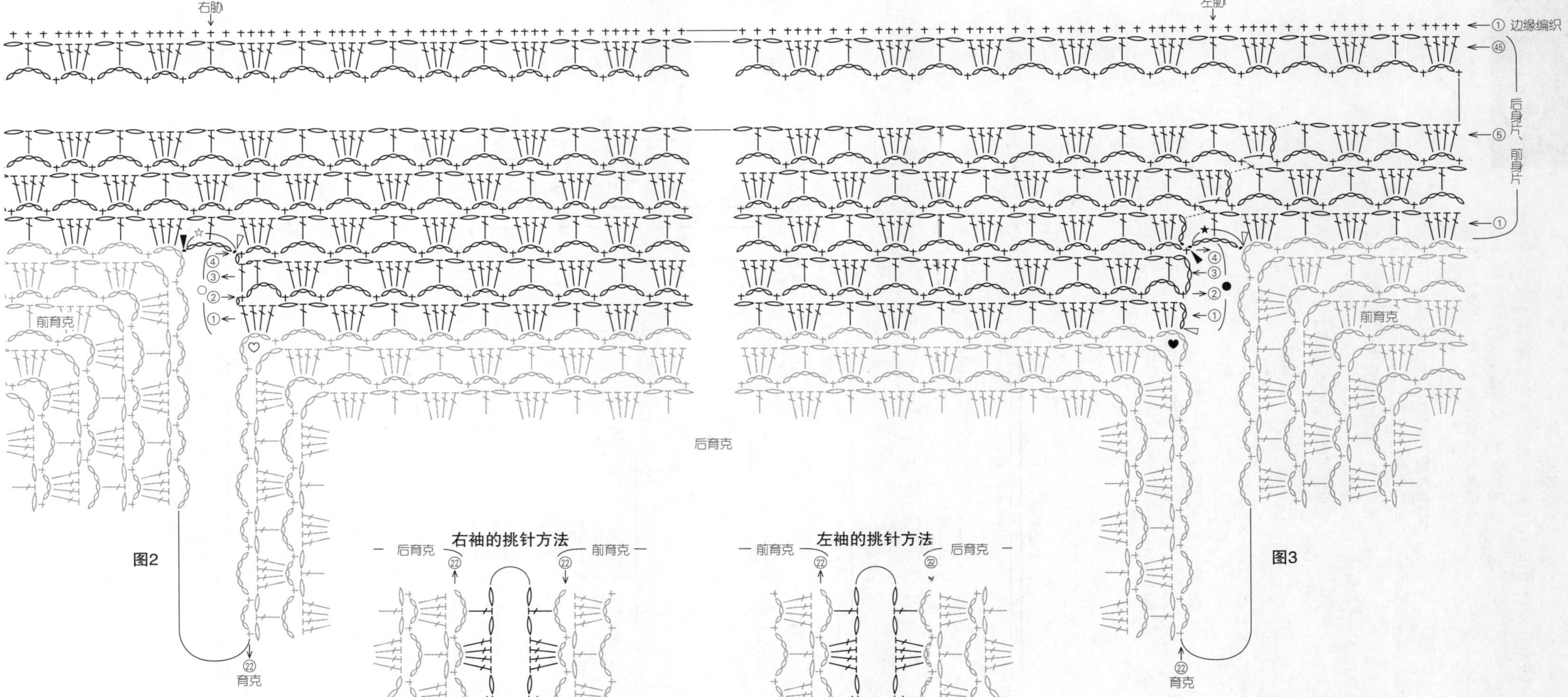

图2

图3

右袖的挑针方法

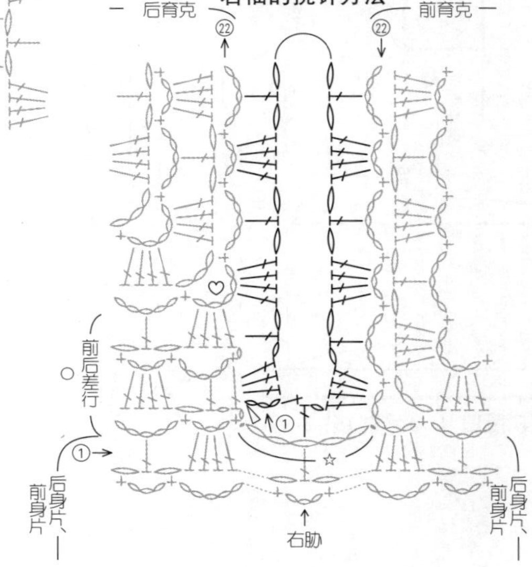

左袖的挑针方法

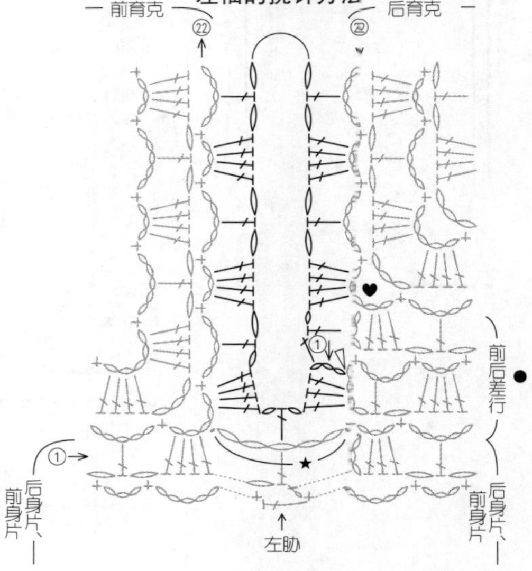

▷ = 加线
▶ = 剪线

材料

奥林巴斯 Emmy Grande<Bijou> 米色(L740)220g/9团，褐色(L744)70g/3团

工具

钩针2/0号

成品尺寸

胸围94cm，衣长49cm，连肩袖长30.5cm

编织密度

条纹花样、编织花样均为1个花样8针2cm，19.5行10cm

编织要点

●育克、身片…育克共线锁针起针，环形钩织条纹花样。参照图示加针，不剪线，一边纵向渡线一边钩织。后身片往返钩织6行，织出前后差行。后身片、前身片从前后差行、育克和腋下的共线锁针起针挑针，环形钩织条纹花样、编织花样和边缘编织A。袖口从育克、腋下和前后差行挑针，环形钩织条纹边缘。

●组合…衣领挑取指定数量的针目，环形钩织边缘编织B。

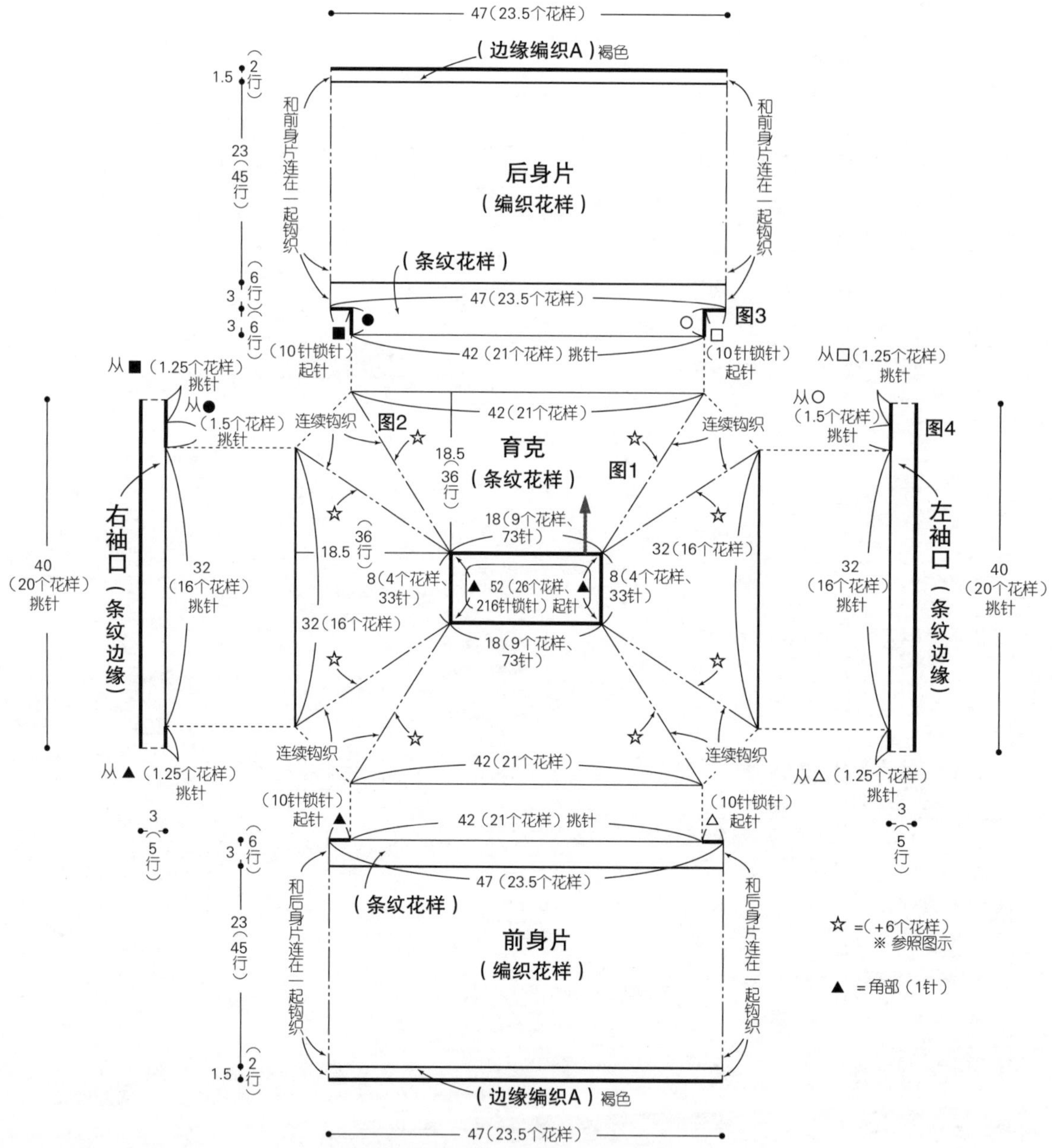

※ 全部使用2/0号针钩织

※ 除指定以外均用米色线钩织

※ 腋下将前、后身片连在一起用米色线起针（20针锁针）

边缘编织A

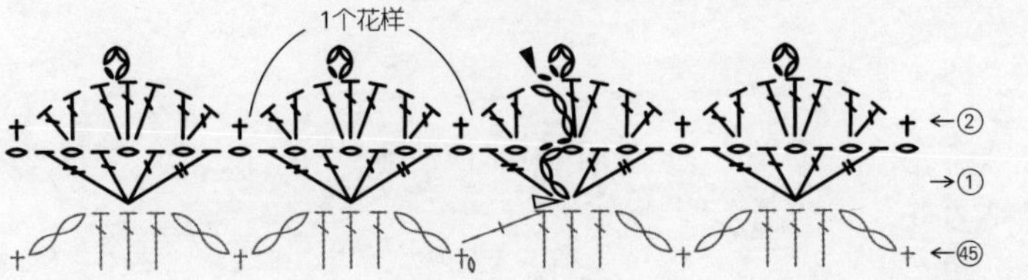

条纹边缘

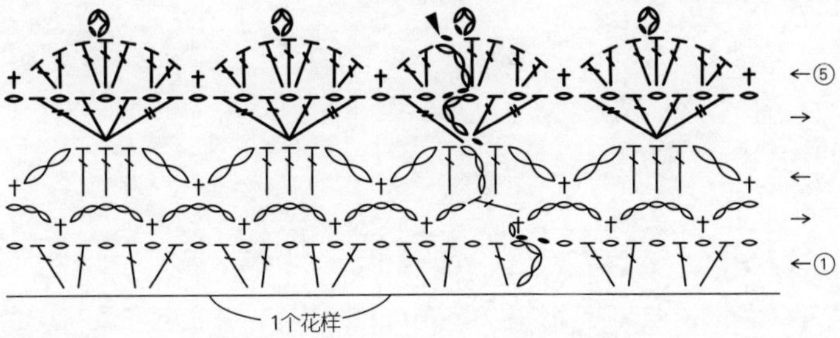

配色 { — = 米色
— = 褐色 }

▷ = 加线
► = 剪线

编织花样、条纹花样

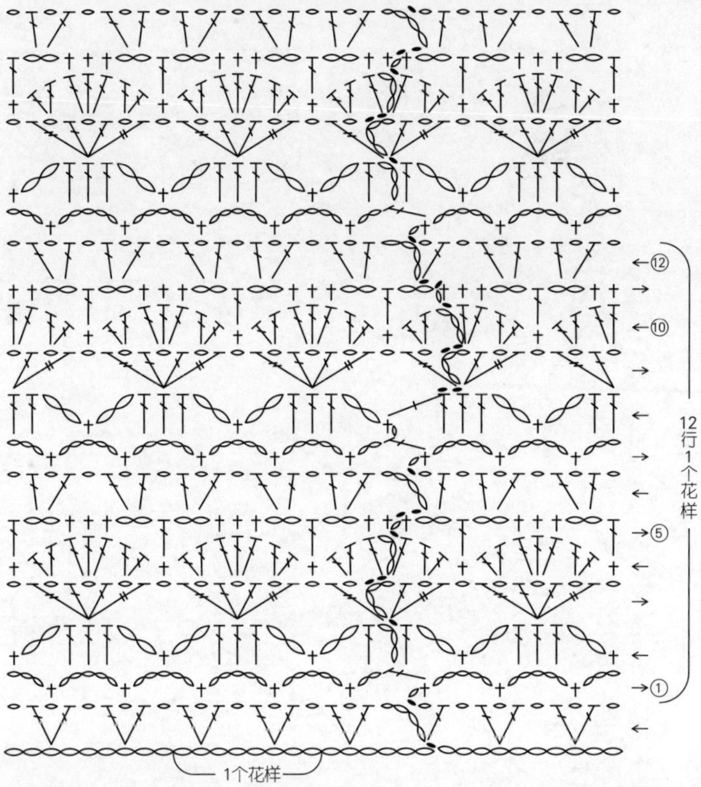

※ 条纹花样的配色请参照图1~3

图4 袖口

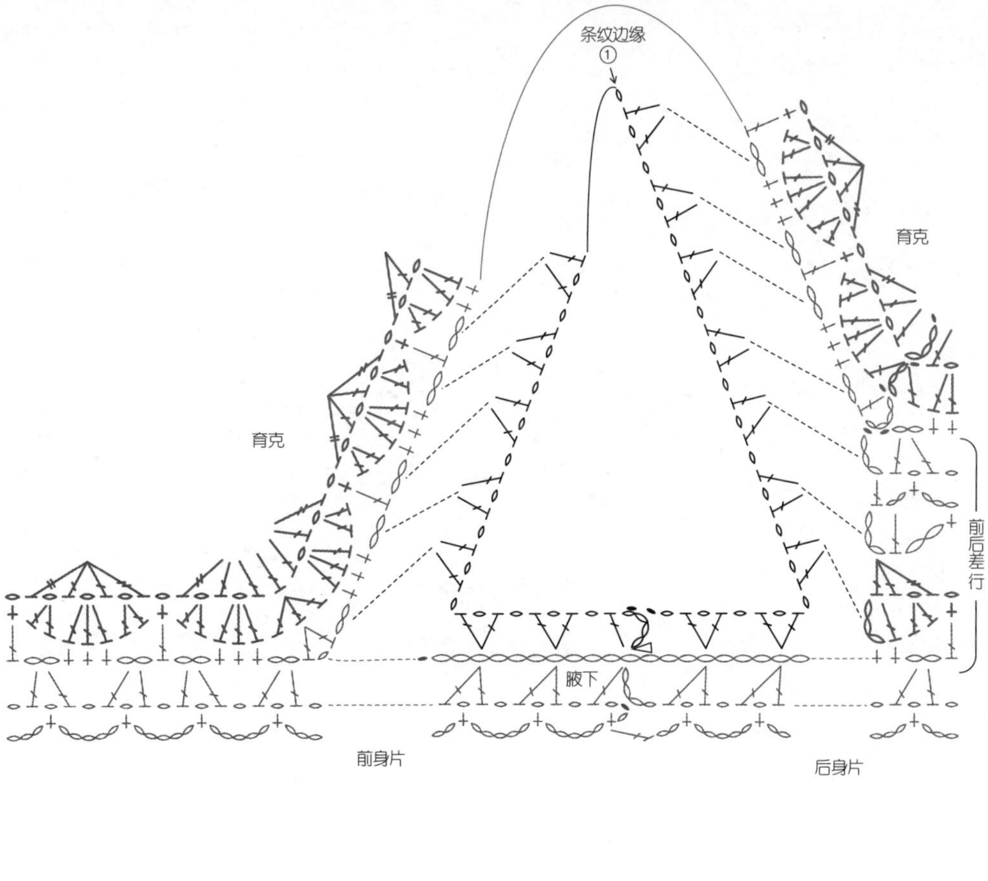

图2 育克

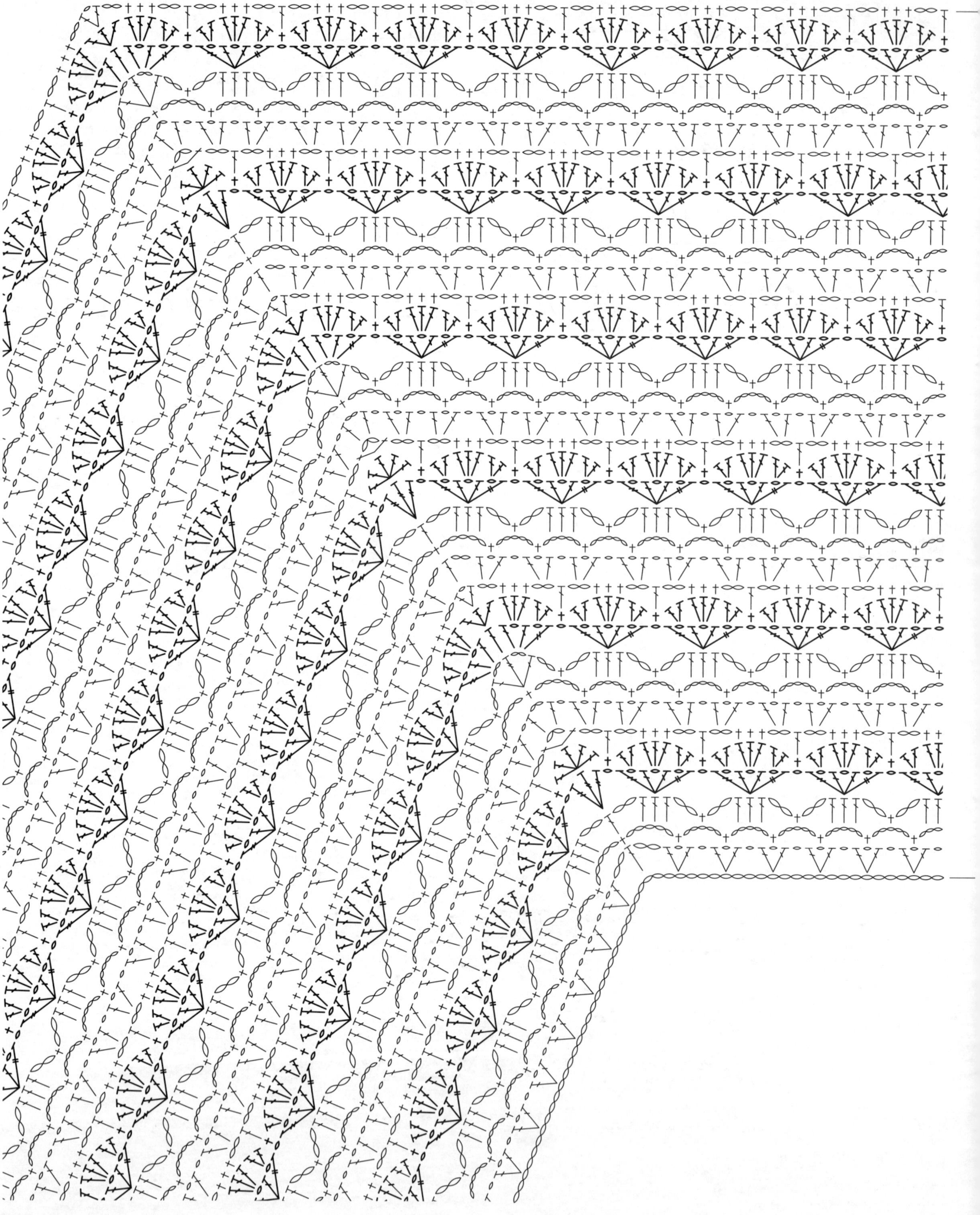

图1 育克

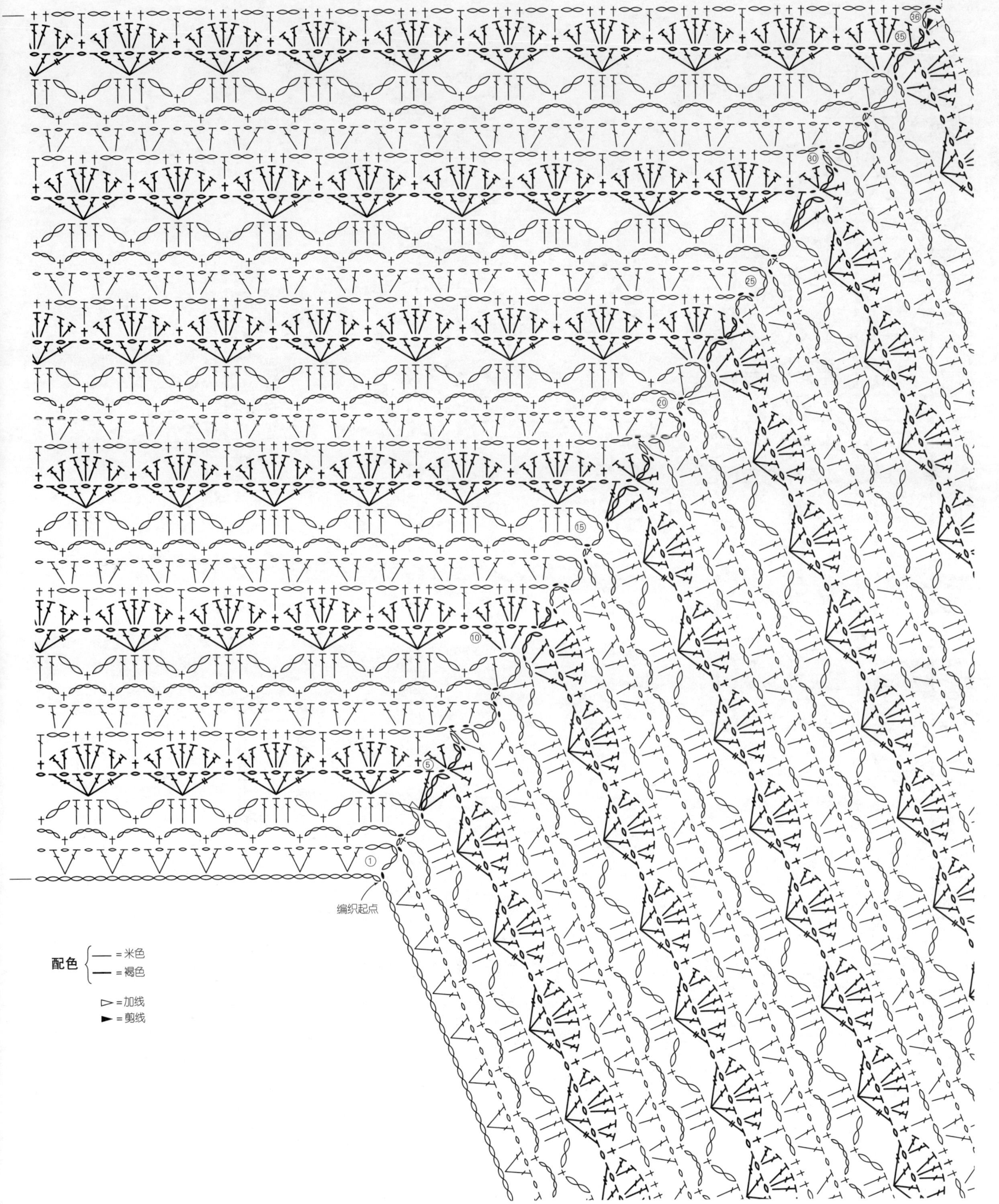

配色
—— = 米色
—— = 褐色

▷ = 加线
► = 剪线

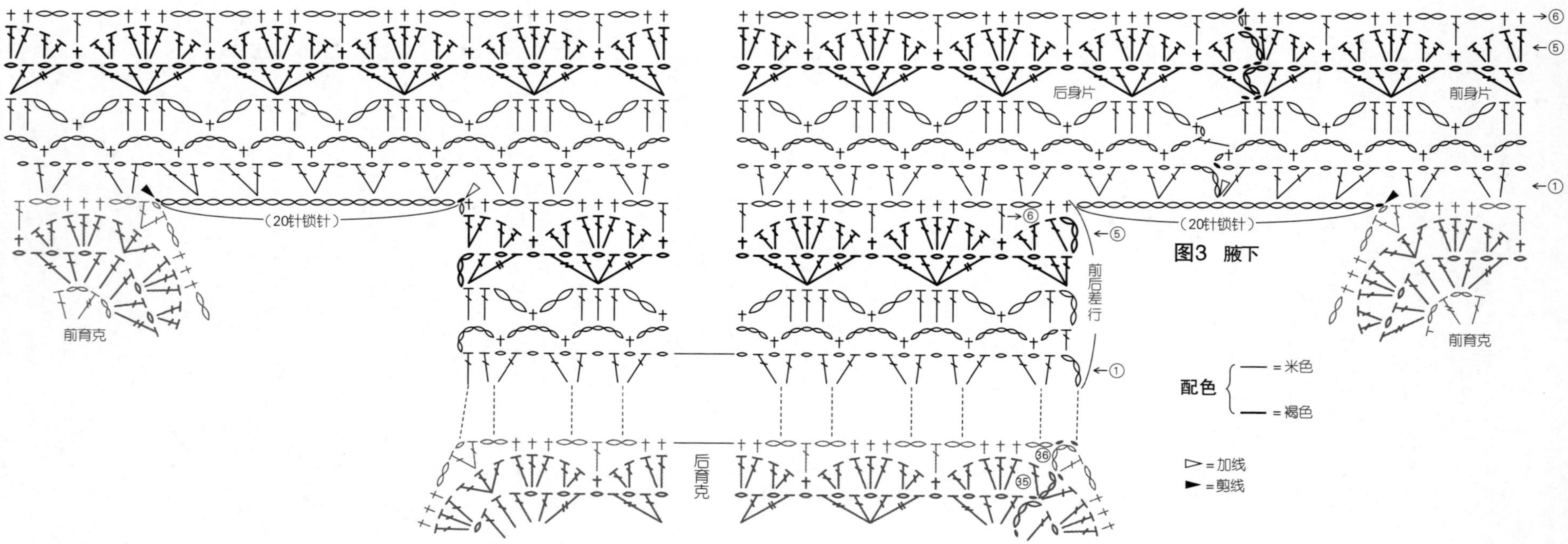
后身片
前身片
(20针锁针)
(20针锁针)
前育克
前育克
前后差行
后育克
图3 腋下
配色
= 米色
= 褐色
= 加线
= 剪线

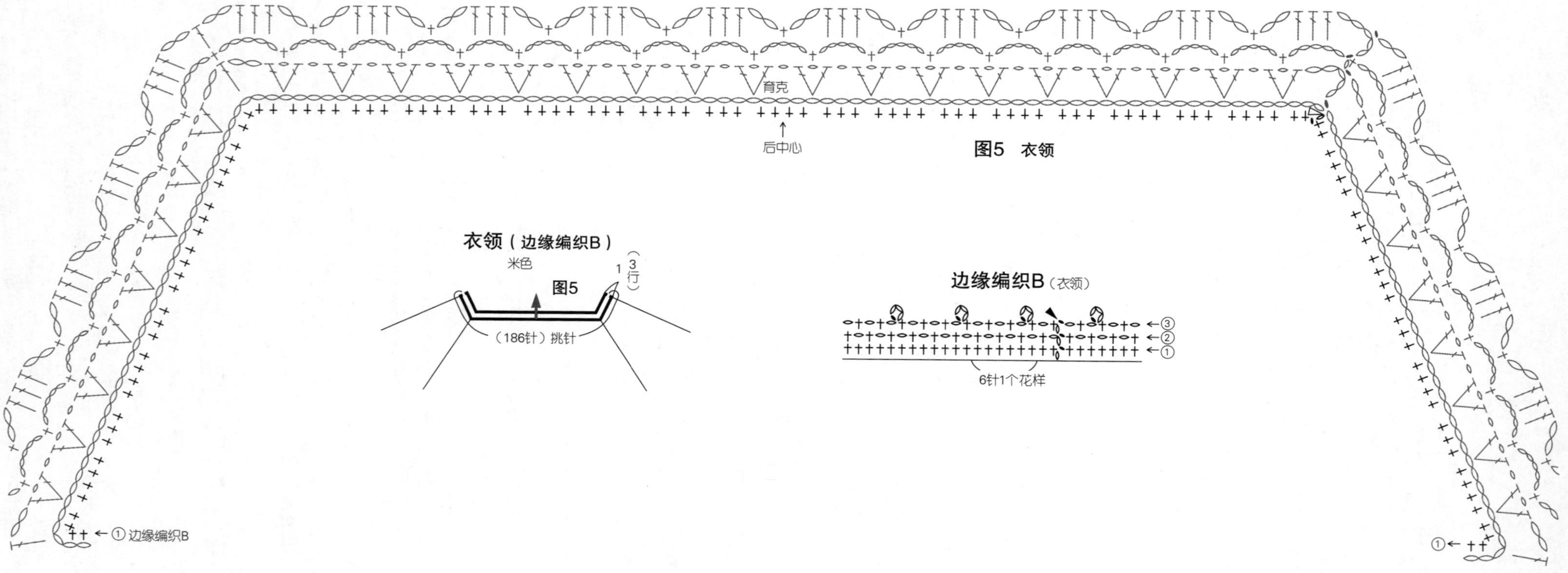
育克
后中心
图5 衣领
① 边缘编织B
衣领（边缘编织B）
米色
图5
1（3行）
（186针）挑针
边缘编织B（衣领）
6针1个花样

材料

手织屋 Hard Linen B 蓝色(13)、灰色(40) 各120g

工具

棒针6号，钩针6/0号

成品尺寸

胸围96cm，衣长56cm

编织密度

10cm×10cm面积内：下针编织15针，26.5行；编织花样15针，25.5行

编织要点

●身片…全部取2根线编织，灰色和蓝色各取1根线。手指挂线起针，编织起伏针、下针编织和编织花样。编织终点休针。

●组合…分别对齐左、右身片的☆、★处，参照接合方法接合。衣领从休针上挑针，做下针编织。编织终点做伏针收针，然后在衣领边缘钩织短针。腋下针目做下针的无缝缝合。

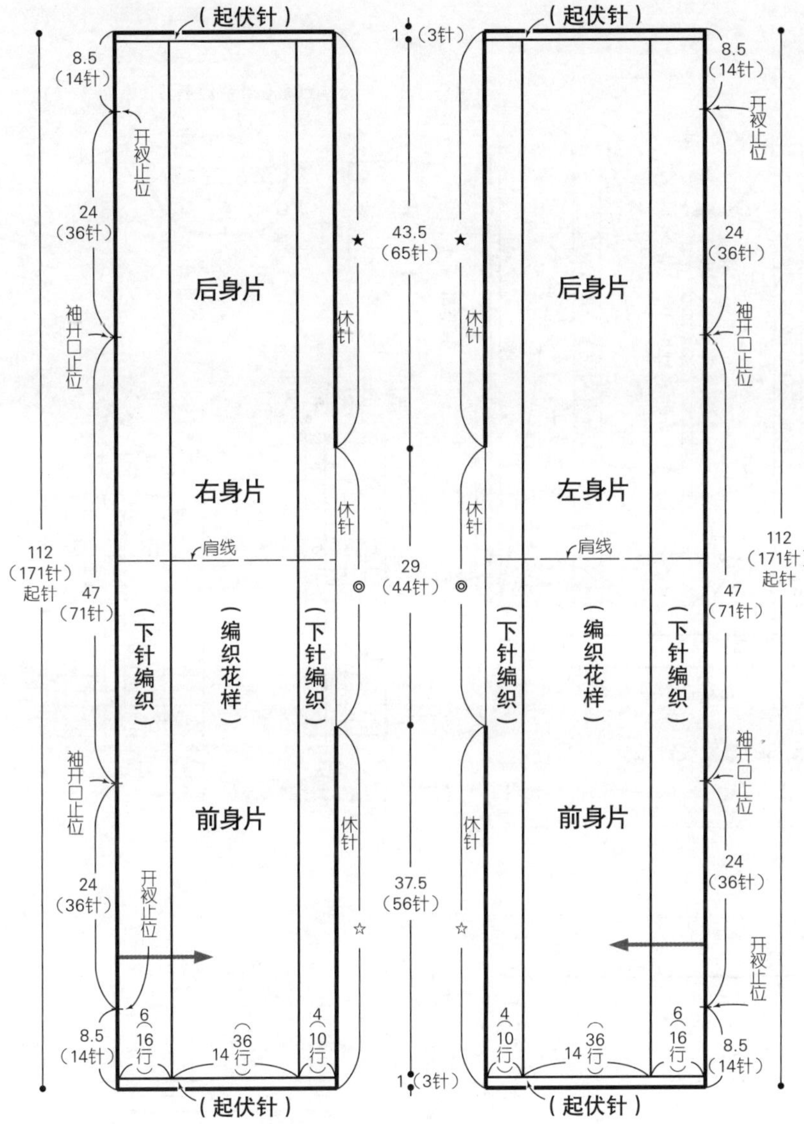

※ 除指定以外全部使用6号针编织

※ 全部各取1根蓝色线和灰色线并在一起编织

编织花样

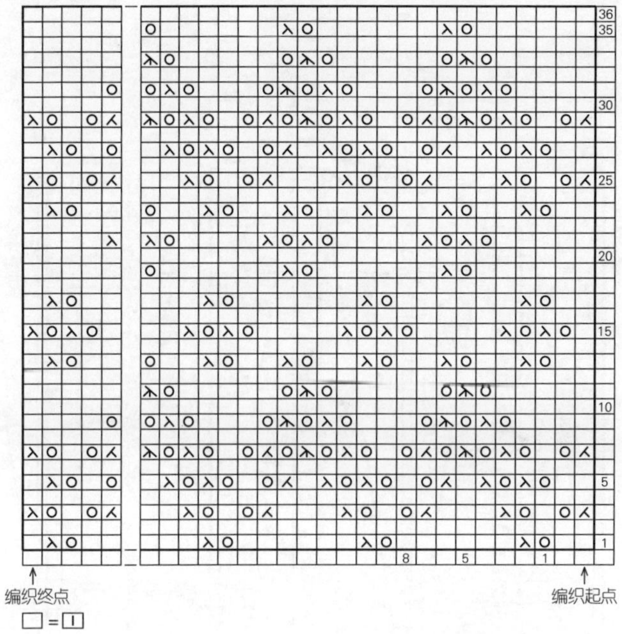

衣领（下针编织）

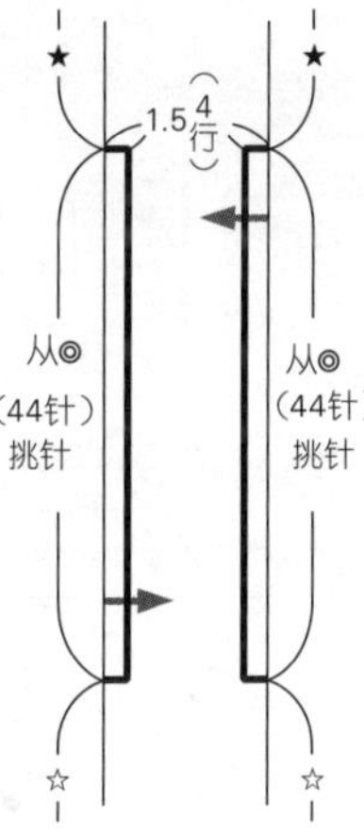

▷ = 加线

► = 剪线

起伏针

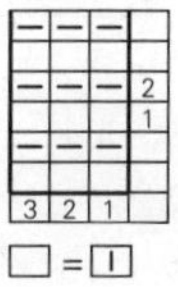

衣领和边缘的编织方法

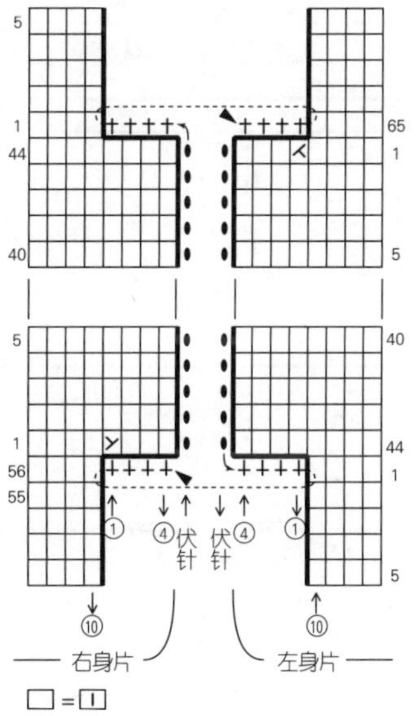

※ 编织衣领之前，分别将★、☆处对齐接合

※ ⋏ 是和连接身片中心的最后一针编织2针并1针

※ 衣领伏针收针的线不剪断，继续钩织边缘的短针

衣领边缘

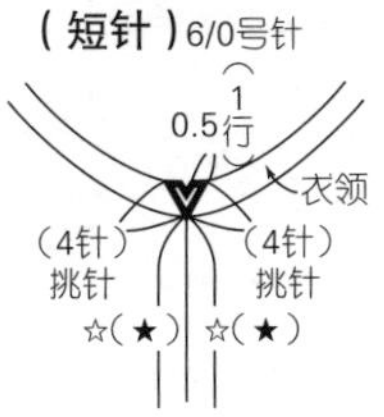

★、☆处的接合方法

1.2片织片的针目分别挂在棒针上，以此状态看着正面对齐。

2.左侧织片第1针像编织下针那样插入6/0号针，从棒针上取下。

3.右侧织片第1针按照相同方法插入钩针，从棒针上取下，然后从挂着的针目中引拔出（右侧针目挂在钩针上的状态）。

4.左侧织片第2针按照相同方法插入钩针，从钩针上的针目中引拔出。

5.重复步骤3、4。

材料

手织屋 T Silk 褐色（10）235g，Hard Linen A 金褐色(32)50g、浅褐色(37)30g；直径20mm的纽扣6颗

工具

棒针5号

成品尺寸

衣长51cm，连肩袖长34cm

编织密度

10cm×10cm面积内：上针编织20针，32.5行；编织花样C 21.5针，37.5行

编织花样A 1个花样7针3cm，编织花样B 1个花样3针1cm，编织花样A、B均为32.5行10cm

编织要点

●身片…全部取2根指定颜色的线编织。手指挂线起针，按照图示搭配编织单罗纹针、下针编织、上针编织、编织花样A和编织花样B。编织花样交界处参照图示编织加减针。领窝减2针及以上时做伏针减针（边针仅在第1次需要编织），减1针时立起侧边2针减针。肩部做盖针接合。胁部从后身片、前身片挑取指定数量的针目，做下针编织、编织花样C。然后参照图示，一边减针，一边编织单罗纹针。在指定位置开扣眼。编织终点做下针织下针、上针织上针的伏针收针。

●组合…衣领挑取指定数量的针目，环形编织单罗纹针。编织终点和胁部一样收针。缝上纽扣。

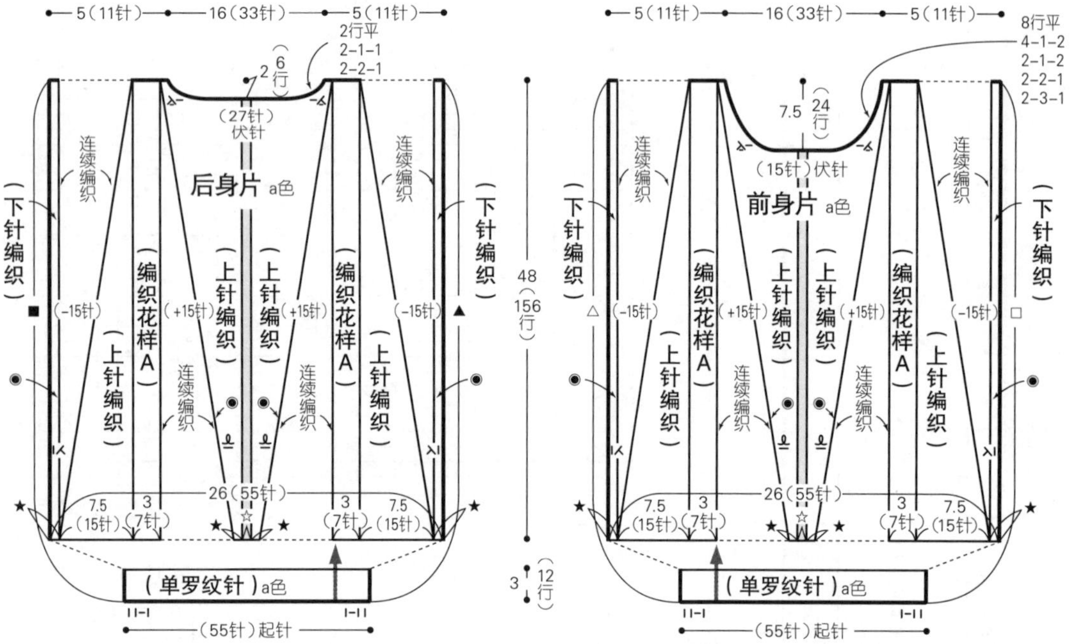

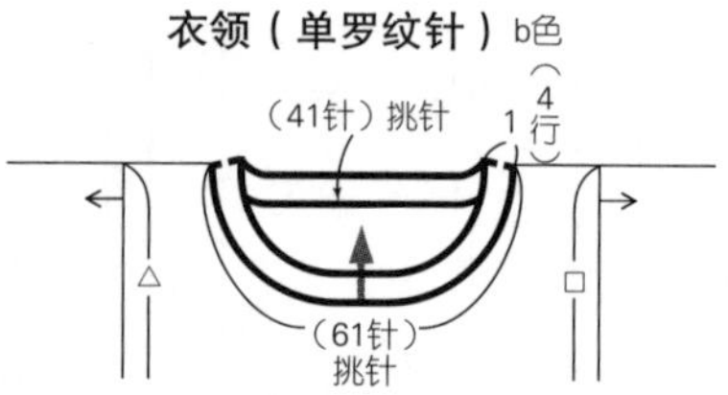

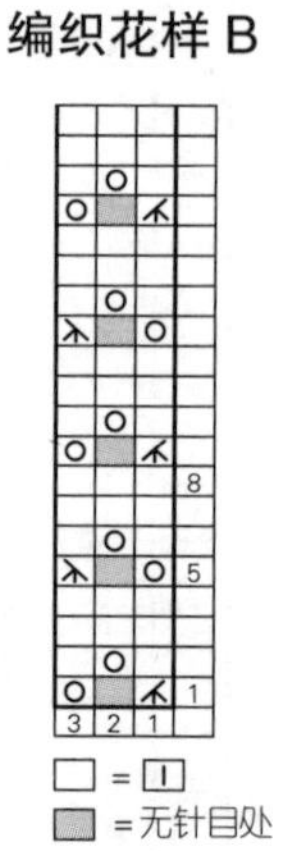

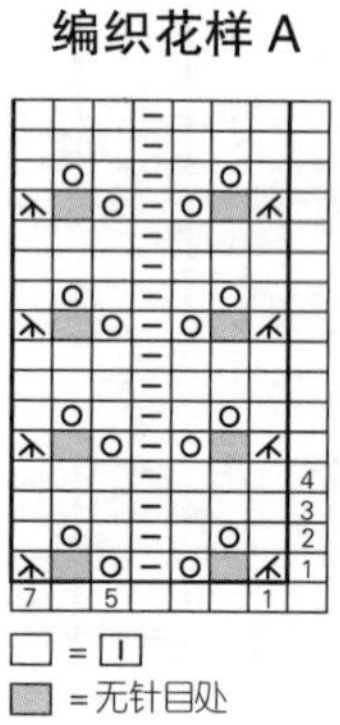

※ 全部使用5号针编织

★ =1(2针)

☆ =1(3针)

● 10行平 / 10-1-13 / 8-1-2 / 行 针 次

配色 a色＝褐色和浅褐色各1根线；b色＝褐色和金褐色各1根线

▢ ＝（编织花样B）

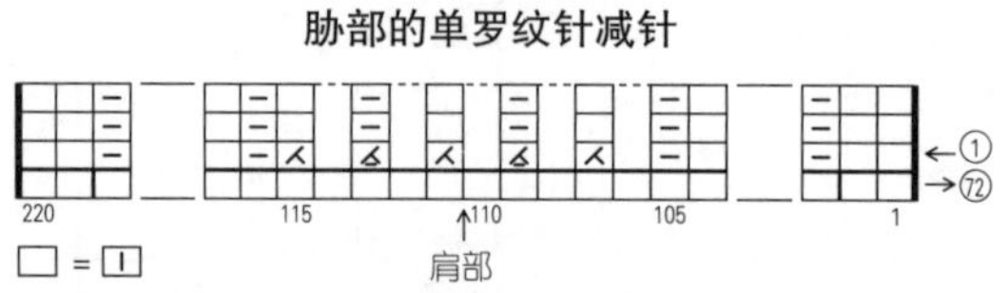

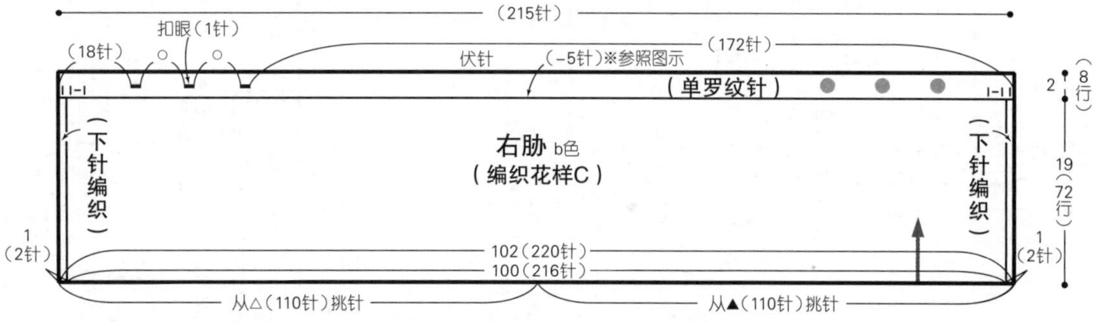

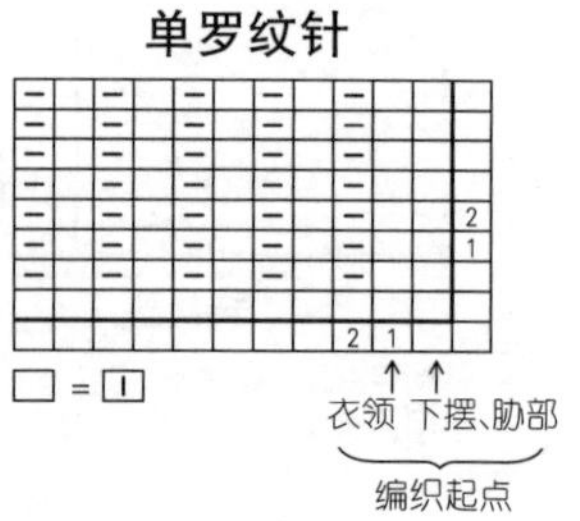

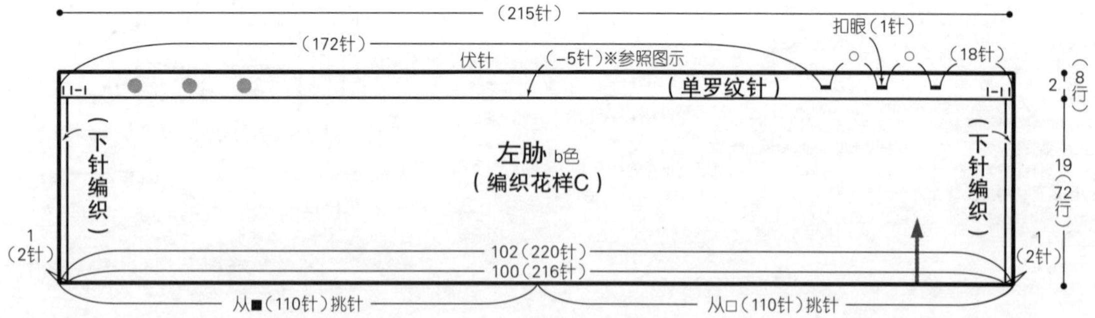

○ ＝(11针)

● ＝纽扣位置

后身片、前身片的加减针

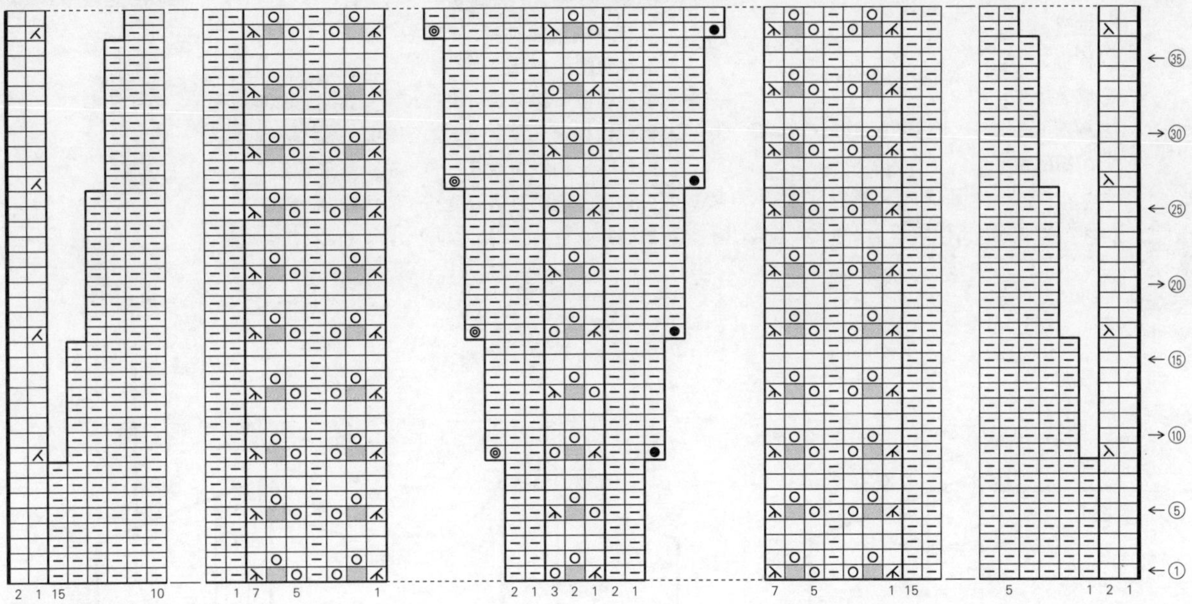

□ = |

▒ = 无针目处

◎ = 上针的右扭加针

● = 上针的左扭加针

※左、右扭加针方法请参照第112页

编织花样C

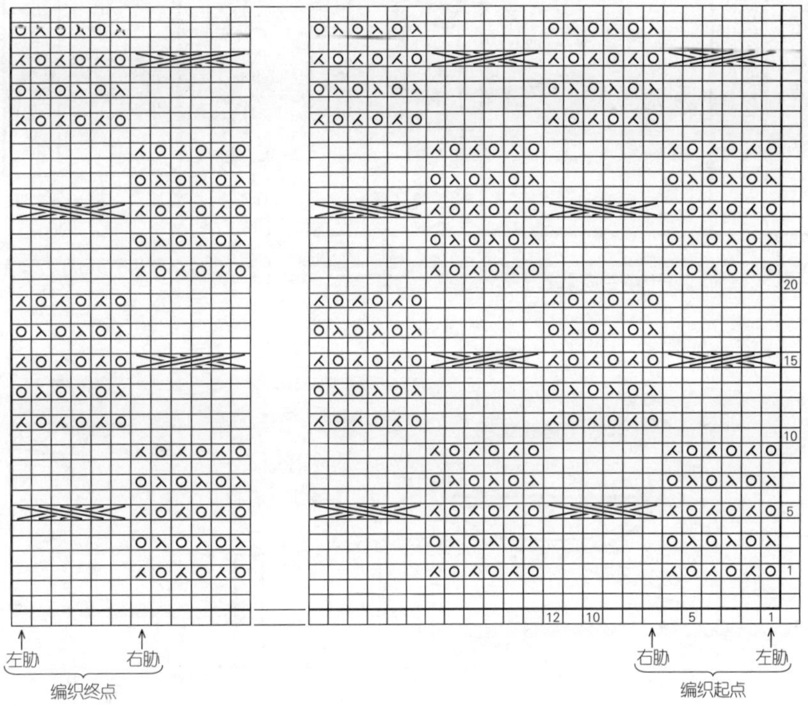

□ = |

扣眼（右胁）

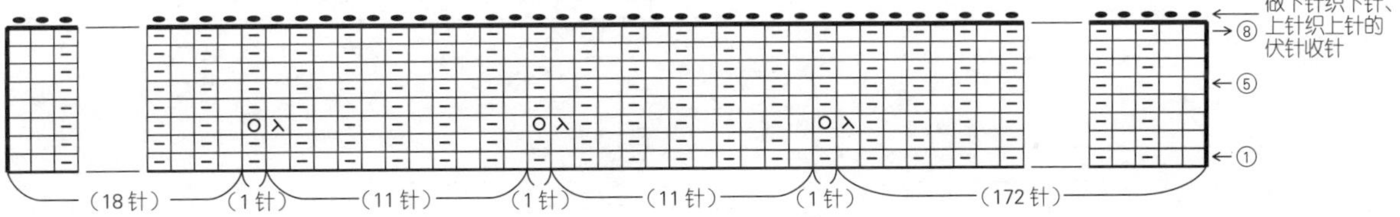

□ = |

扣眼（左胁）

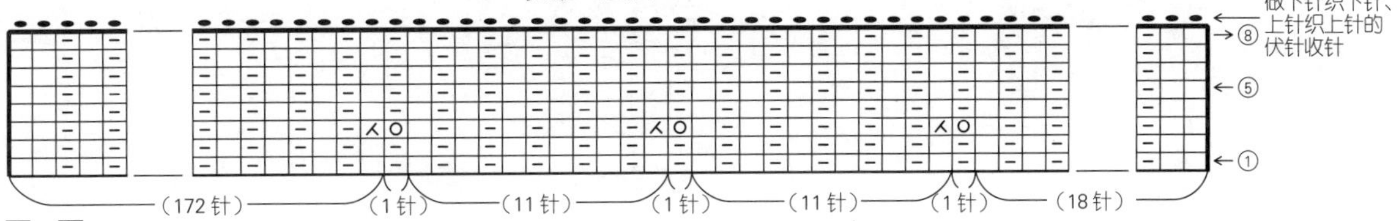

□ = |

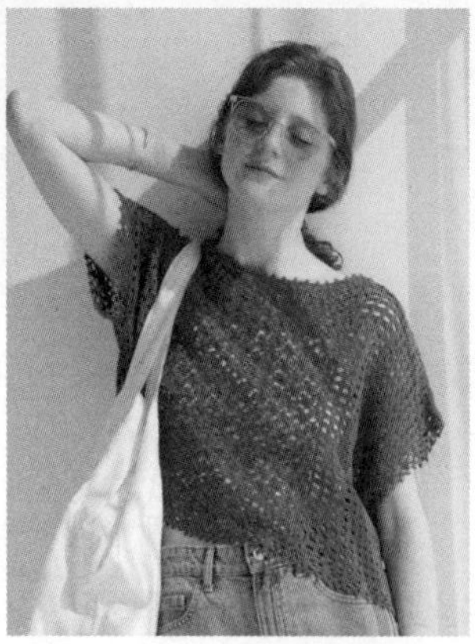

材料

毛线 Pierrot 柔棉系列 复古紫色(42)270g/3桄，直径15mm的扣芯4个

工具

钩针3/0号

成品尺寸

胸围122cm，衣长51cm，连肩袖长33.5cm

编织密度

10cm×10cm面积内：编织花样A 29针，9.5行；编织花样B 32针，14行；编织花样C 32针，17.5行

编织要点

●身片…后身片、前身片均锁针起针，做中心的编织花样A。领窝参照图示减针。从编织花样A的两侧挑针，做编织花样B、C。斜肩参照图示减针。

●组合…肩部钩织引拔针和锁针接合，胁部钩织引拔针和锁针接合。下摆做往返编织，袖口环形钩织编织花样D。衣领环形钩织2行边缘，整理形状。钩织4个包扣套，放入扣芯并收紧，缝在指定位置。

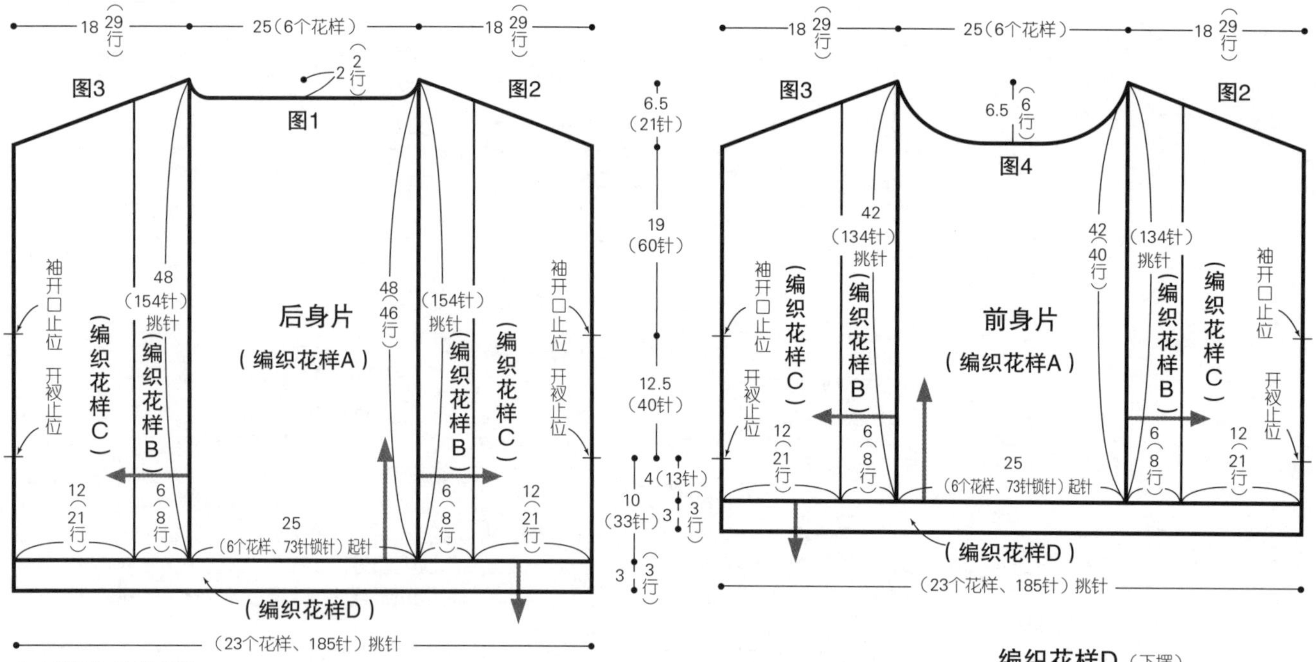

※ 全部使用3/0号针钩织

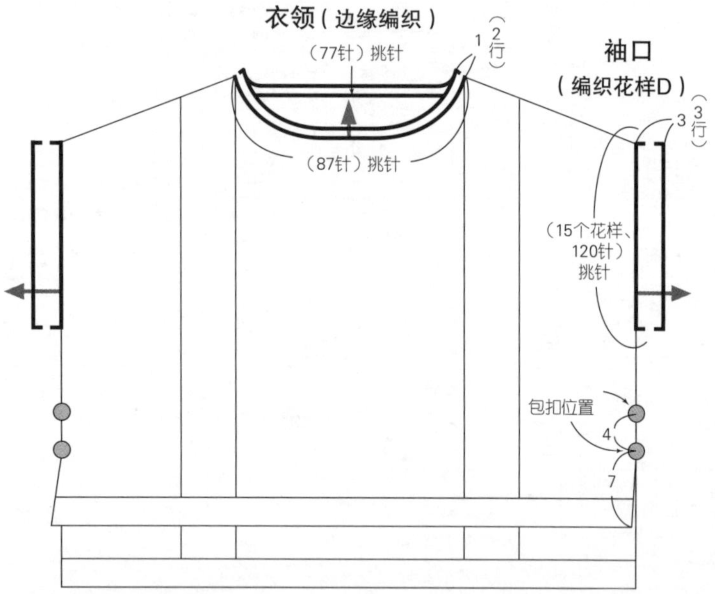

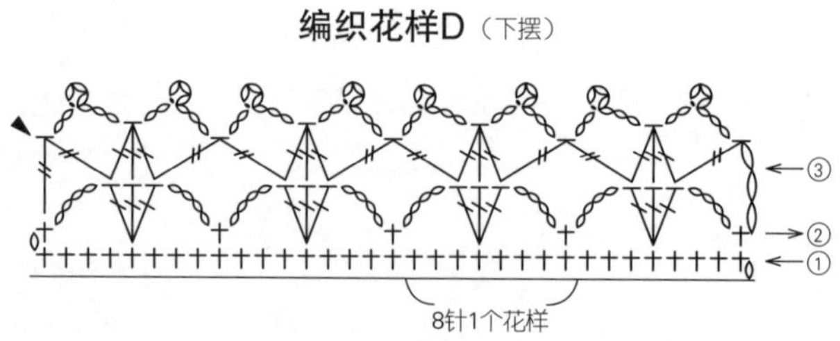

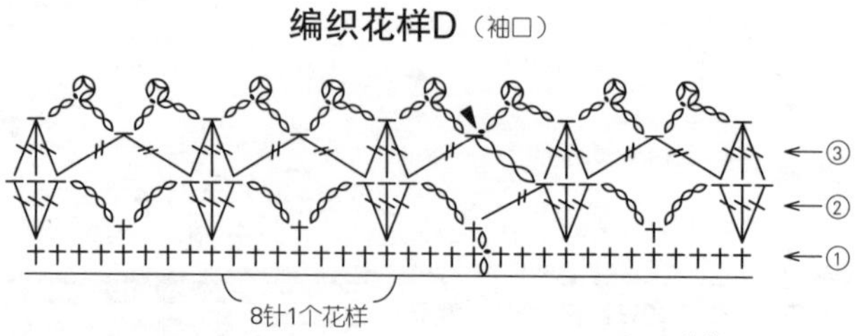

► = 剪线

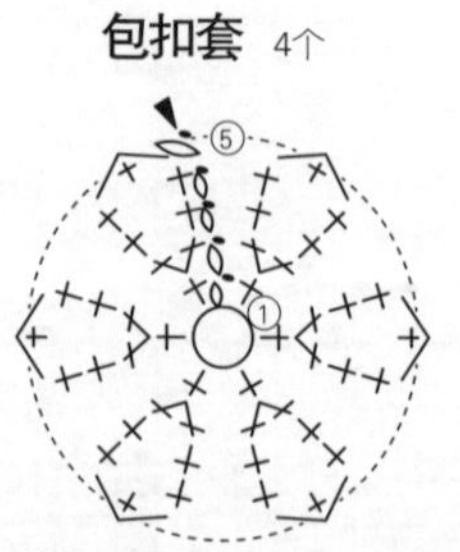

※ 最终行穿线，将扣芯放在里面并收紧

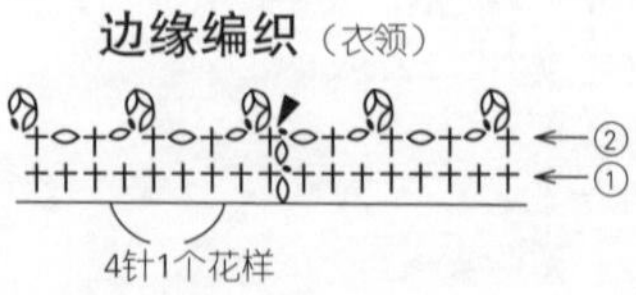

编织花样A

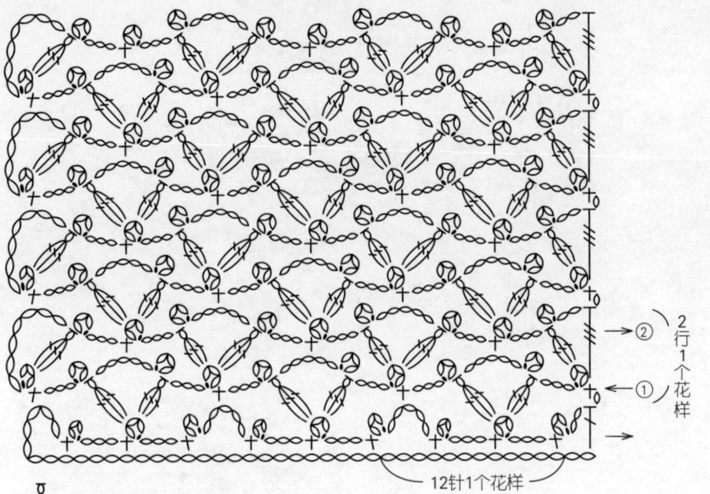

= 变化的3针长针的枣形针

※请参照第147页变化的3针中长针的枣形针（整段挑针）的编织方法

编织花样B

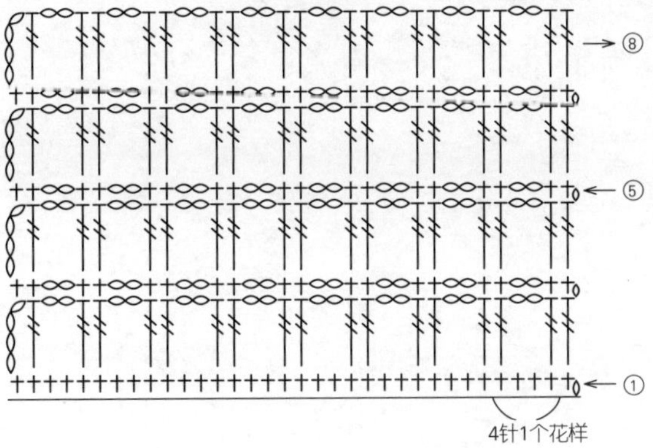

编织花样C

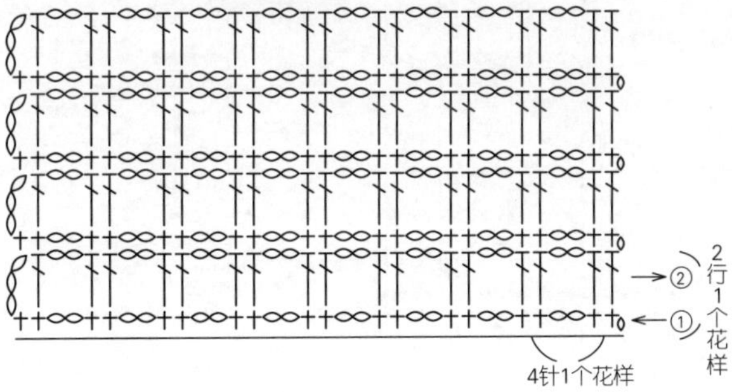

▷ = 加线

编织花样B的挑针方法（后身片）

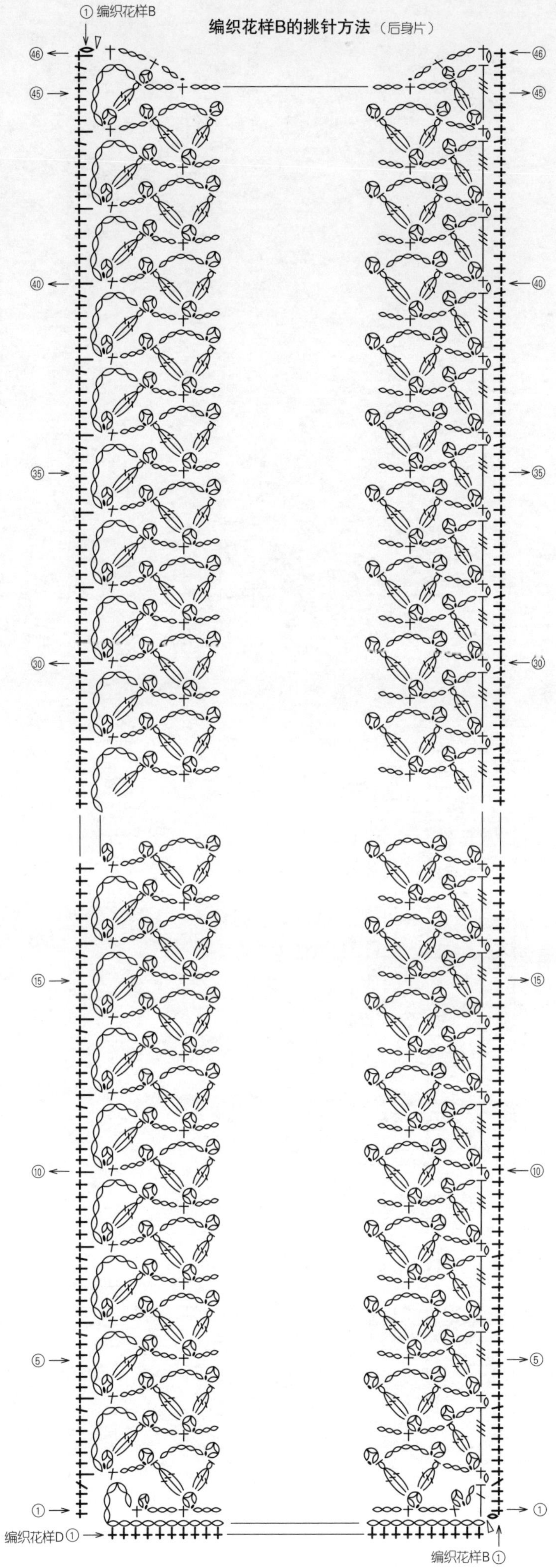

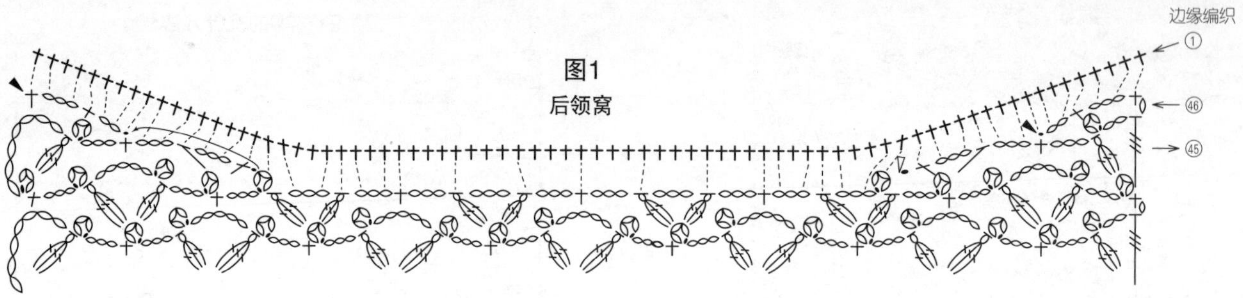

图1
后领窝

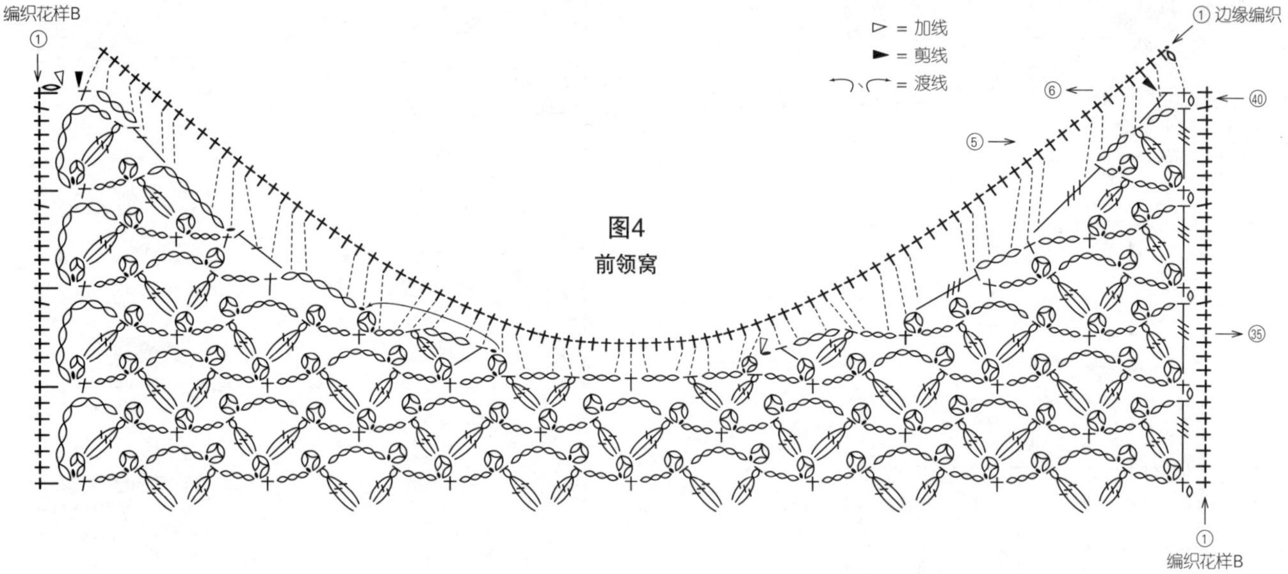

图4
前领窝

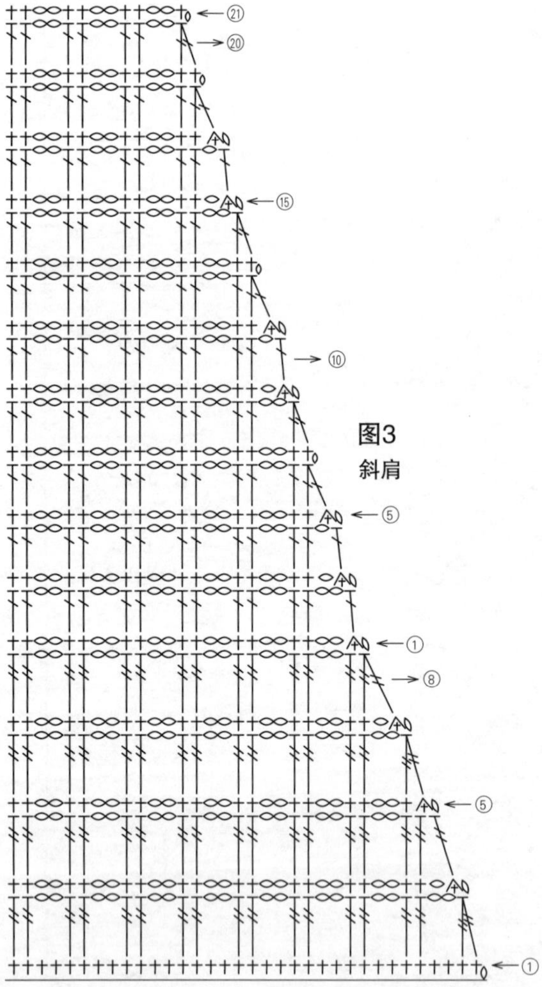

图3
斜肩

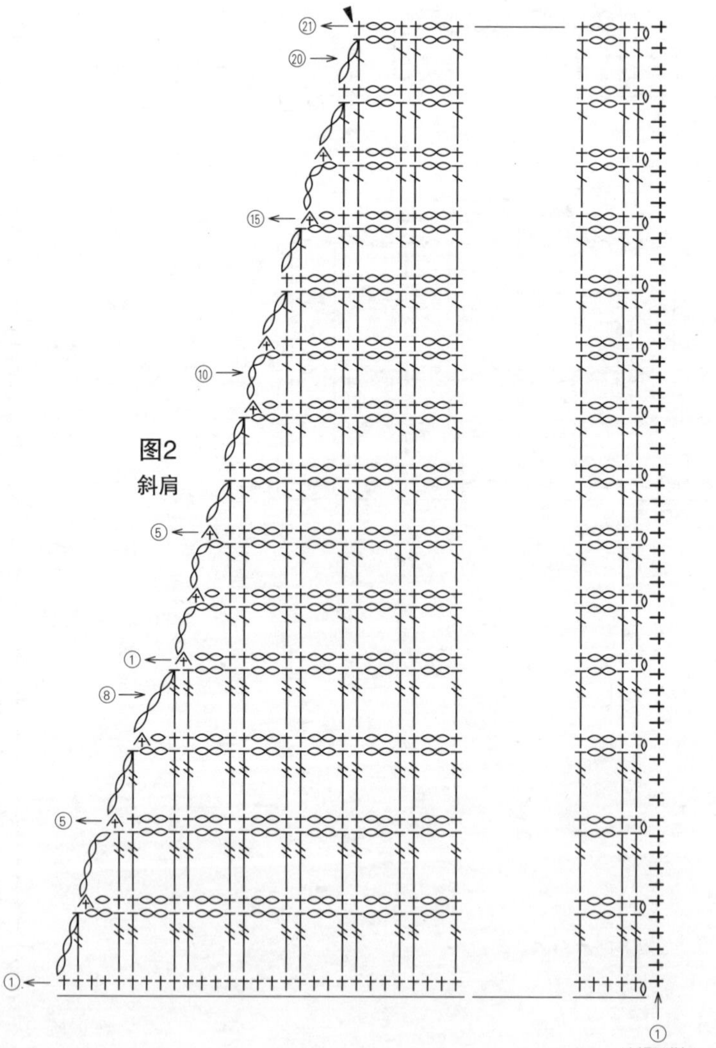

图2
斜肩

材料

毛线 Pierrot Carta书信系列 冰紫色(05)270g/7团

工具

棒针4号

成品尺寸

胸围108cm，衣长55cm，连肩袖长31cm

编织密度

10cm×10cm面积内：编织花样B 25.5针，36行

编织要点

●身片…手指松松地挂线起针，做编织花样A、B和单罗纹针。衣领做下针织下针、上针织上针的伏针收针。

●组合…肩部做盖针接合。袖口挑取指定数量的针目，做编织花样A'，编织终点松松地做伏针收针。肋部、袖口接缝处做挑针缝合。

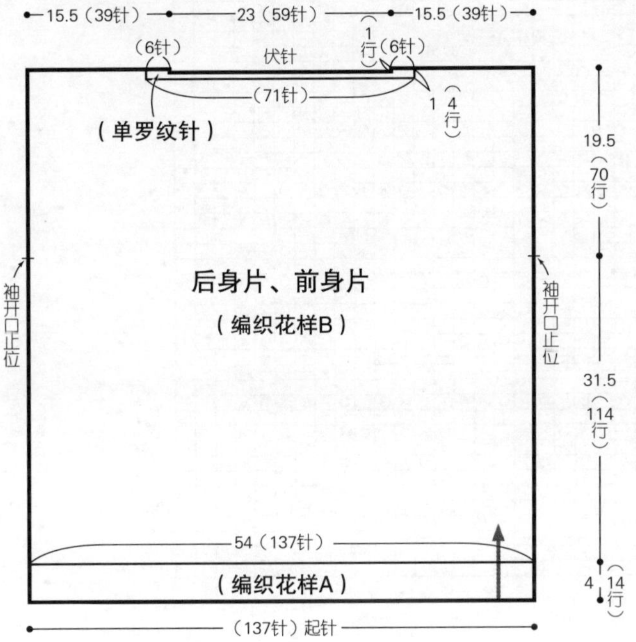

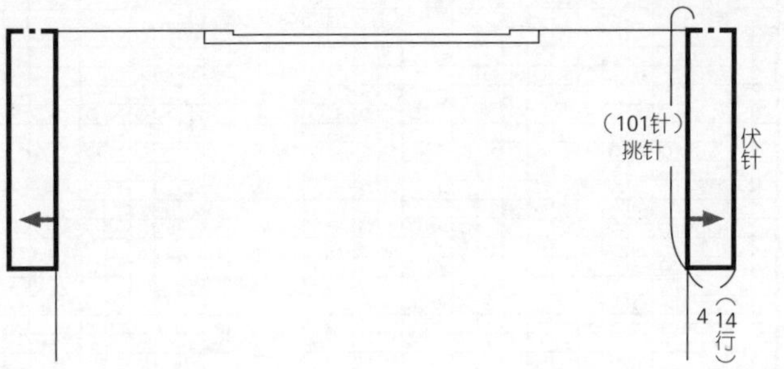

※ 全部使用4号针编织

衣领单罗纹针的编织方法

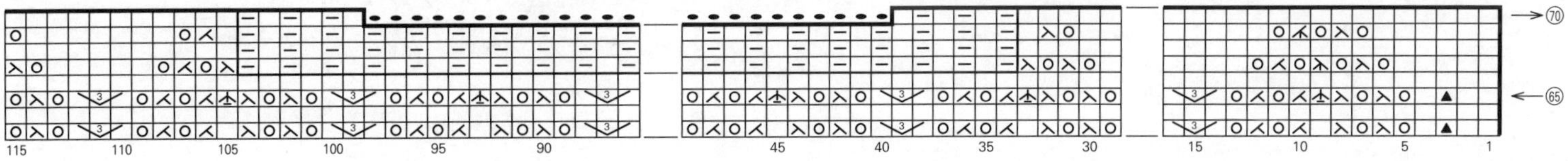

□ = Ⅰ

▲ = 左扭加针

= 1针放3针的加针

※请参照第159页1针放5针的加针的编织方法

= 上针的中上3针并1针

编织花样A'

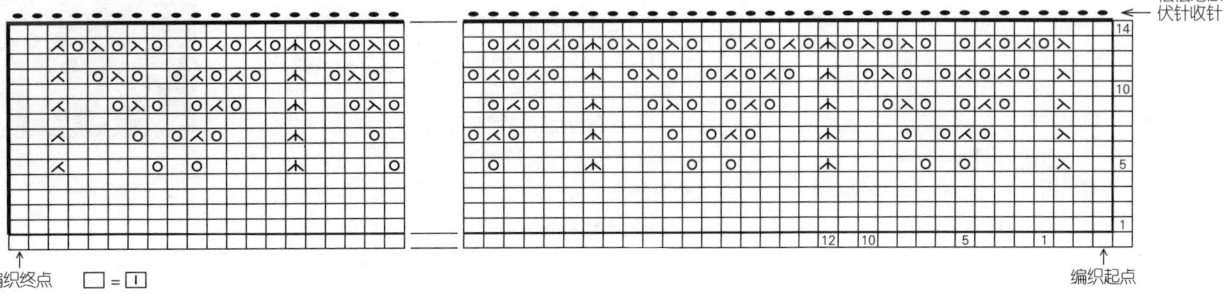

□ = Ⅰ

编织花样B

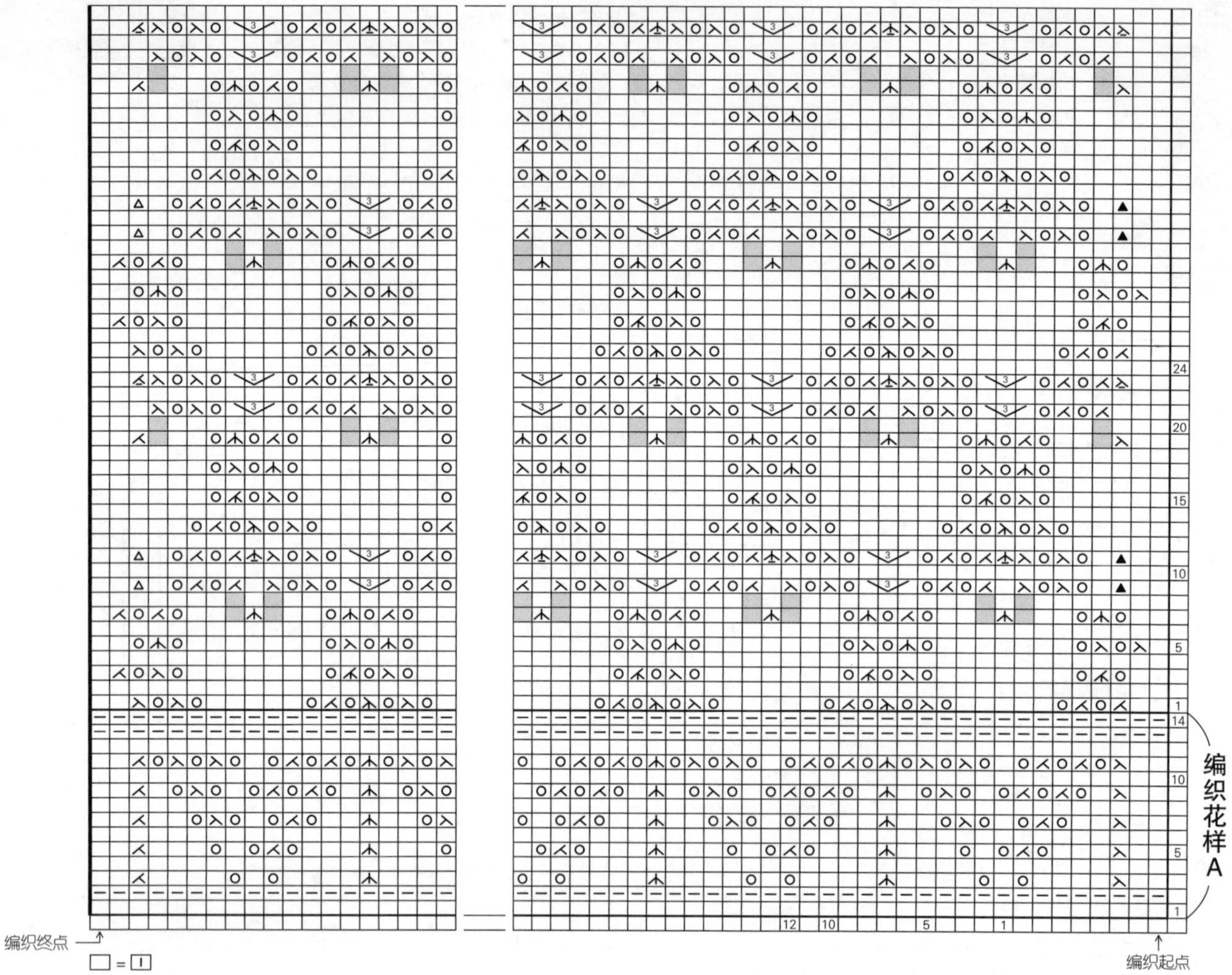

□ = Ⅰ
= 无针目处
▲ = 左扭加针
△ = 右扭加针
= 1针放3针的加针
= 上针的中上3针并1针

左、右扭加针

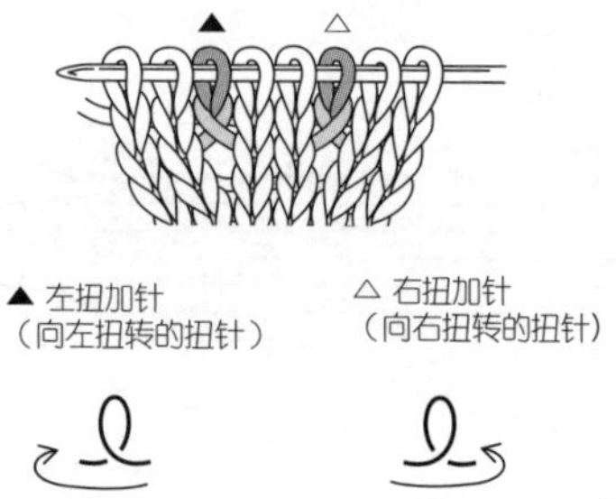

材料

和麻纳卡 Flax C 浅褐色(3) 150g/6团

工具

棒针4号，钩针3/0号

成品尺寸

宽 156cm， 长 59.5cm

编织密度

花片大小请参照图示

编织要点

●用连接花片的方法编织。花片A用孔斯特起针，参照图示编织。编织22行后，做边缘编织。从第2片花片开始，一边编织，一边在边缘编织第2行和相邻花片连接。花片A连接完之后，开始编织花片B，注意需要往返编织。花片B从边缘编织第2行开始一边调整相邻花片A的边缘，一边编织1行。在连接花片的周围做编织花样A、B。

24 页的作品 ★★★

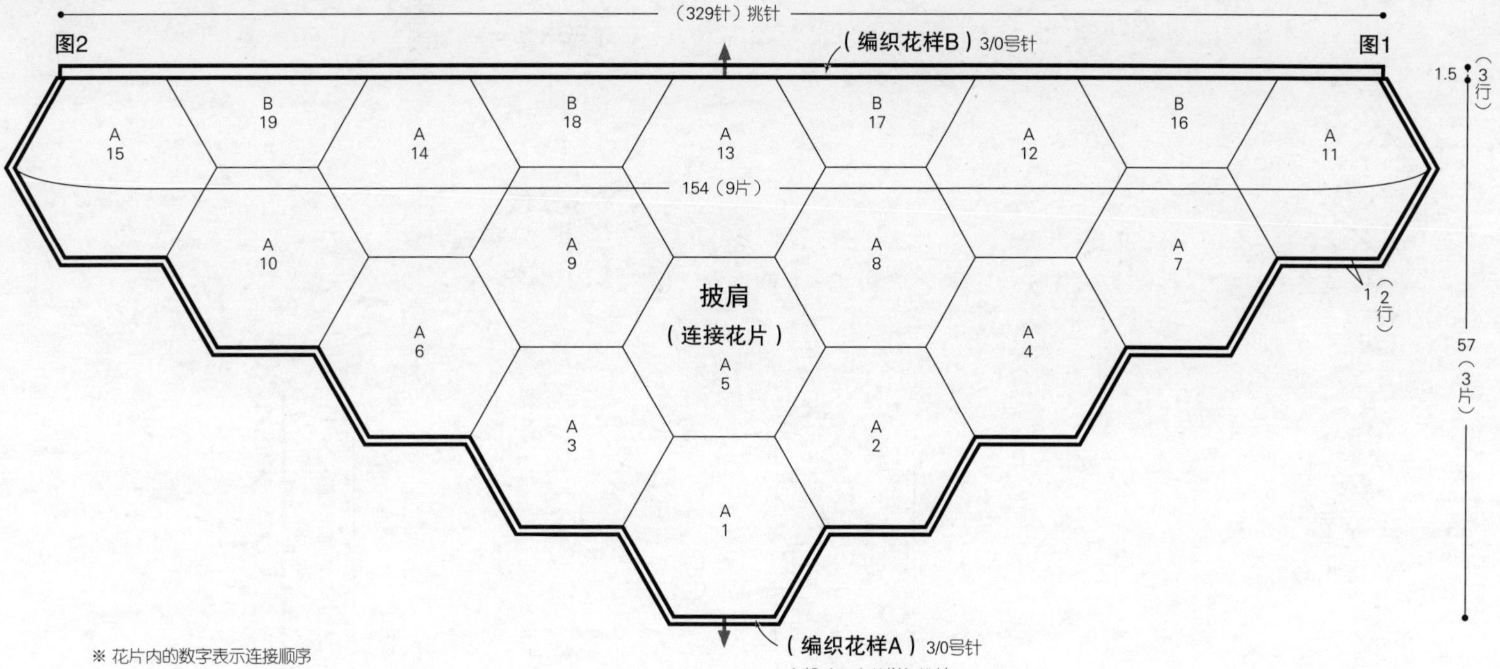

※ 花片内的数字表示连接顺序

▷ = 加线
▶ = 剪线

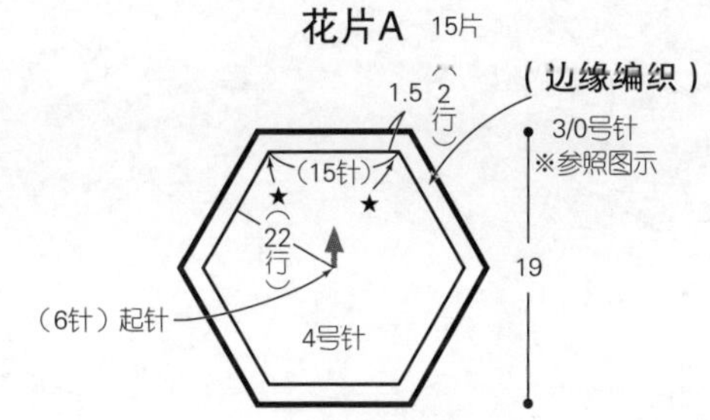

★ =（1针）

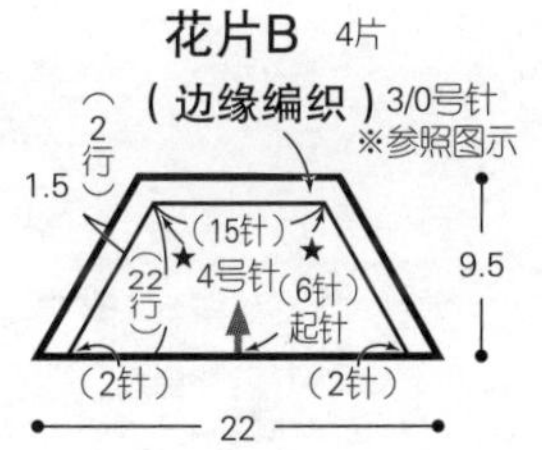

花片A的编织方法

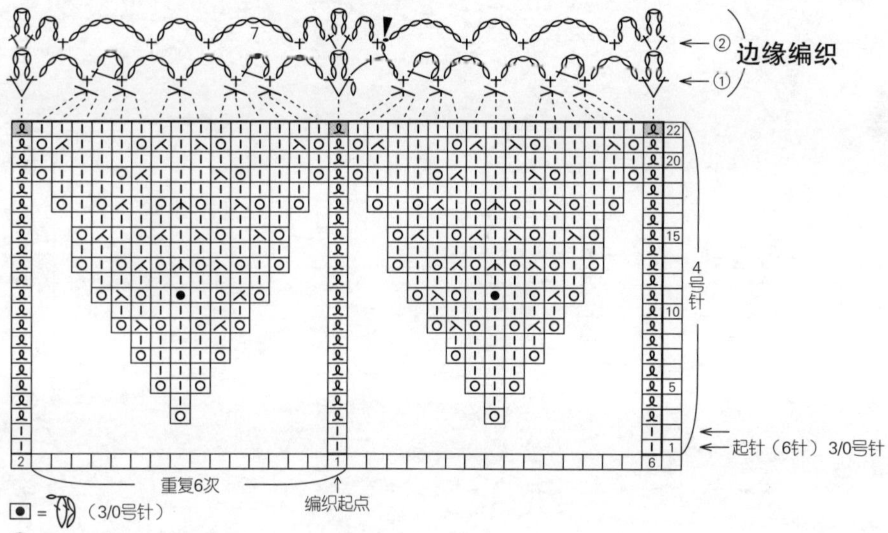

= （3/0号针）

=扭转针目挑针，钩织短针、5针锁针、短针

=插入钩针钩织右上3针并1针的短针

编织花样B

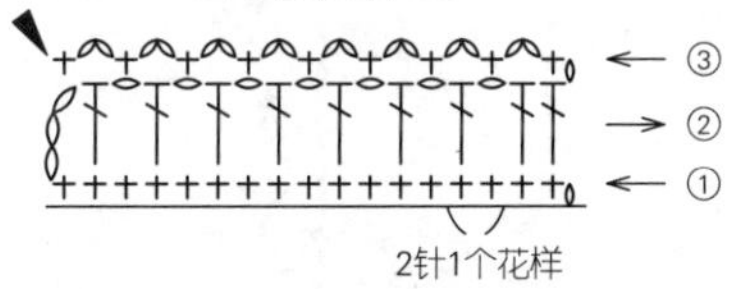

花片B的编织方法

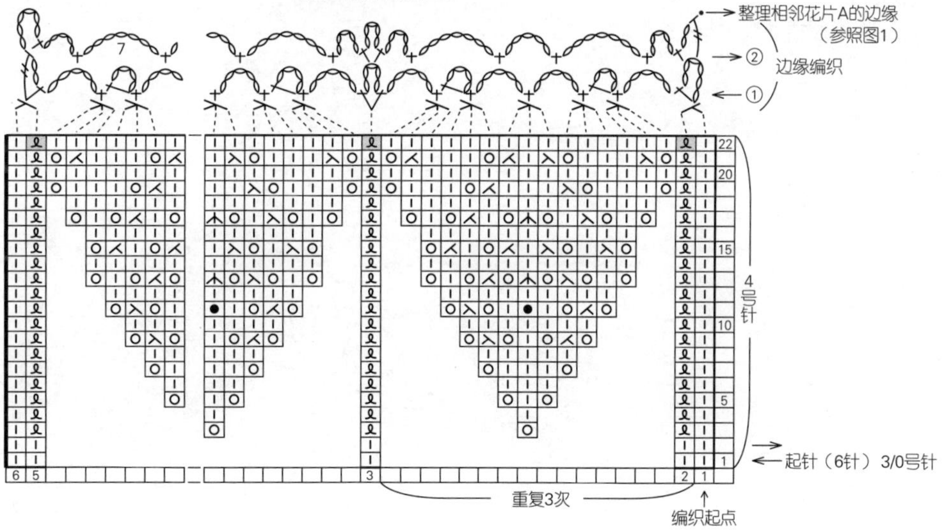

=左边针目扭一下，插入钩针钩织左上2针并1针

=右边针目扭一下，插入钩针钩织右上2针并1针

孔斯特起针

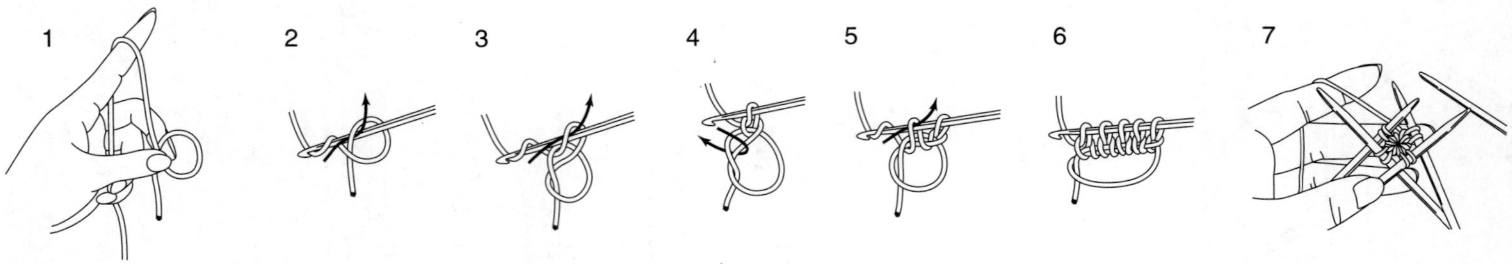

花片的连接方法

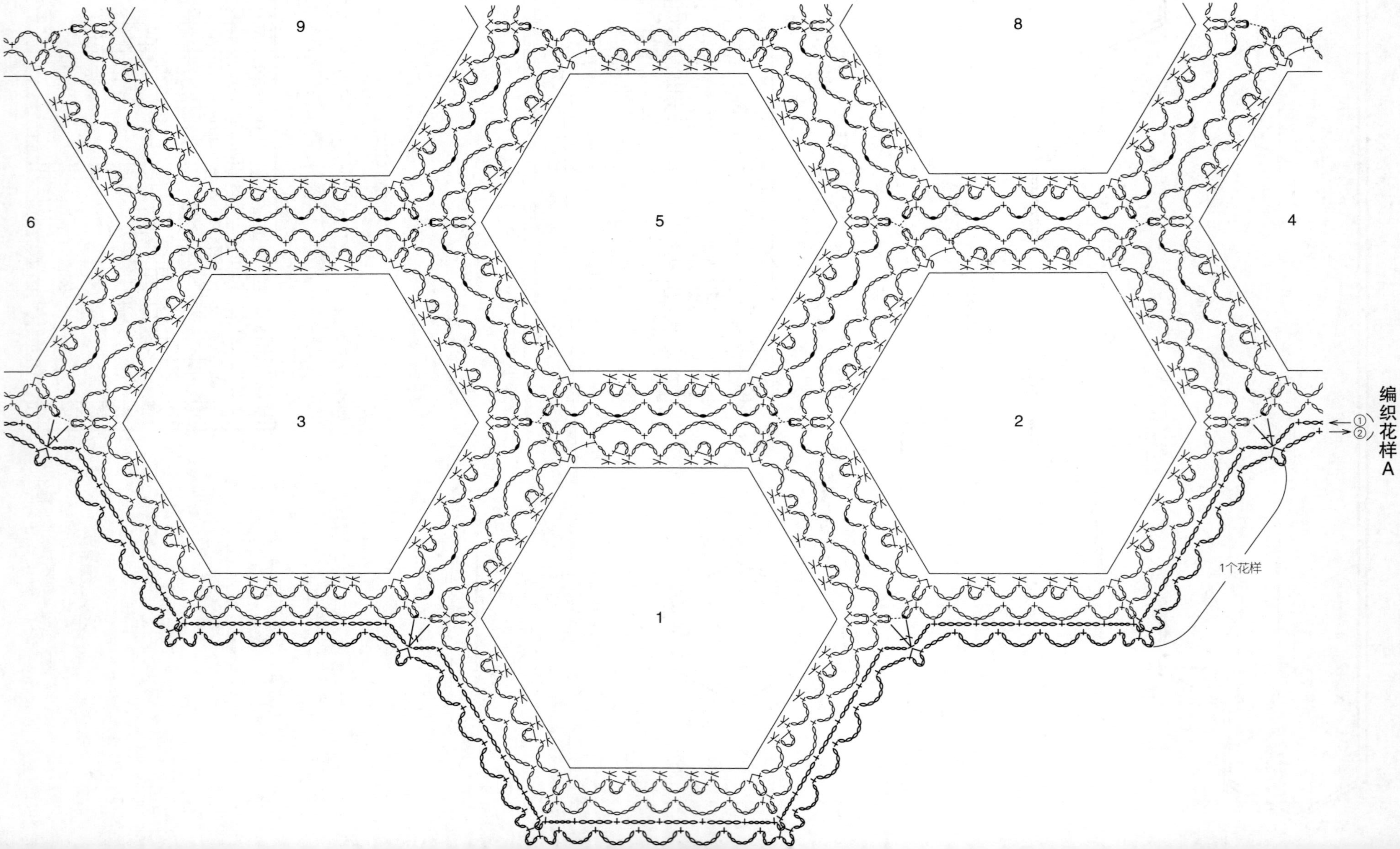

图1

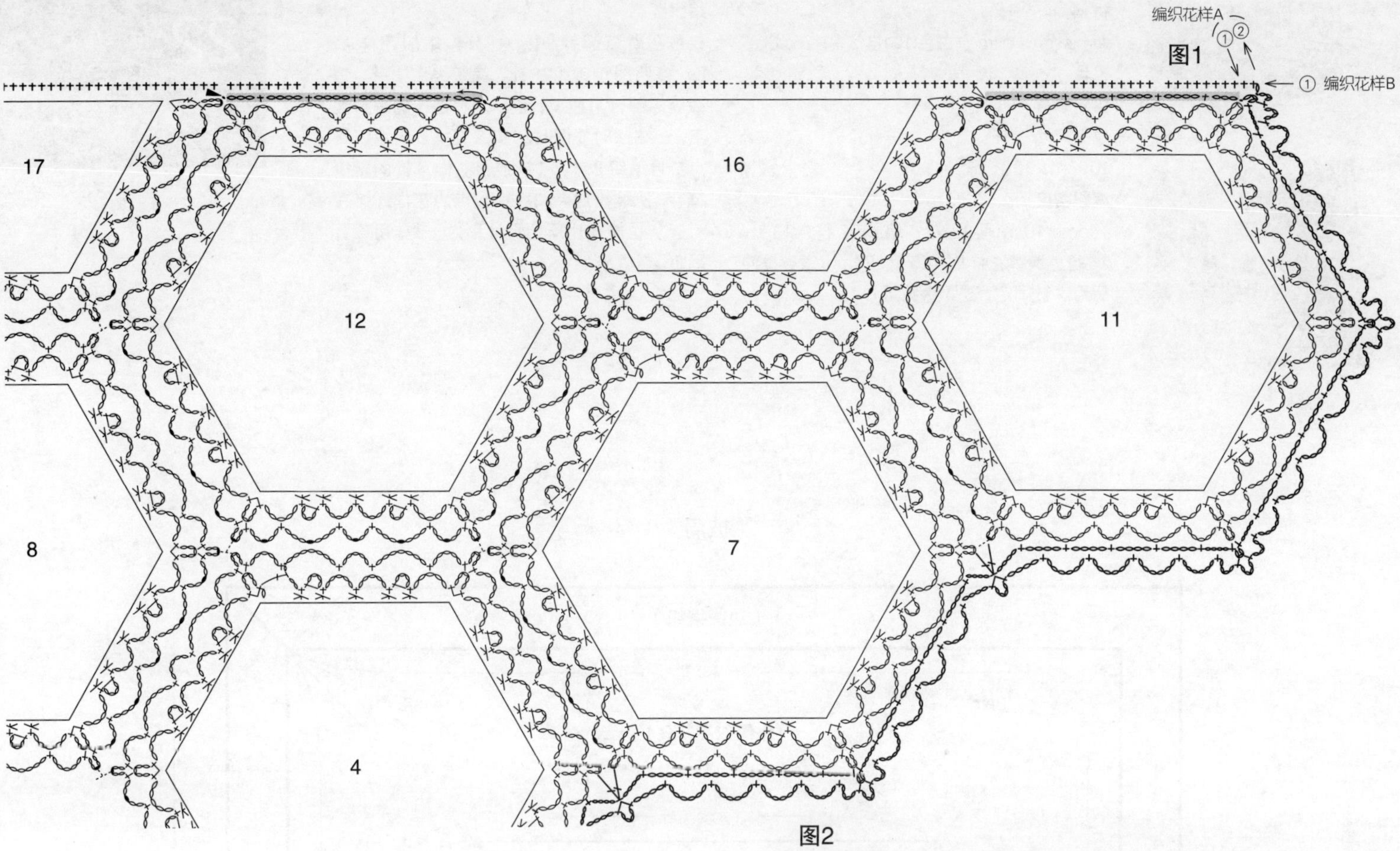

图2

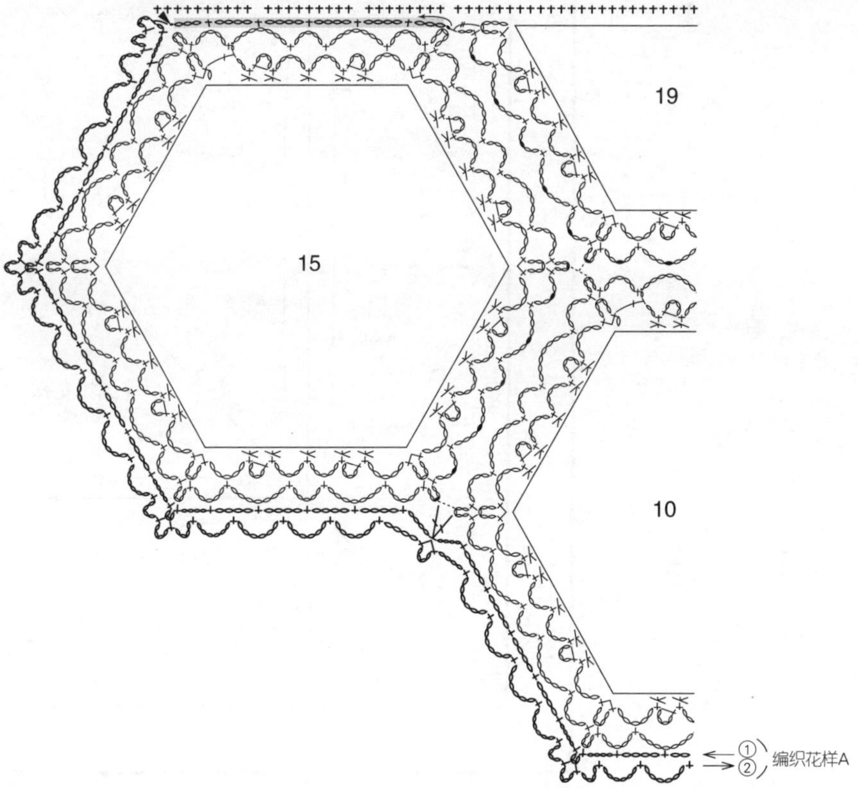

▬ = 整理花片边缘部分
▷ = 加线
► = 剪线

5针长针的爆米花针
（从1针上挑针）

1 在1针上钩织5针长针，然后抽出钩针，插入第1针长针的头部和抽出的针目。

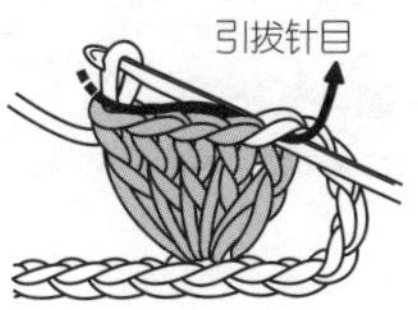

2 将抽出的针目从第1针长针的头部拉出。

3 再钩织1针锁针将针目收紧。5针长针的爆米花针（从1针上挑针）完成。

材料

Jamieson's Ultra 原白色(104自然白)135g/6团

工具

棒针9号

成品尺寸

109cm×109cm

编织密度

10cm×10cm面积内：编织花样A 13针，26行；编织花样B 14.5针，24行（适当拉伸后用珠针固定，熨烫后测量）

编织要点

●用孔斯特起针，中心部分做编织花样A、B。参照图示钩织加针。编织终点休针。边缘编织部分另线锁针起针。反面行的编织终点，在编织时要同时和编织花样B的编织终点针目编织2针并1针连接。做下针的无缝缝合，使编织终点和编织起点的花样连接在一起。拉伸得比原始尺寸稍大一些，用珠针固定，熨烫整型。

披肩

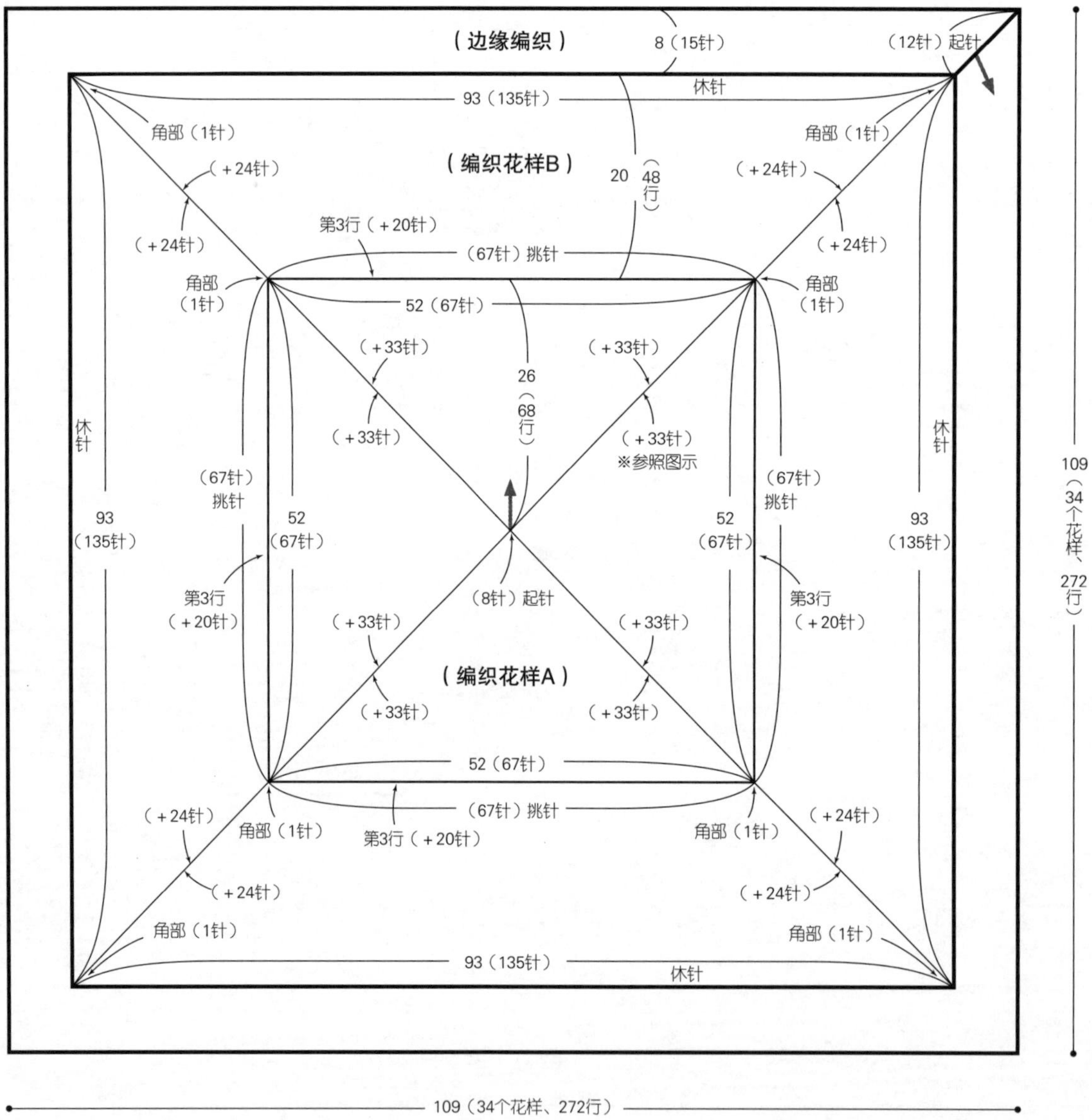

※ 全部使用9号针编织

※ 编织花样B的最终行共编织544针，休针

※ 边缘编织反面行的编织终点针目和编织花样B的休针每2行编织2针并1针连接，共编织1088行

编织花样A 6针4行1个花样

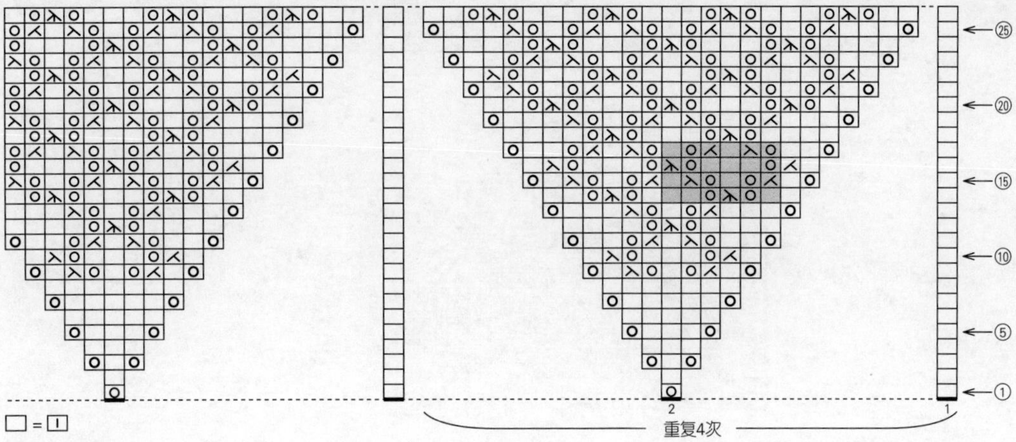

□ = 丨

▒ = 1个花样

边缘编织

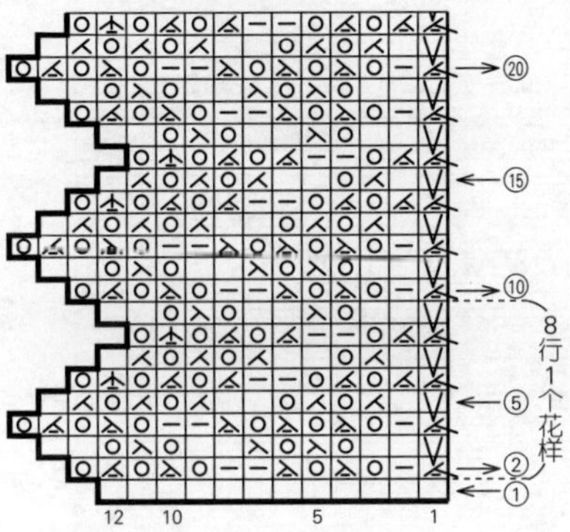

□ = 丨

从反面和编织花样B的休针编织左上2针并1针，下一行此针目编织滑针

从反面编织时

编织花样B 17针4行1个花样

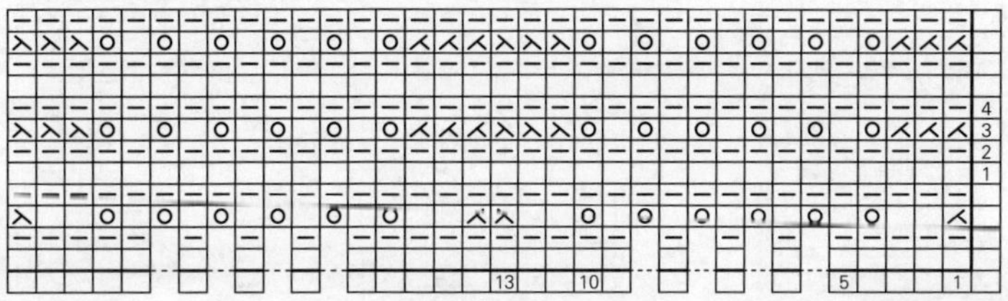

□ = 丨

孔斯特起针

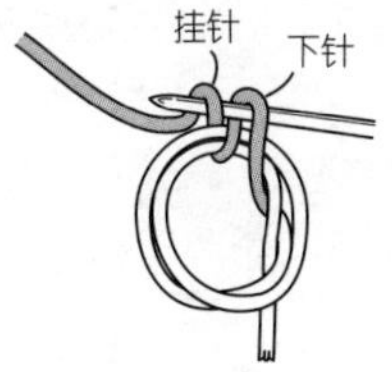

1 将线绕2圈做个环，编织下针、挂针。

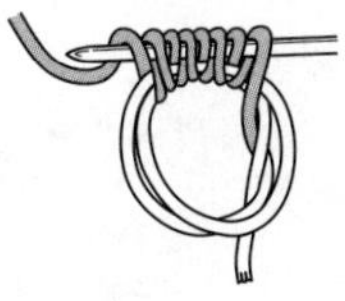

2 1边的起针是下针、挂针的2针，共起4个边需要的8针。

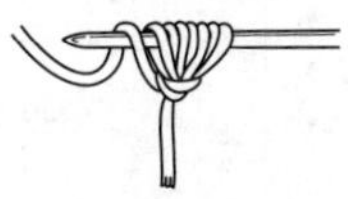

3 将起针环收紧。

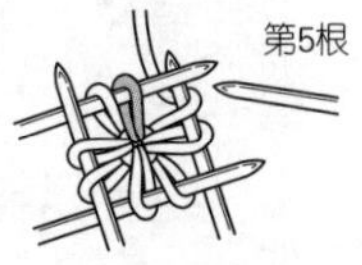

4 每2针挂在1根棒针上，用第5根棒针做环形编织。

编织花样B角部的编织方法和边缘的连接方法

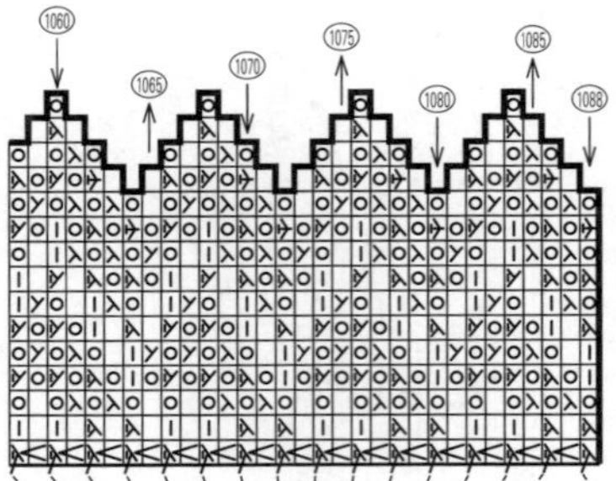

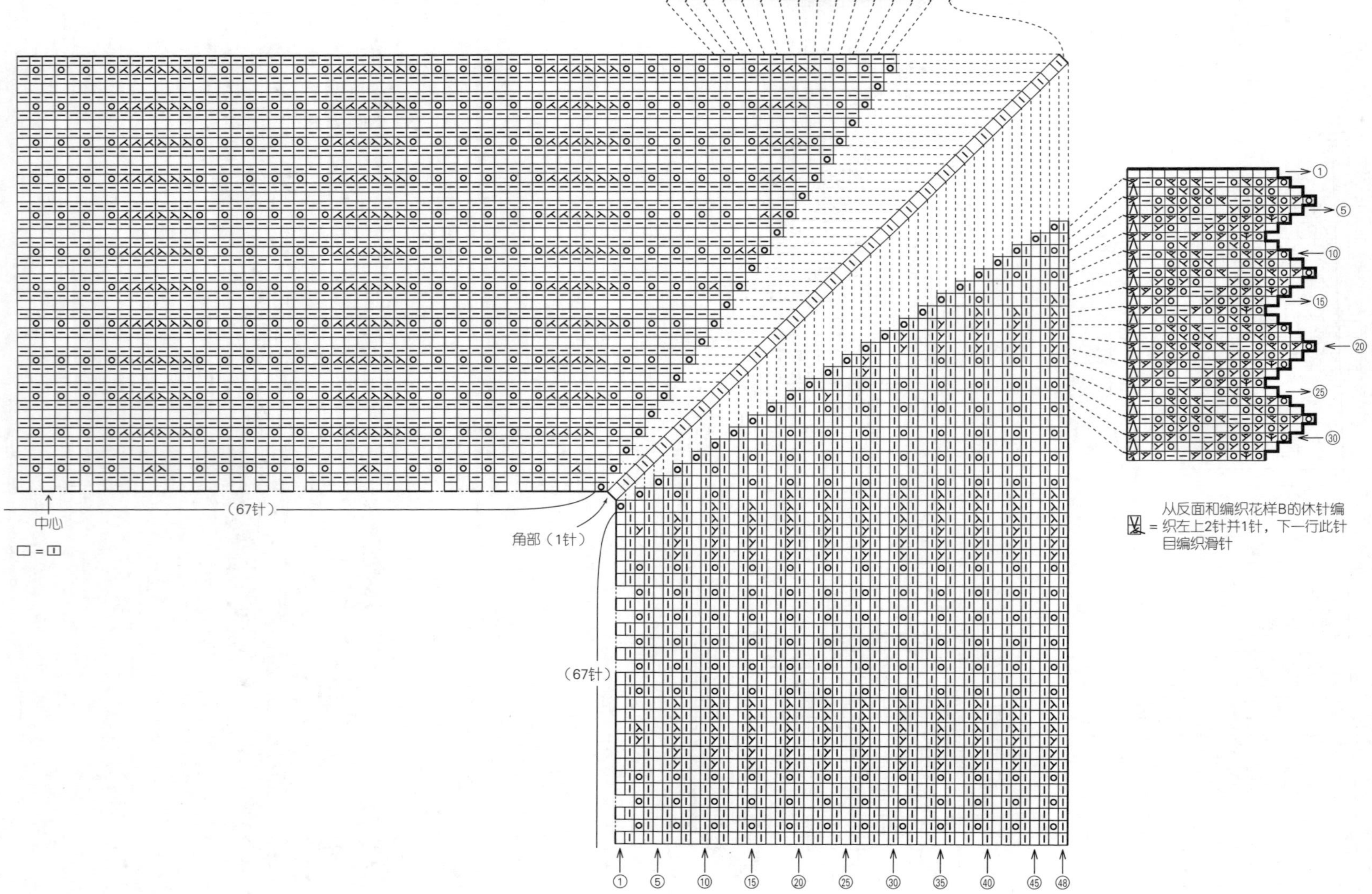

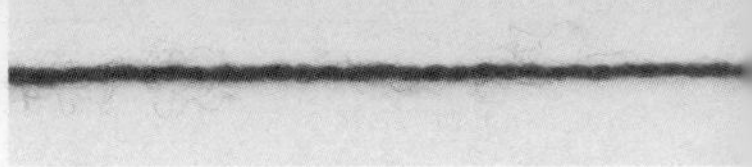

材料

芭贝 Puppy New 2PLY 浅黄色(234)80g/4团

工具

棒针7号、9号

成品尺寸

宽45cm，长131.5cm

编织密度

10cm×10cm面积内：编织花样19针，29行(定型后)

编织要点

●取2根线，用9号针起针开始编织。然后换成7号针，取1根线做边缘编织、起伏针和编织花样。编织终点休针。另一片编织31行边缘。编织终点做起伏针缝合。过水，拉伸得比原始尺寸稍大一些，用珠针固定，熨烫整型。

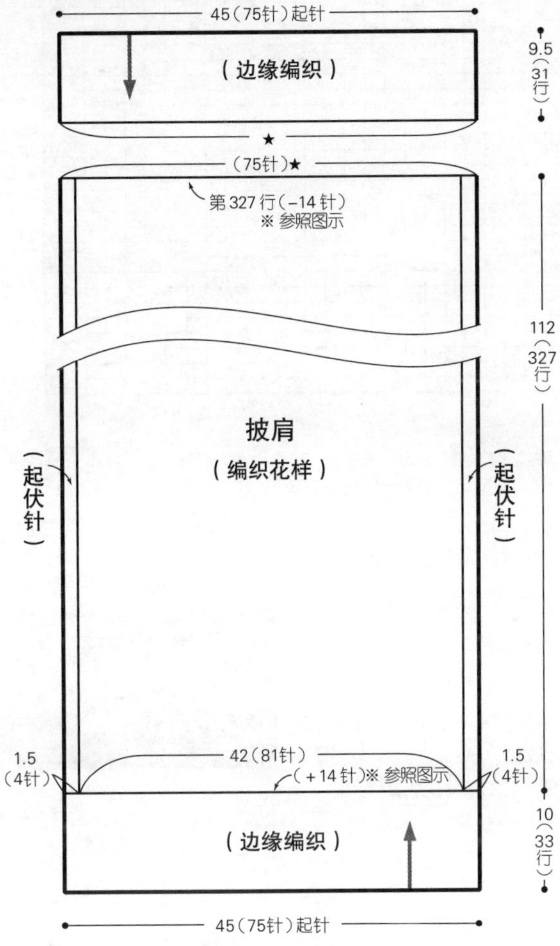

※ 除指定以外均用7号针、1根线编织

※ 对齐★处，做起伏针缝合

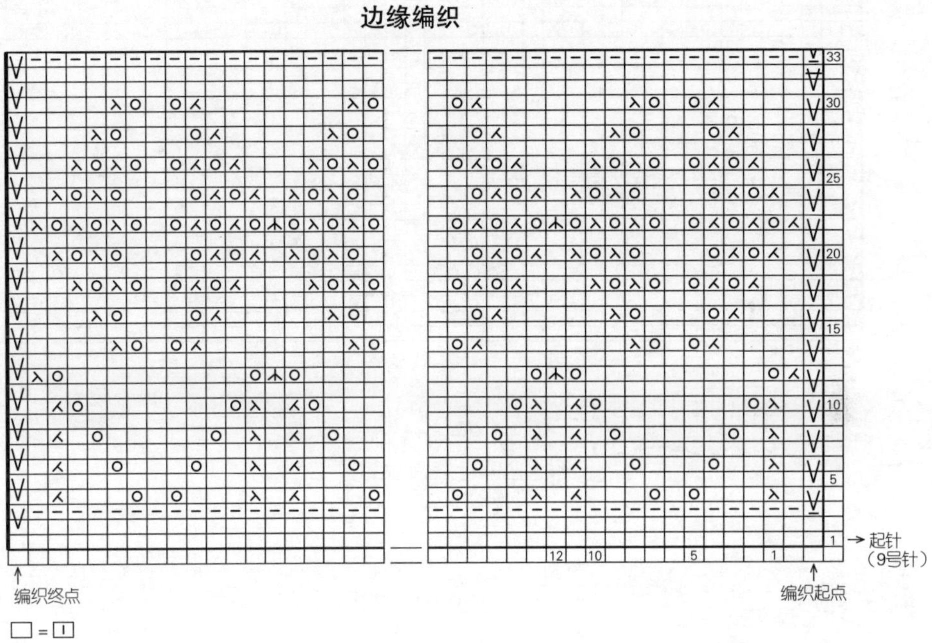

编织式起针法

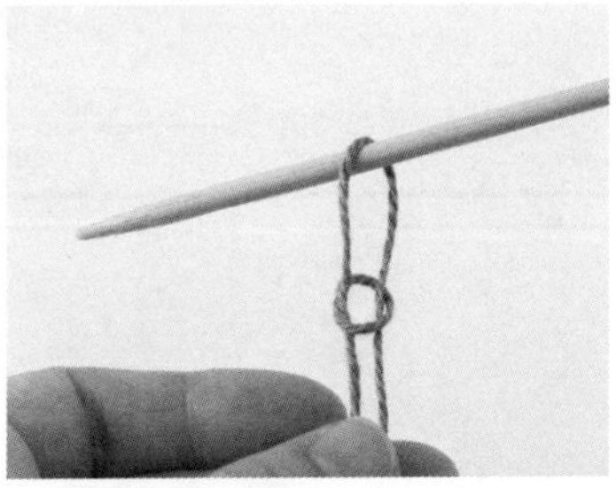

1 做个线圈套在棒针上，然后将线圈收紧，这就是第1针。

2 将右棒针插在线圈中。

3 将线拉出。

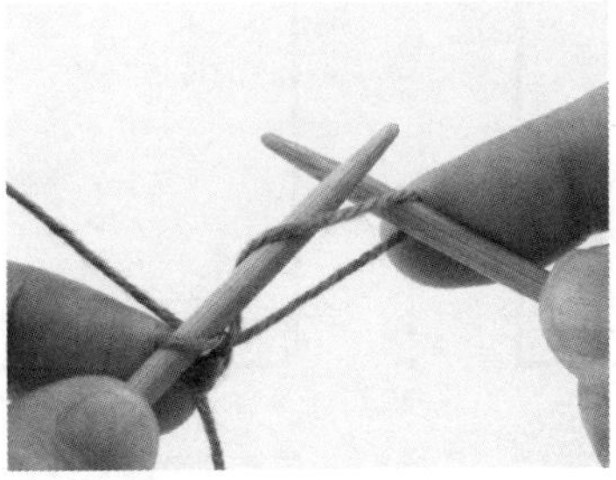

4 将线圈挂在左棒针上。

5 将线拉紧，这是第2针。

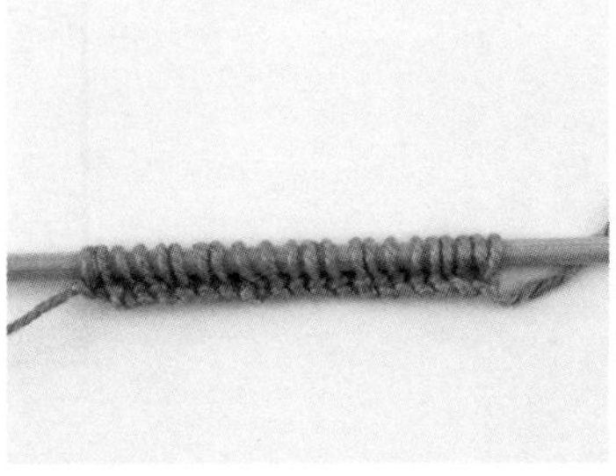

6 重复步骤2~4，起所需要的针数。

编织花样 20针1个花样

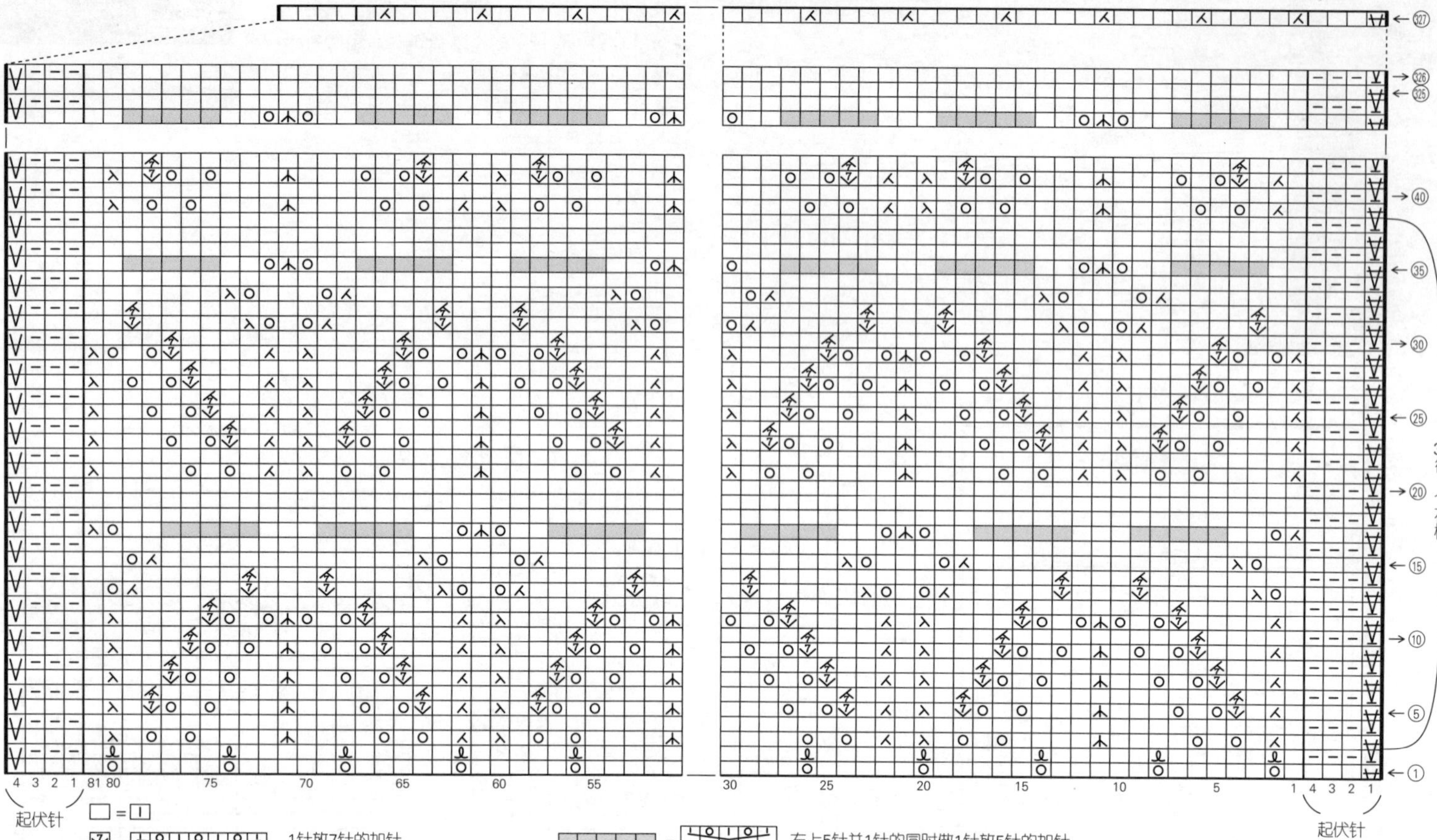

材料

钻石线 diaraconter 绿色、水蓝色、粉色系段染(2203)205g/7团

工具

棒针5号

成品尺寸

胸围112cm，衣长48cm，连肩袖长30cm

编织密度

10cm×10cm面积内：下针编织、编织花样均为23.5针，33行

编织要点

●身片…手指挂线起针，后身片编织单罗纹针和下针编织，前身片编织单罗纹针和编织花样。编织终点肩部休针，衣领做下针织下针、上针织上针的伏针收针。

●组合…肩部做盖针接合。胁部做挑针缝合。袖口挑取指定数量的针目编织环形的单罗纹针，编织终点与衣领一样收针。

27 页的作品 ★★

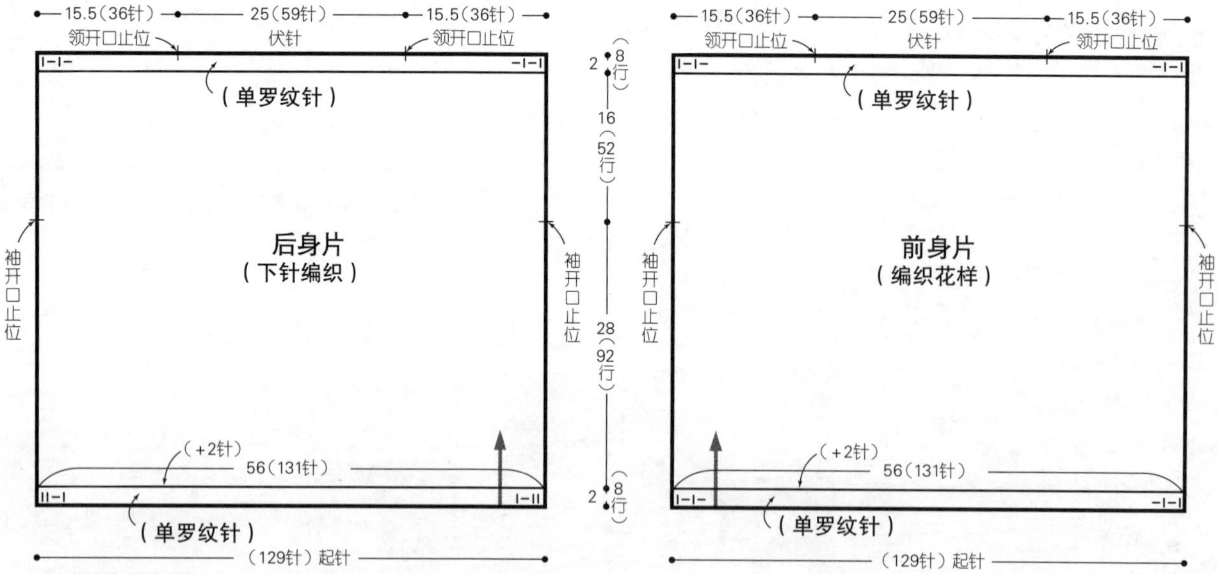

※ 全部使用5号针编织

编织花样

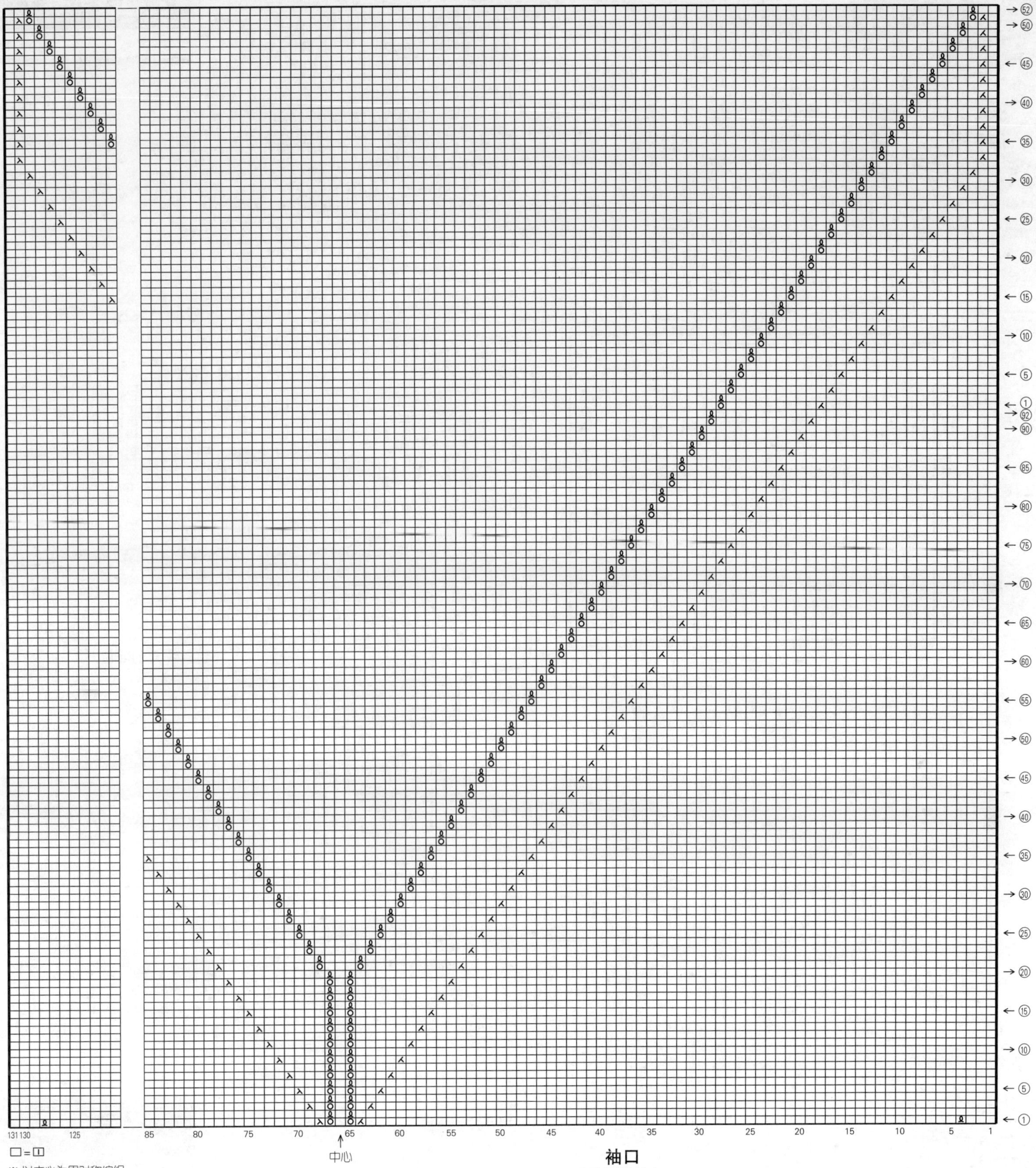

□=⏐
※ 以中心为界对称编织

袖口
（单罗纹针）

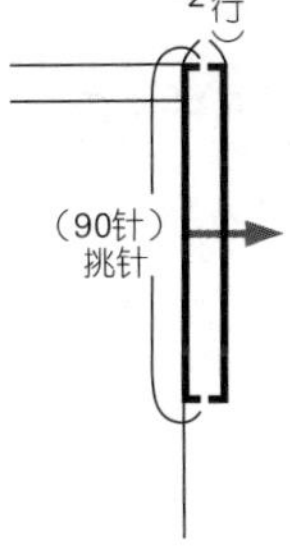

单罗纹针

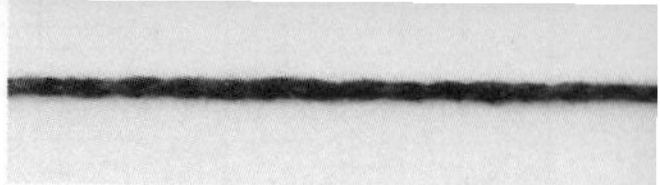

材料

芭贝 PIMA DENIM 蓝色(111)125g/4团，白色(200)105g/3团

工具

棒针6号、5号

成品尺寸

胸围110cm，衣长52cm，连肩袖长28.5cm

编织密度

10cm×10cm面积内：下针条纹A、B均为24.5针，31行

编织要点

●身片…另线锁针起针，编织下针条纹A、B和起伏针。下摆解开锁针起针挑针，编织起伏针。编织终点做伏针收针。斜肩(三角片)手指挂线起针，编织下针条纹A和起伏针，编织终点和下摆一样收针。

●组合…斜肩参照组合方法图，和身片组合在一起。胁部做挑针缝合。袖口挑取指定数量的针目，环形编织起伏针，编织终点和下摆一样收针。

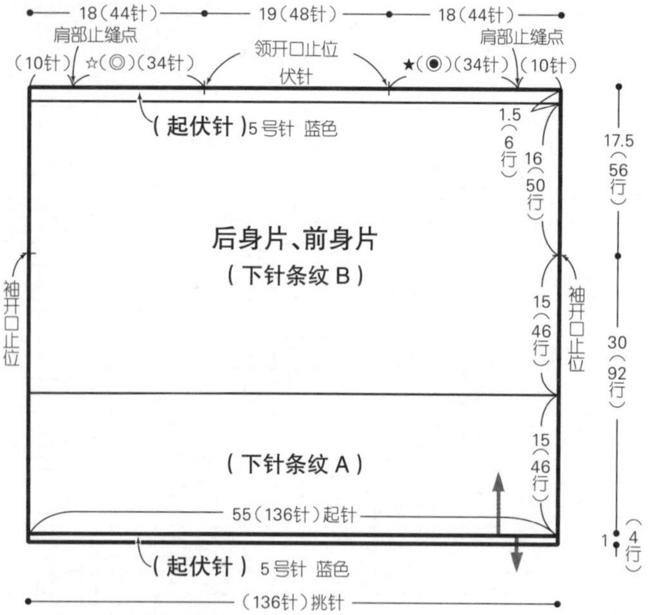

※除指定以外均用6号针编织

※( )内的标记是前身片的对齐标记

斜肩 2片

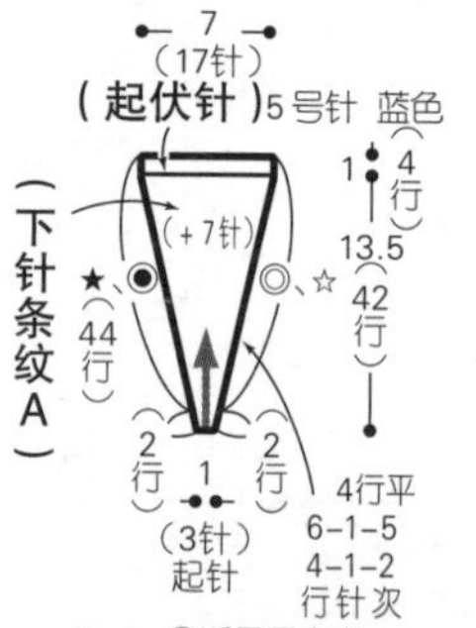

※★、◎适用于右肩

◉、☆是左肩的对齐标记

起伏针

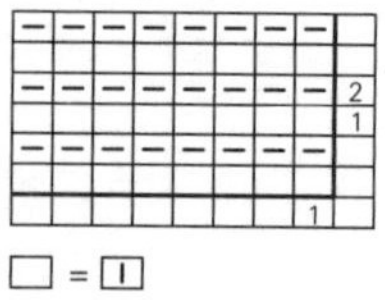

斜肩的加针

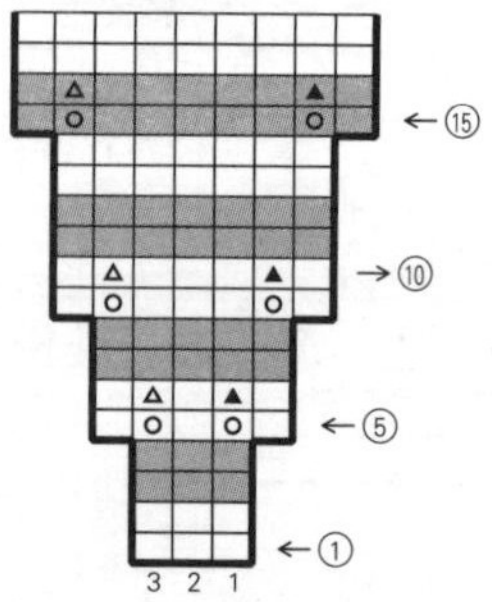

□=□

▲=向左扭转的扭针

△=向右扭转的扭针

※扭针方法请参照112页

配色 □=白色 ▩=蓝色

下针条纹A的配色

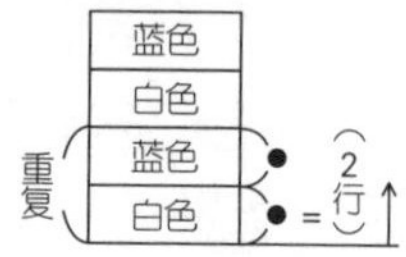

下针条纹B的配色

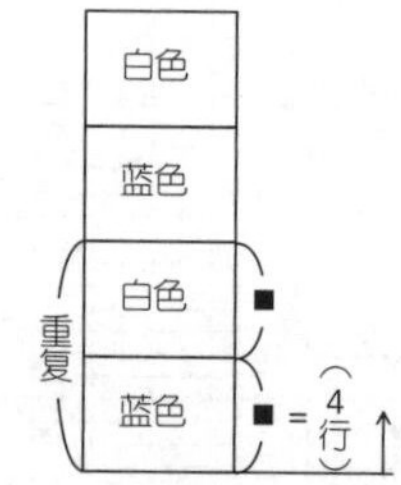

肩部的组合方法

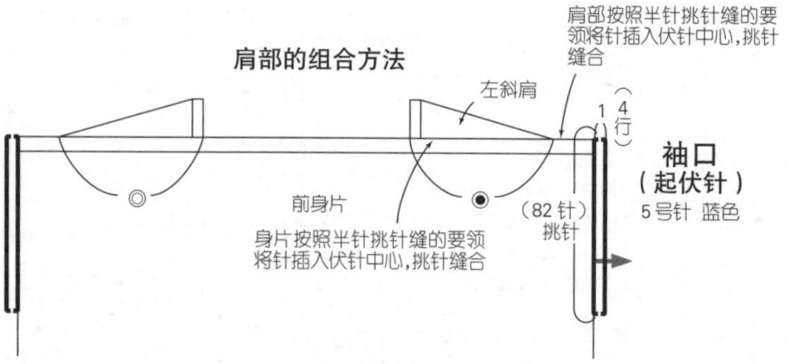

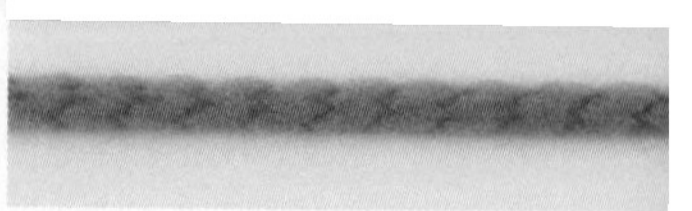

材料

芭贝 Nuvola 白色(401)375g/8团，直径20mm的纽扣6颗

工具

棒针7mm

成品尺寸

胸围107.5cm，肩宽42cm，衣长69.5cm

编织密度

10cm×10cm面积内：编织花样16针，20行

编织要点

●身片…手指挂线起针，做下针编织、编织花样，注意第1行是反面行。右前身片一边开扣眼，一边编织。袖窿、斜肩参照图示减针，编织终点休针。

●组合…肩部、胁部做挑针缝合。风帽从前后身片挑针，做编织花样和下针编织。参照图示钩织加针。编织38行后，左右针目休针，一边编织中心，一边对齐相同标记处连接。编织终点休针，一边编织两端的下针编织，一边对齐相同标记处连接。参照组合方法图，组合前门襟和风帽。缝上纽扣，完成。

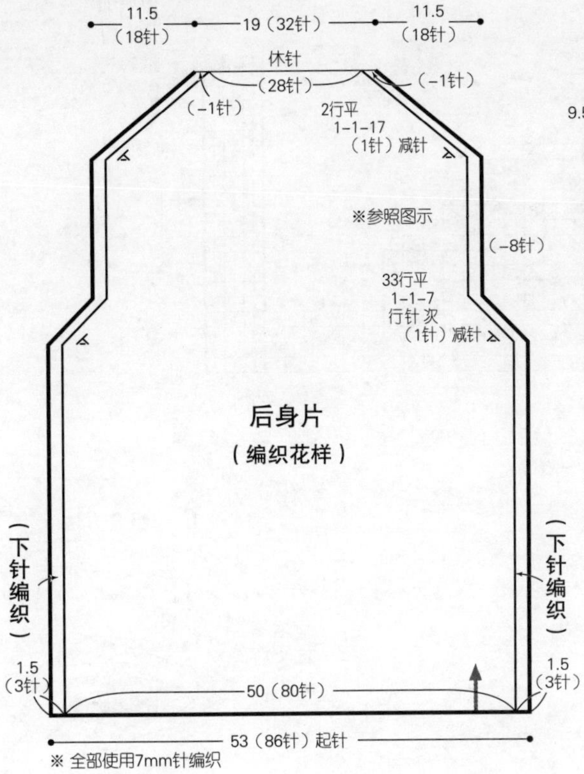

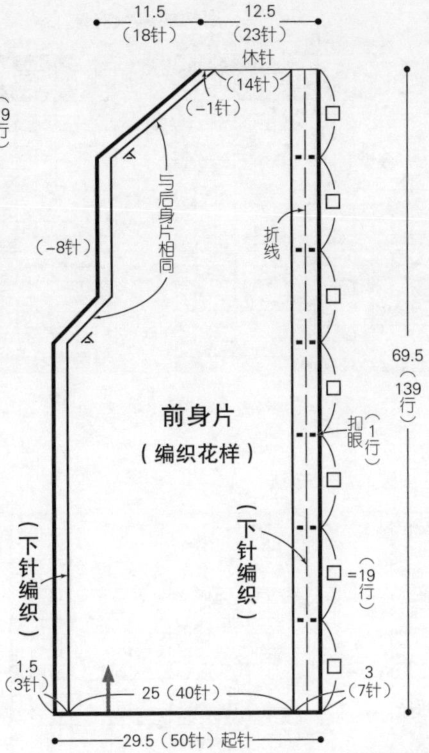

扣眼(右前身片)

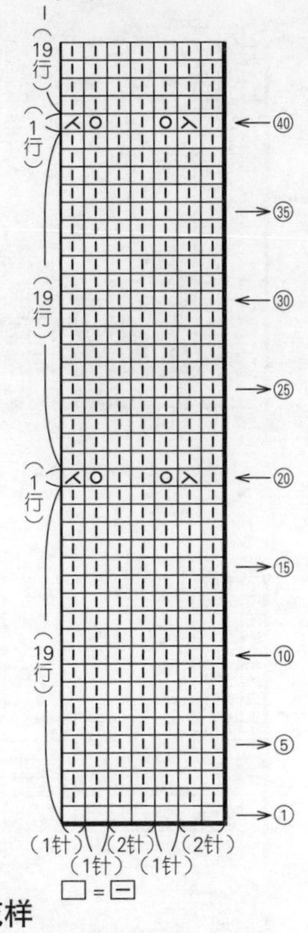

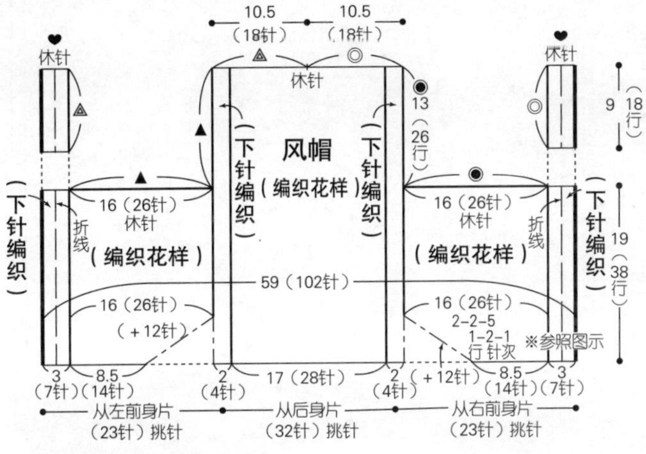

※分别对齐▲、◬、◉、◎处连接

※对齐❤处做引拔连接

编织花样

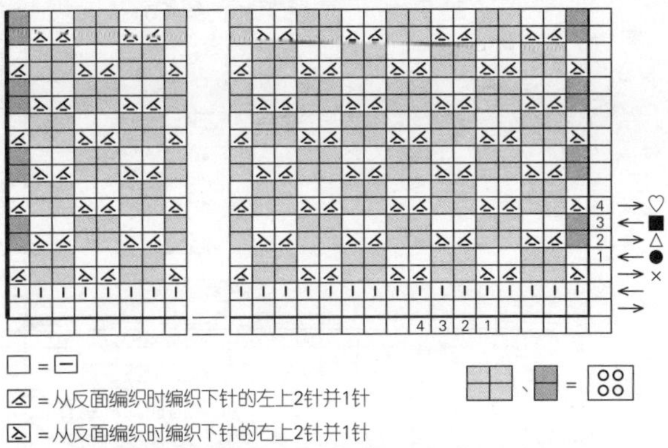

□ = ⊟

⩘ = 从反面编织时编织下针的左上2针并1针

⩗ = 从反面编织时编织下针的右上2针并1针

(图示) = (图示)

②的◇的入针方法

将右棒针从前一行挂针的后面插入。

①
×行看着反面编织
编织1针2针并1针，然后重复“2针挂针，2针2针并1针”。

②
●行看着正面编织
编织1针上针，重复◇（1.将线放在前面，从后面将针插入前一行的挂针，编织2针挂针，将前一行的挂针从棒针上取下。2.编织2针上针）。

③
△行看着反面编织
编织2针挂针，重复★（1.前一行的上针和前一行、前2行的挂针（2根线）编织2针2针并1针。2.编织2针挂针）。

④
■行看着正面编织
重复●行的◇。最后编织2针挂针。

⑤
♡行看着反面编织
端头针目同样编织2针并1针、2针挂针，重复△行的★。

重复②~⑤。

③的左上2针并1针的编织方法（⩘）

1 如箭头所示将右棒针插入前一行、前2行的挂针（2根线）的相邻针目和挂针（2根线）中。

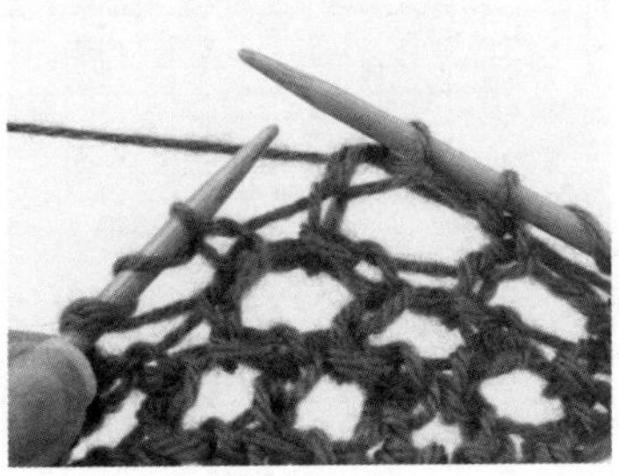

2 一起编织下针。

③的右上2针并1针的编织方法（⩗）

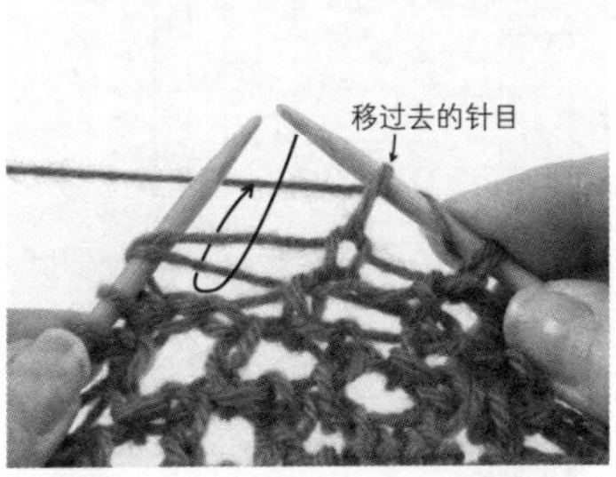

1 右侧针目不编织移至右棒针上。如箭头所示将右棒针插入前一行、前2行的挂针（2根线）中。

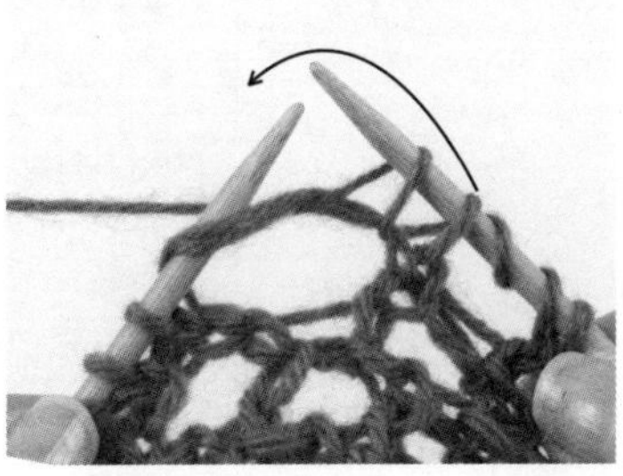

2 编织下针。用移过来的针目盖住刚刚编织的针目。

肩部的编织方法

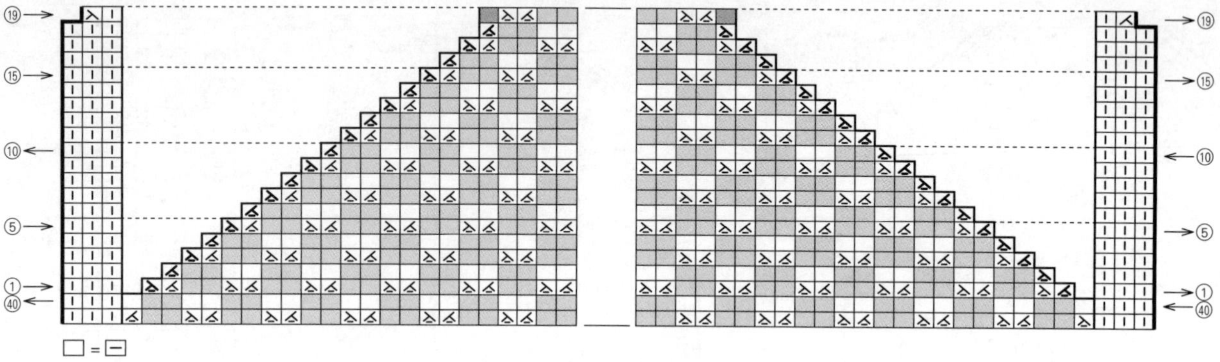

袖窿的编织方法

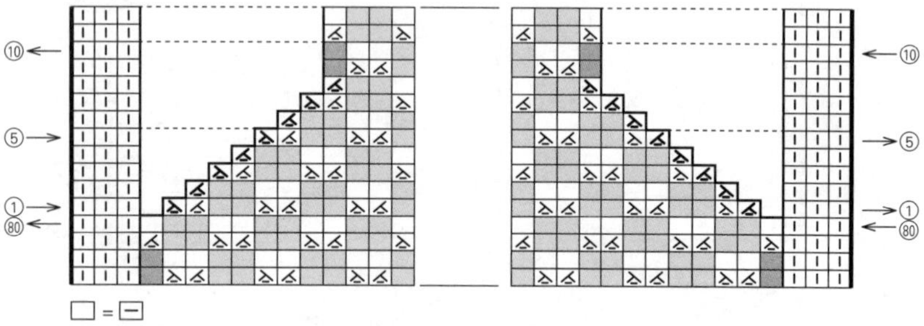

组合方法

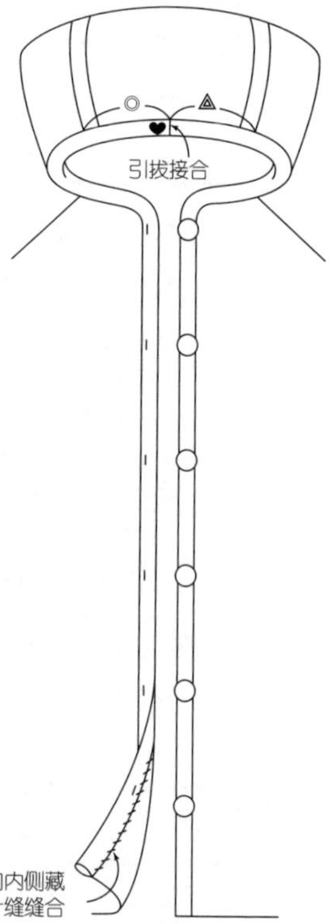

风帽的编织方法

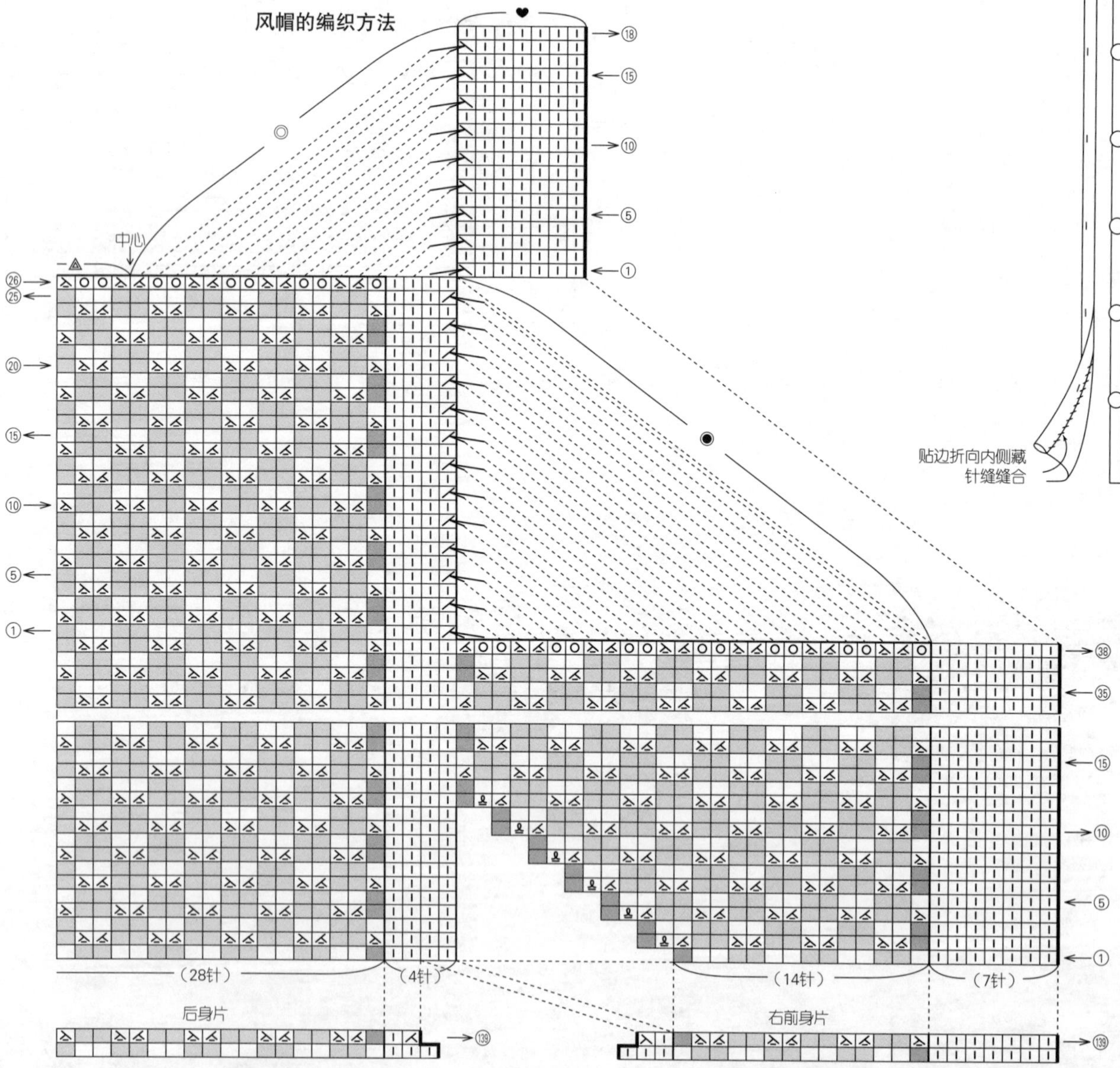

□ = ⊟

= 挑起休针编织左上3针并1针

= 挑起休针编织右上3针并1针

= 解开前一行、前2行的挂针，扭转针目编织

材料

钻石线 Masterseed Cotton　白色(101) 200g/7团，藏青色(142) 55g/2团，红色(145) 15g/1团；直径20mm的纽扣5颗

工具

棒针5号、3号

成品尺寸

胸围104cm，衣长52.5cm，连肩袖长44.5cm

编织密度

10cm×10cm面积内：下针编织和下针条纹A、B均为25.5针，32行

编织要点

●身片、衣袖…单罗纹针起针，身片编织扭针的单罗纹针条纹、下针编织，衣袖编织扭针的单罗纹针条纹和下针条纹A。腋下针目编织伏针，插肩线减针时，立起侧边2针减针。前端、领窝减2针及以上时做伏针减针，减1针时立起侧边1针减针。口袋手指挂线起针，编织下针条纹B和扭针的单罗纹针，编织终点做扭针的单罗纹针收针。将口袋缝在指定位置。

●组合…插肩线、胁部、袖下做挑针缝合，腋下针目做下针的无缝缝合。前门襟、衣领挑取指定数量的针目，编织扭针的单罗纹针。右前门襟开扣眼。编织终点和袋口一样收针。缝上纽扣。

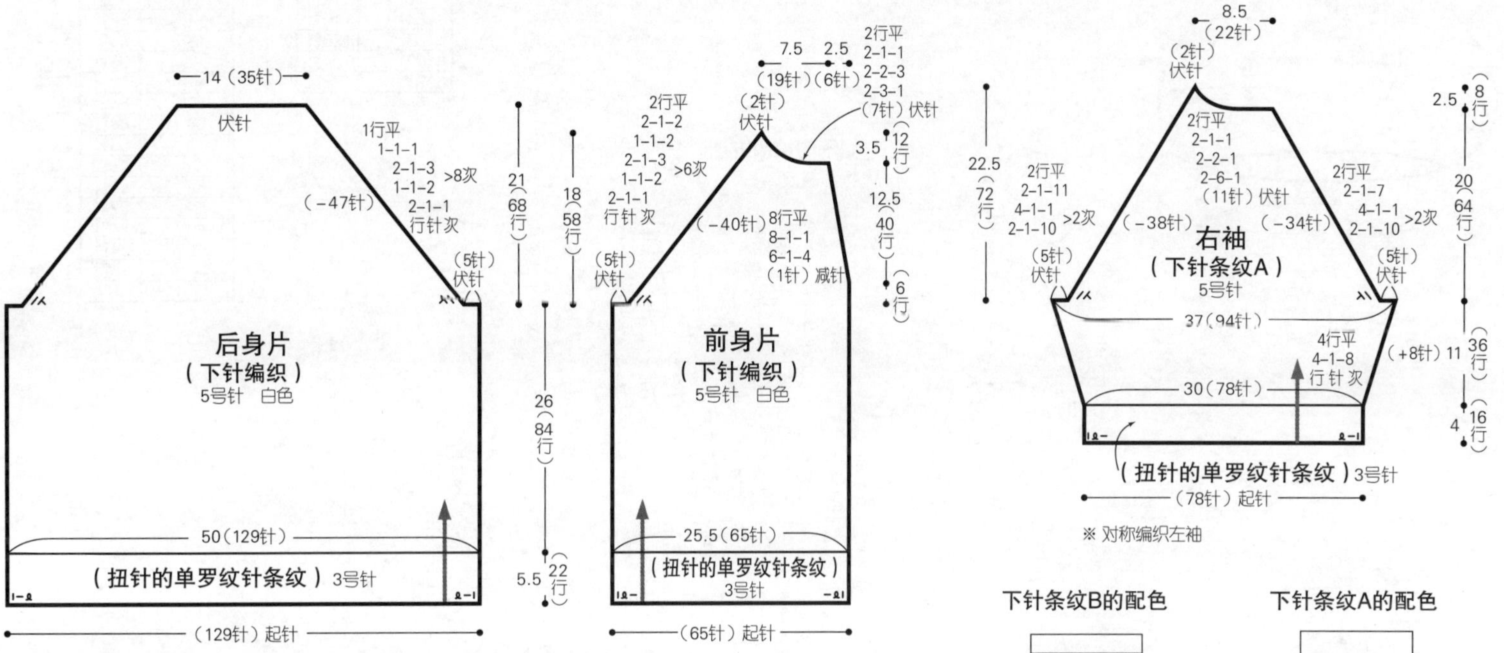

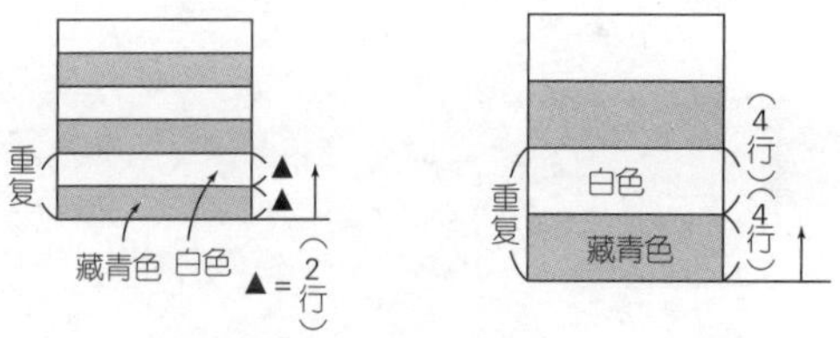

扭针的单罗纹针条纹

(后身片、前身片、衣袖)

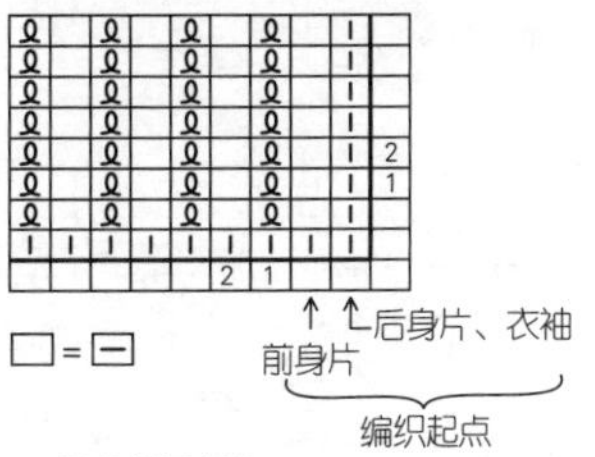

※ 配色参照右图

扭针的单罗纹针条纹的配色

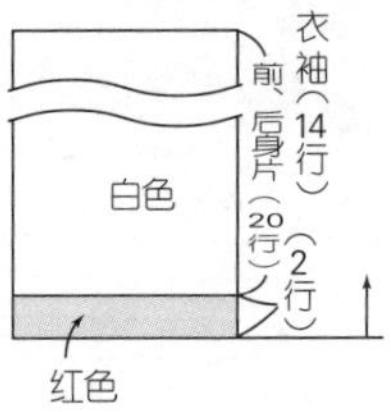

口袋

2片

(扭针的单罗纹针)

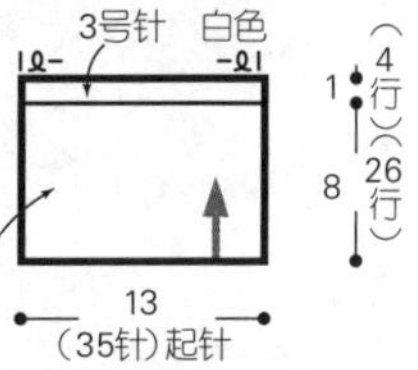

※扭针的单罗纹针收针的方法请参照第157页

衣领(扭针的单罗纹针)

3号针 红色

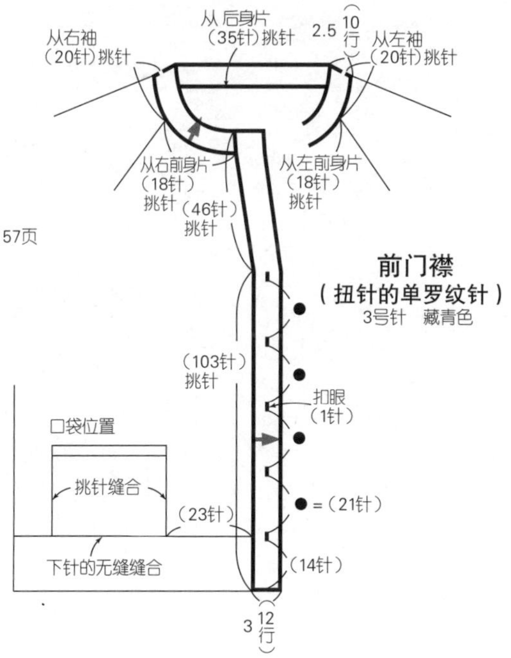

扭针的单罗纹针

(衣领、前门襟、口袋)

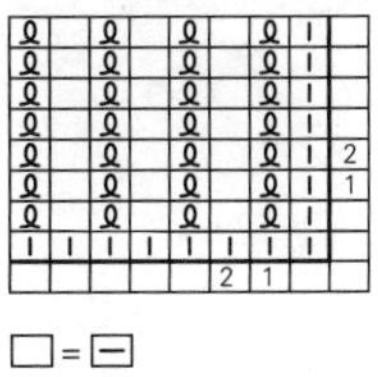

扣眼(右前门襟)

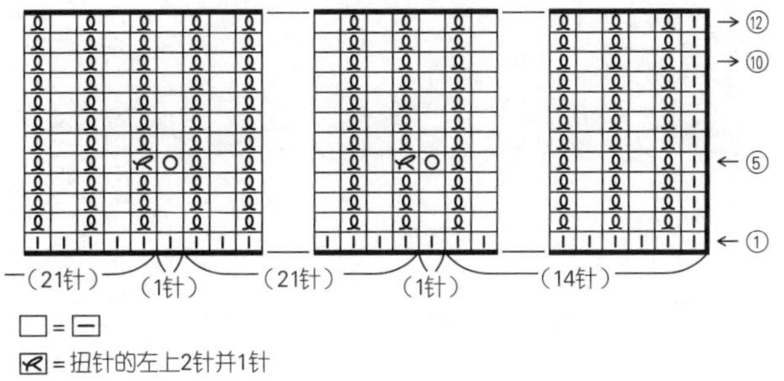

材料

钻石线 DIANINO 原白色(7401) 45g/2团

工具

钩针6/0号

成品尺寸

帽围49cm

编织密度

10cm×10cm面积内：短针18针，19行

编织要点

●环形起针从帽顶开始钩织。一边参照图示加减针，一边环形钩织短针。最终行挑起后侧1根线编织。

加减针

行数	针数	
42行	88针	
41行	88针	(−4针)
40行	92针	(−4针)
39行	96针	(−4针)
38行	100针	(−4针)
37行	104针	(−4针)
36行	108针	(−4针)
35行	112针	(−4针)
34行	116针	(−4针)
33行	120针	(−4针)
32行	124针	(−4针)
31行	128针	(−8针)

行数	针数	
22~30行	136针	
21行	136针	(+8针)
20行	128针	(+8针)
19行	120针	(+8针)
18行	112针	
17行	112针	(+8针)
16行	104针	(+8针)
15行	96针	(+8针)
14行	88针	
13行	88针	(+8针)
12行	80针	(+8针)
11行	72针	(+8针)
10行	64针	
9行	64针	(+8针)
8行	56针	(+8针)
7行	48针	(+8针)
6行	40针	(+8针)
5行	32针	(+8针)
4行	24针	
3行	24针	(+8针)
2行	16针	(+8针)
1行	8针	

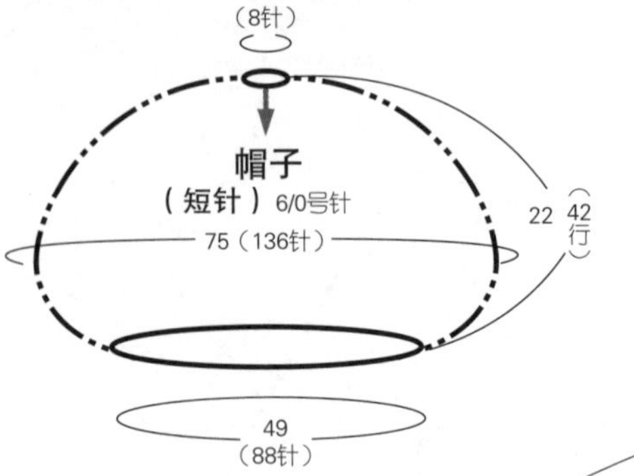

帽子的钩织方法

▶ = 剪线

± = 挑起后侧1根线钩织短针

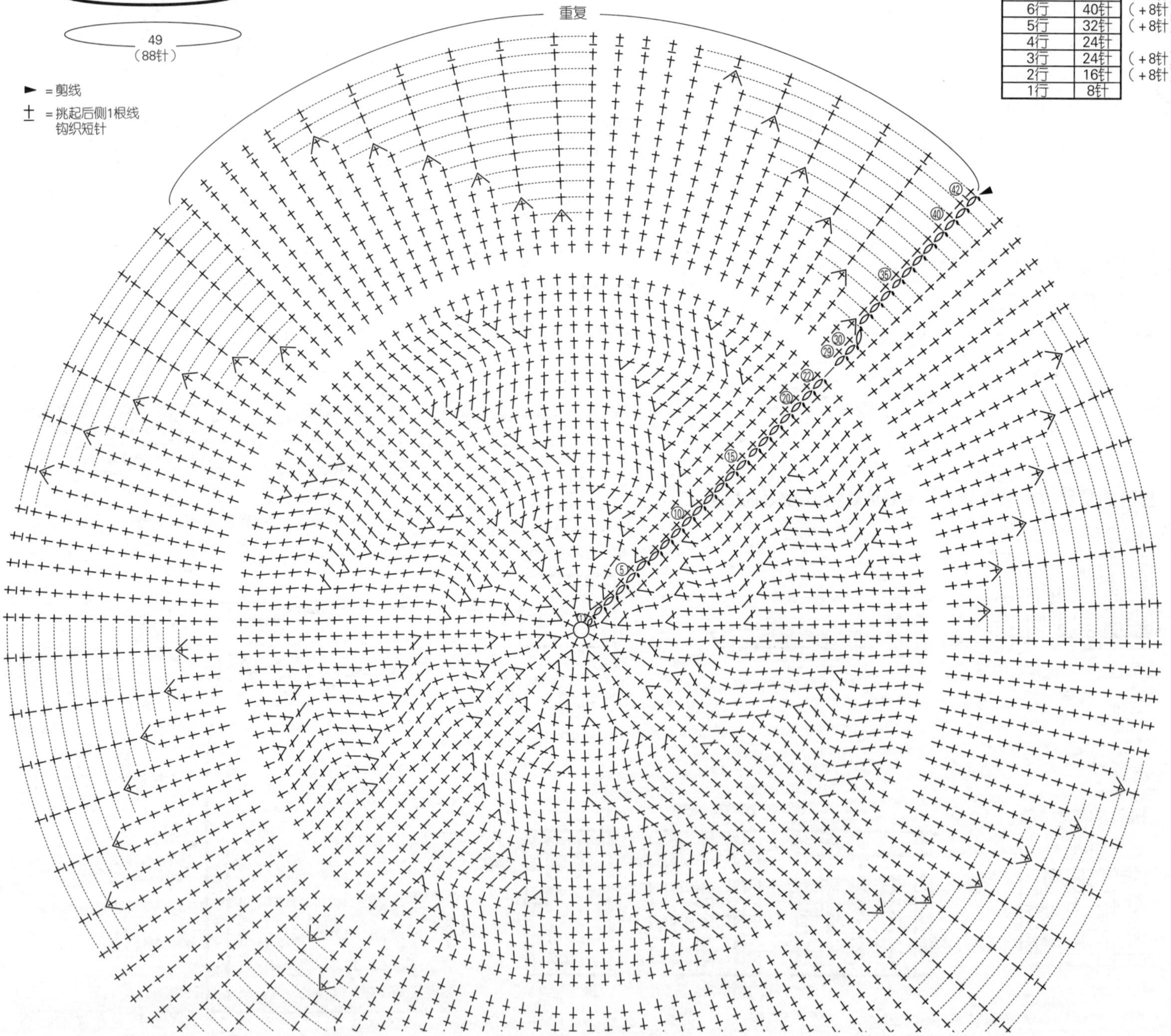

材料

芭贝 Leafy 米色(761) 65g/2团

工具

钩针7/0号

成品尺寸

帽围55cm，帽深10cm

编织密度

10cm×10cm面积内：编织花样A 19针，9行

编织要点

●帽身锁针起针，做编织花样A，编织终点参照图示连接。帽顶从帽身挑针，环形做编织花样A'，注意挑针时包住端头第2针和第3针。参照图示减针。帽檐的挑针方法和帽顶相同，环形做编织花样B。编织帽绳，缝在指定位置，完成。

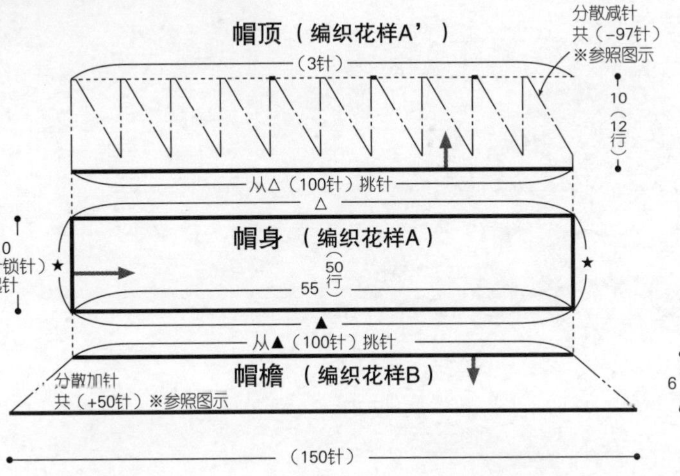

※ 全部使用7/0号针钩织

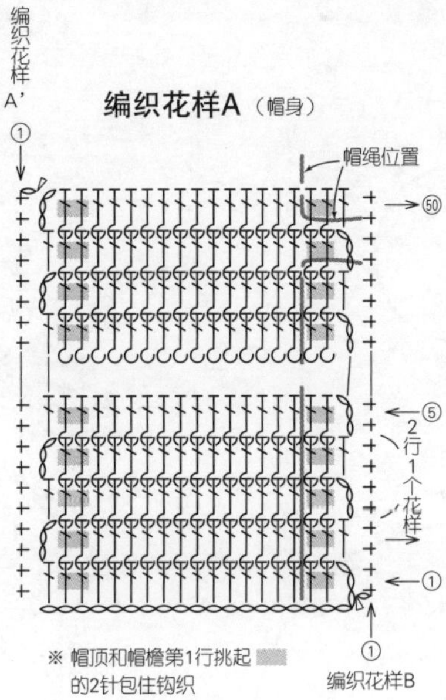

编织花样A（帽身）

※ 帽顶和帽檐第1行挑起 的2针包住钩织

= 长针的反拉针（从反面钩织时，钩织长针的正拉针）

※编织方法请参照第128页

帽顶的减针

行数	针数	
12行	3针	(-7针)
11行	10针	(-10针)
10行	20针	(-10针)
9行	30针	(-10针)
8行	40针	(-10针)
7行	50针	(-10针)
6行	60针	(-10针)
5行	70针	(-10针)
4行	80针	(-10针)
3行	90针	(-10针)
1~2行	100针	

帽檐的加针

行数	针数	
12~14行	150针	
11行	150针	(+10针)
10行	140针	
9行	140针	(+10针)
8行	130针	
7行	130针	(+10针)
6行	120针	
5行	120针	(+10针)
4行	110针	
3行	110针	(+10针)
1~2行	100针	

帽绳

（双重锁针）

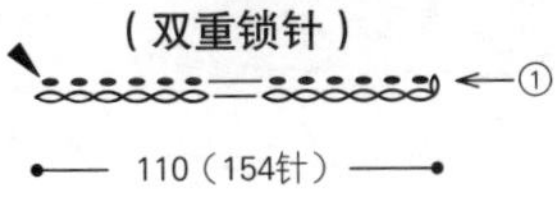

★的连接方法

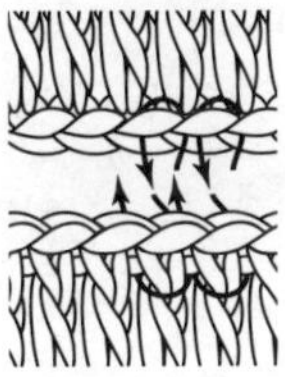

编织花样A'（帽顶）

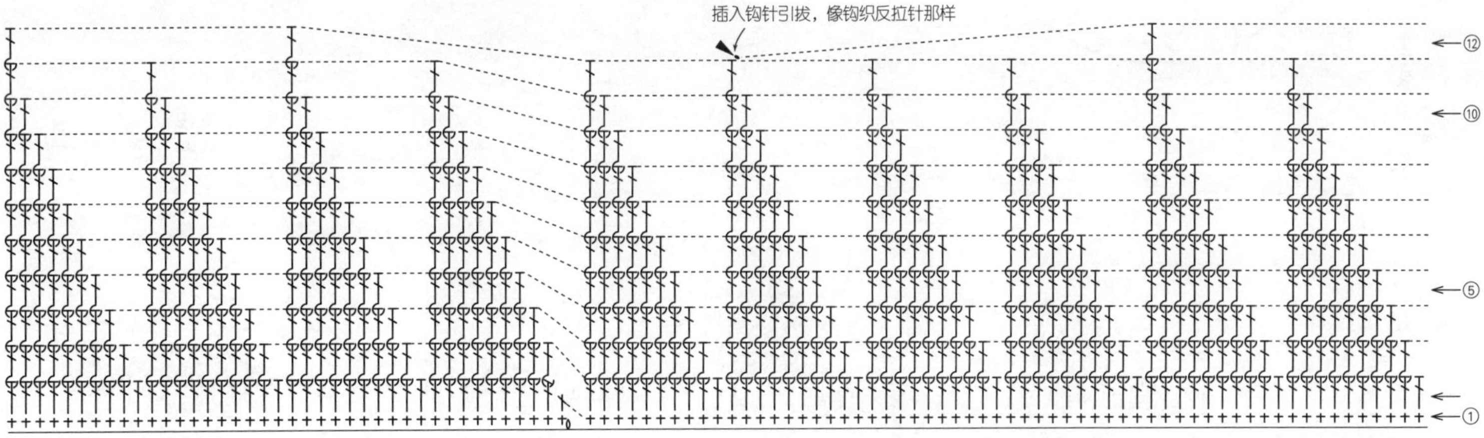

编织花样B（帽檐）

▷ = 加线

▶ = 剪线

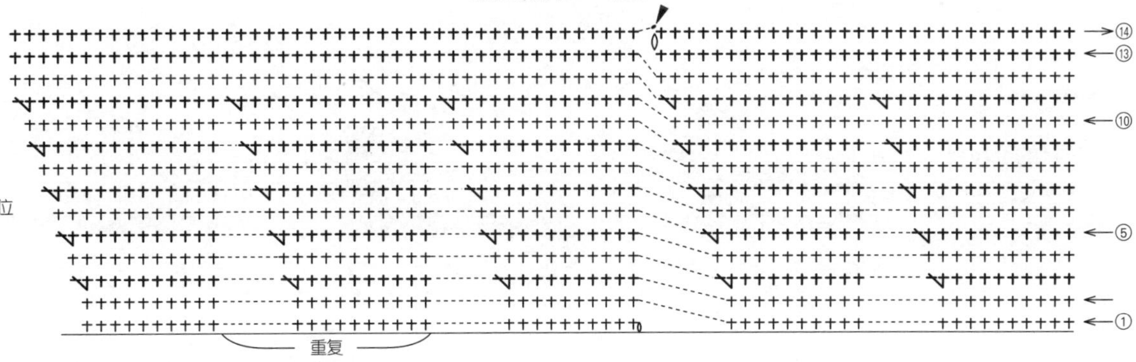

※第3、5、7、9、11、13行包住前一行，第14行从反面包住前一行和前两行钩织

组合方法

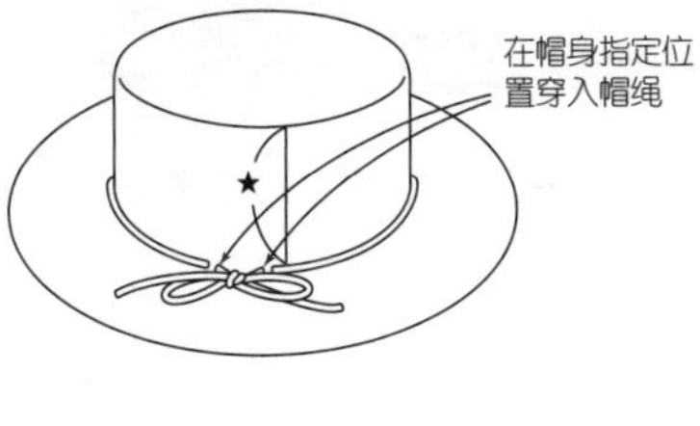

材料

奥林巴斯 Emmy Grande 原白色(804)50g/1团

工具

蕾丝针0号

成品尺寸

[装饰垫] 直径30cm

[杯垫] 直径12cm

编织要点

●环形起针后开始钩织。请参照图示钩织。

杯垫 2片

0号蕾丝针

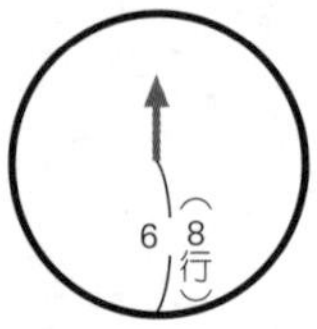

装饰垫

0号蕾丝针

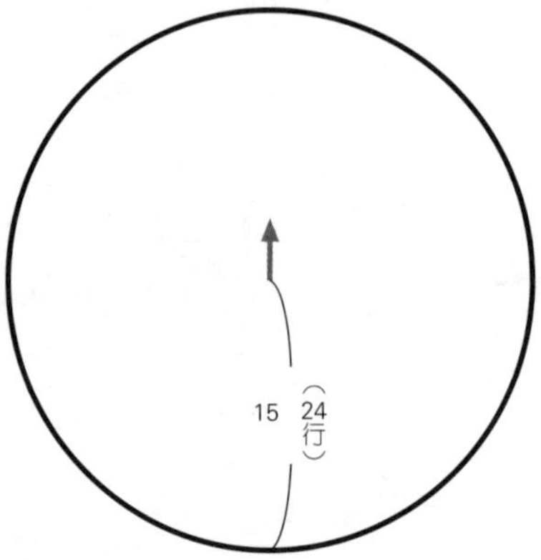

杯垫

长针的正拉针

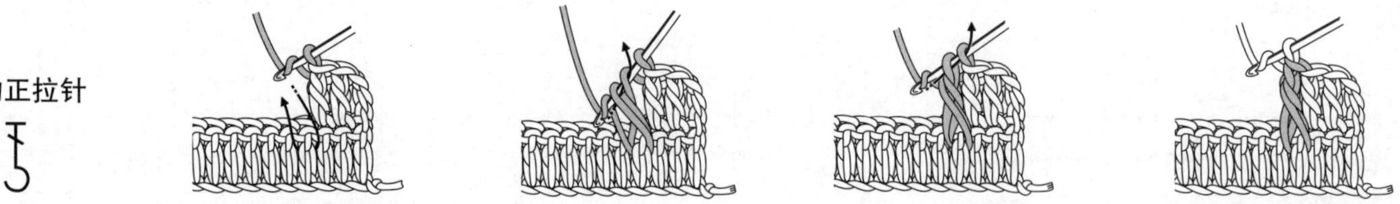

1 针头挂线，如箭头所示从前面将钩针插入前一行长针的根部，将线拉出。

2 挂线，引拔穿过针上的2个线圈。

3 再次挂线，引拔穿过针上的2个线圈。

4 1针长针的正拉针完成后的状态。

长针的反拉针

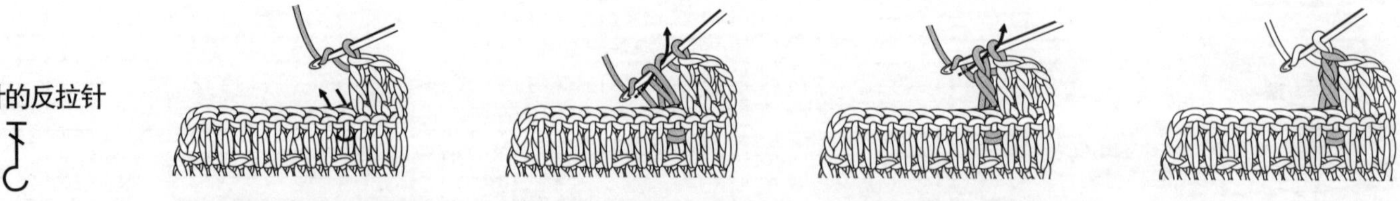

1 针头挂线，如箭头所示从后面将钩针插入前一行长针的根部，将线拉出。

2 挂线，引拔穿过针上的2个线圈。

3 再次挂线，引拔穿过针上的2个线圈。

4 1针长针的反拉针完成后的状态。

装饰垫

（爆米花针符号）= 5针长针的正拉针的爆米花针
※请参照第115页5针长针的爆米花针（从1针上挑针）

（符号）= 长针的反拉针

（符号）= 长针的正拉针

► = 剪线

※ 第7圈、第21圈的（符号）是在前一圈的针目与针目之间插入钩针钩织的

※ 第8圈的（符号）、第22圈的（符号）是在前一圈的（符号）上钩织拉针的　※ 第11圈、第17圈锁针上的短针是将前一圈的针目分开挑针钩织的

材料

奥林巴斯 Emmy Grande 原白色（804）95g/1团（每团100g），118cm×50cm的亚麻布

工具

蕾丝针0号

成品尺寸

宽114cm，长66cm

编织密度

花片的大小请参照图示

编织要点

●饰带锁针起针后按编织花样钩织。花片A在饰带的指定位置加线钩织。花片B、B'从第2片开始一边钩织一边在最后一行与相邻花片做连接。坠饰小球部分使针目的反面朝外钩织，然后在指定位置做引拔连接。参照组合方法缝制亚麻布。将饰带重叠在亚麻布的下端缝好。

装饰蕾丝 （连接花片）

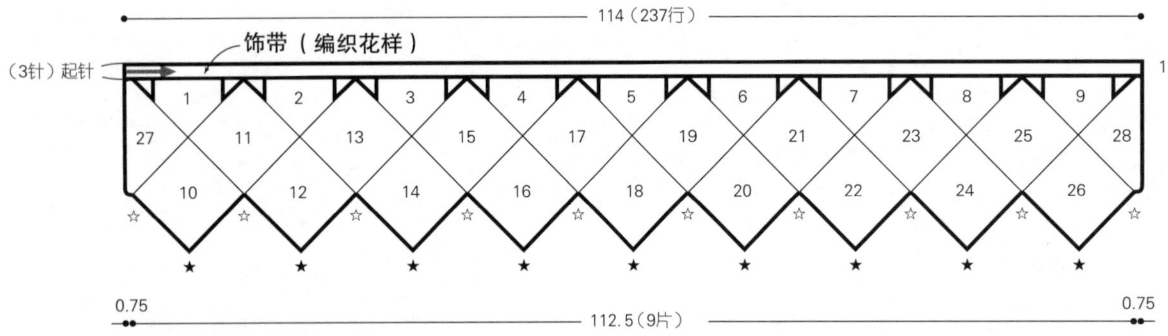

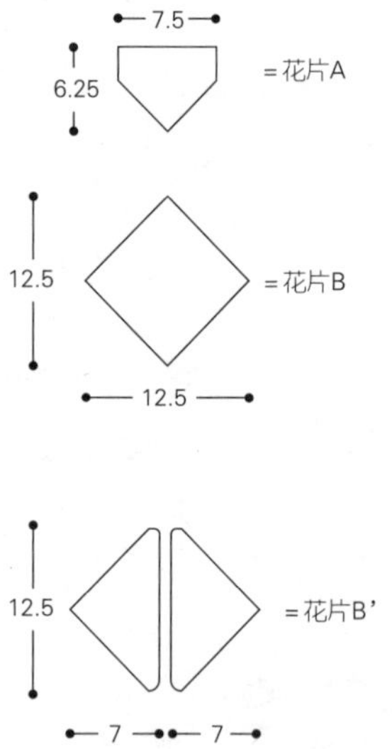

※ 全部使用0号蕾丝针钩织
※ 花片内的数字表示连接顺序
※ ☆=坠饰A的连接位置
※ ★=坠饰B的连接位置

编织花样

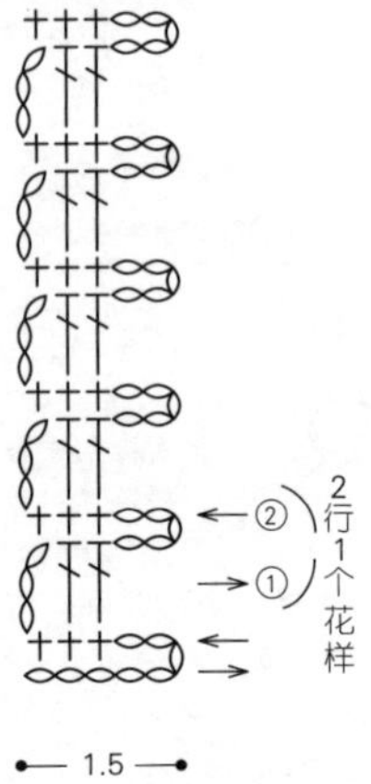

组合方法

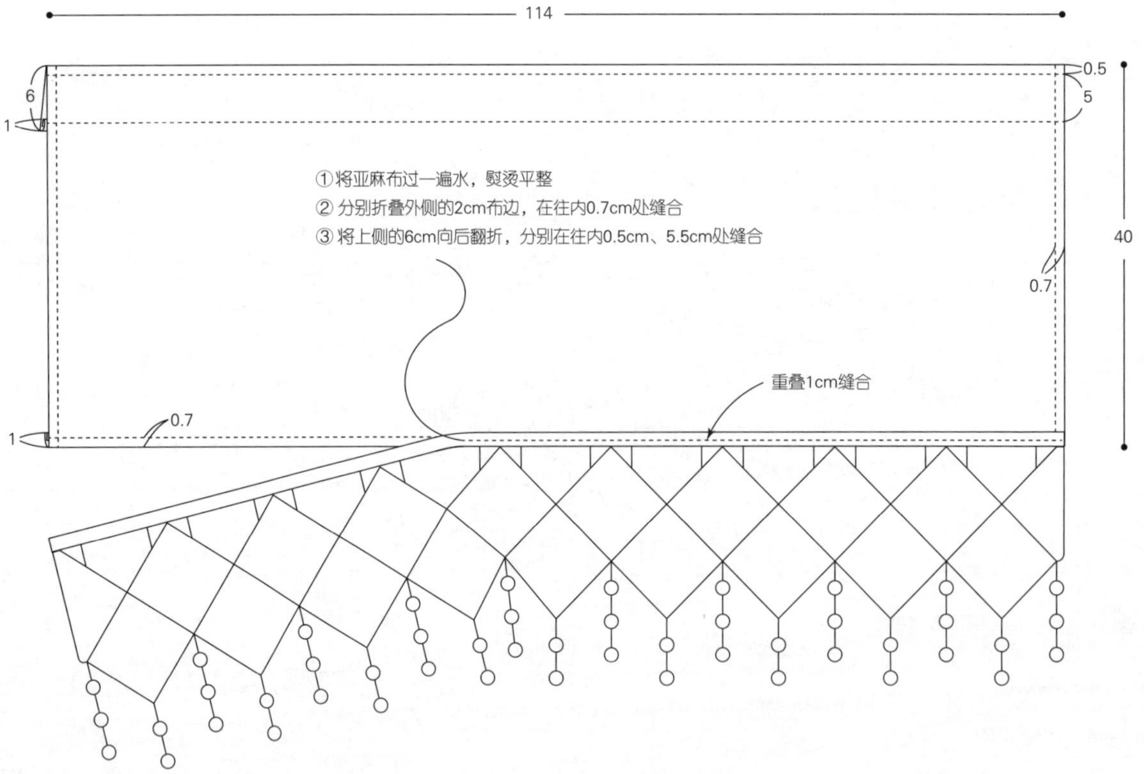

花片B 17片

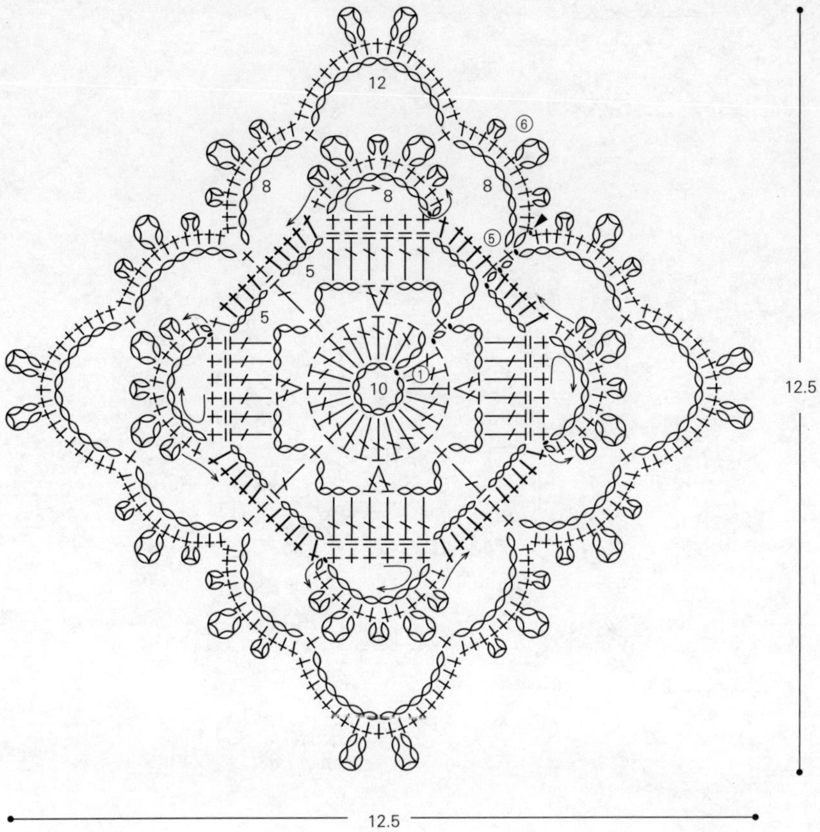

$\underline{+}$ = 短针的条纹针

※钩织方法请参照第147页

† = 在锁针的半针和里山挑针钩织

花片B' 2片

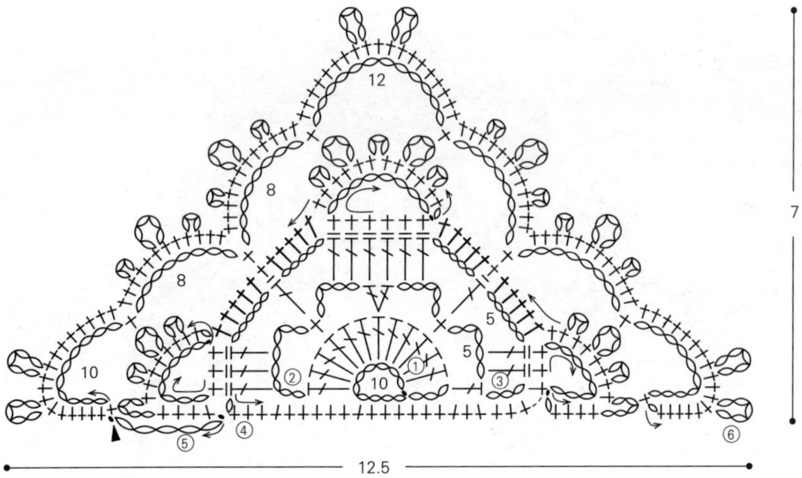

▷ = 加线

► = 剪线

花片A 9片

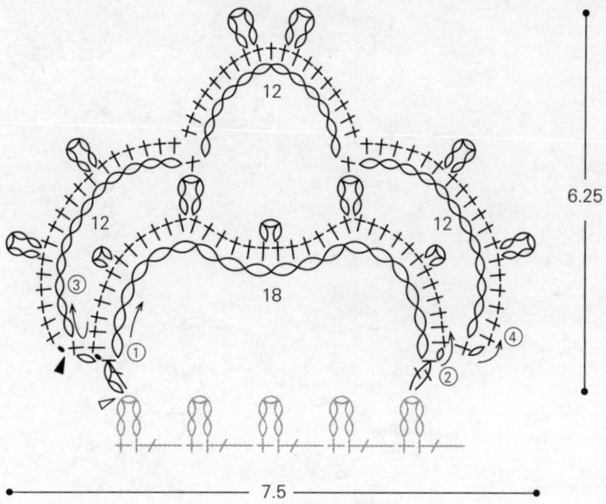

坠饰A、B A 10条 B 9条

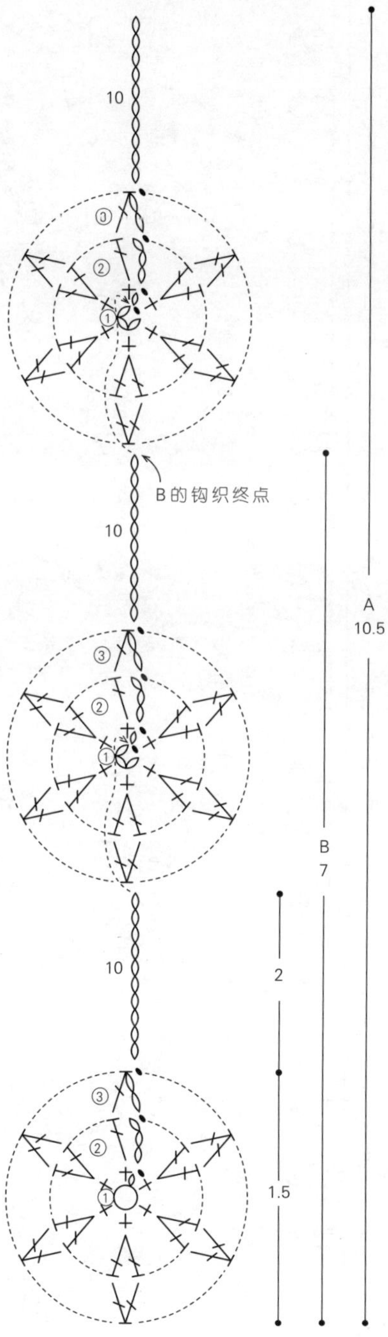

※ 小球部分将针目的反面朝外钩织

※钩织结束后在指定位置（☆、★）引拔

饰带与花片的连接方法

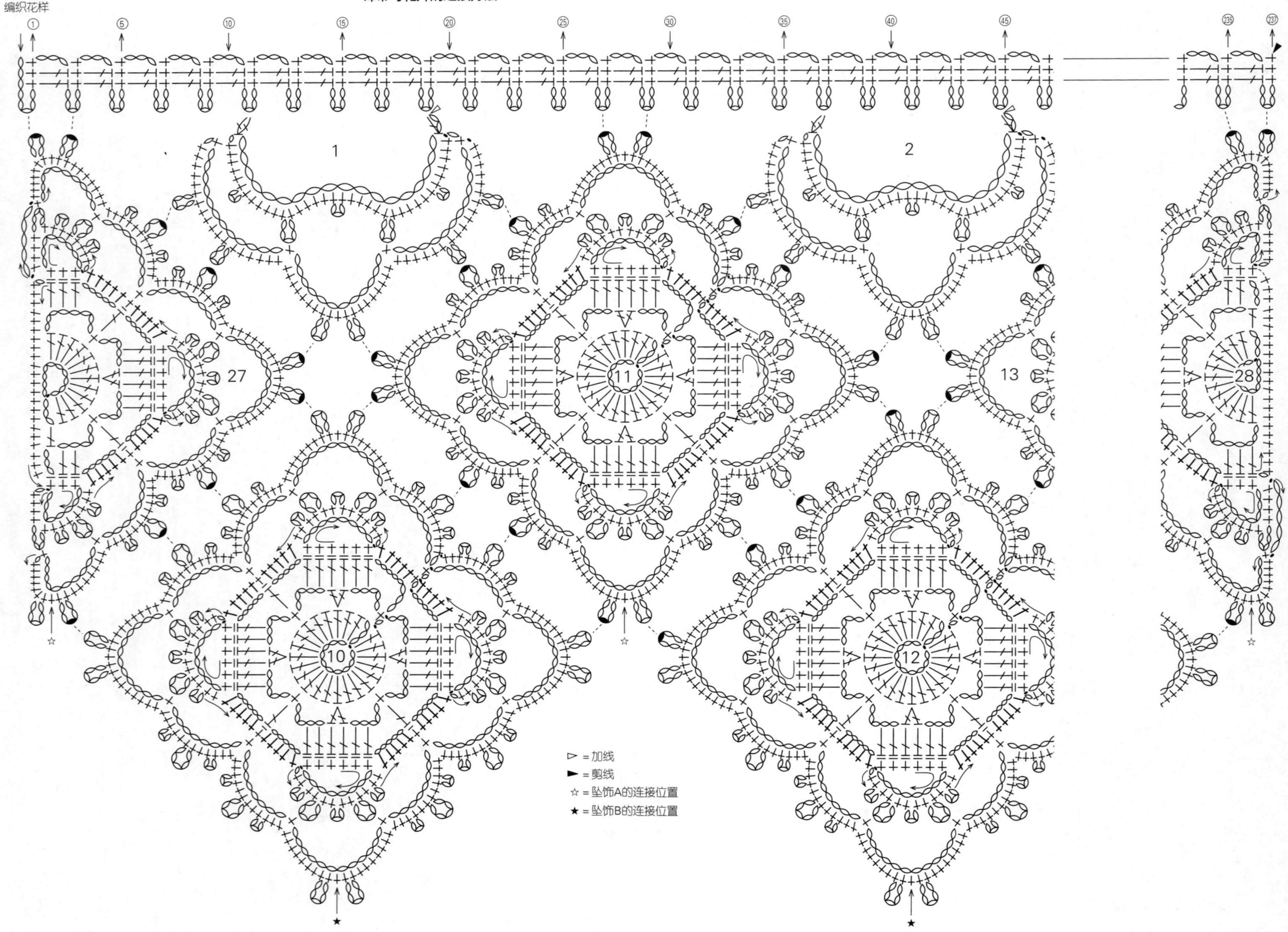

▷ = 加线
▶ = 剪线
☆ = 坠饰A的连接位置
★ = 坠饰B的连接位置

材料

达摩手编线 蕾丝线#30葵 莺绿色(6) 55g/3团

工具

蕾丝针4号

成品尺寸

宽28cm，长72cm(含流苏)

编织密度

10cm×10cm面积内：编织花样17格，17行

编织要点

●钩1针锁针起针，参照图示按编织花样钩织。前5行分开钩织，第6~86行连起来钩织。第87~92行分开钩织，然后在四周钩织边缘。为了使边缘的转角处呈直角状态，先用珠针固定，再用蒸汽熨斗进行整烫。最后系上流苏。

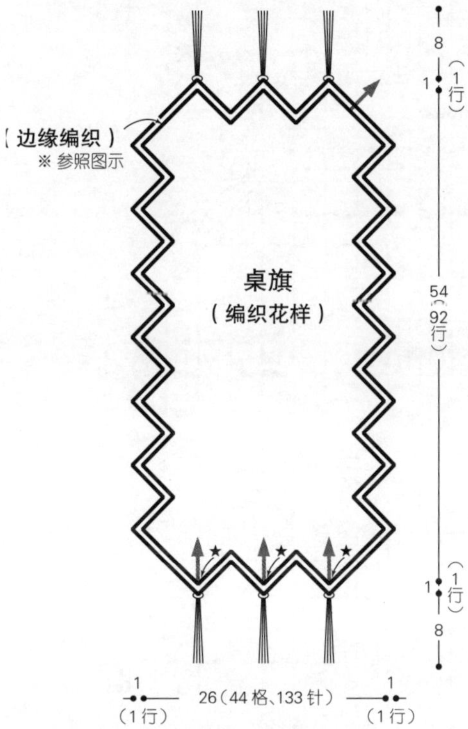

※ 全部使用4号蕾丝针钩织
※ ★=锁针(1针)起针
※ 流苏取16根18cm长的线对折

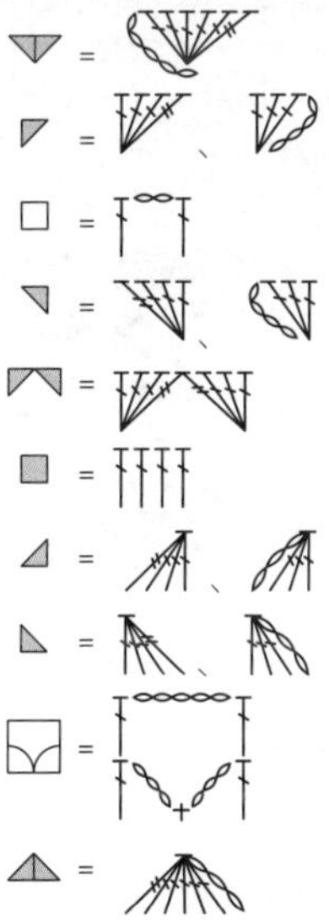

编织花样

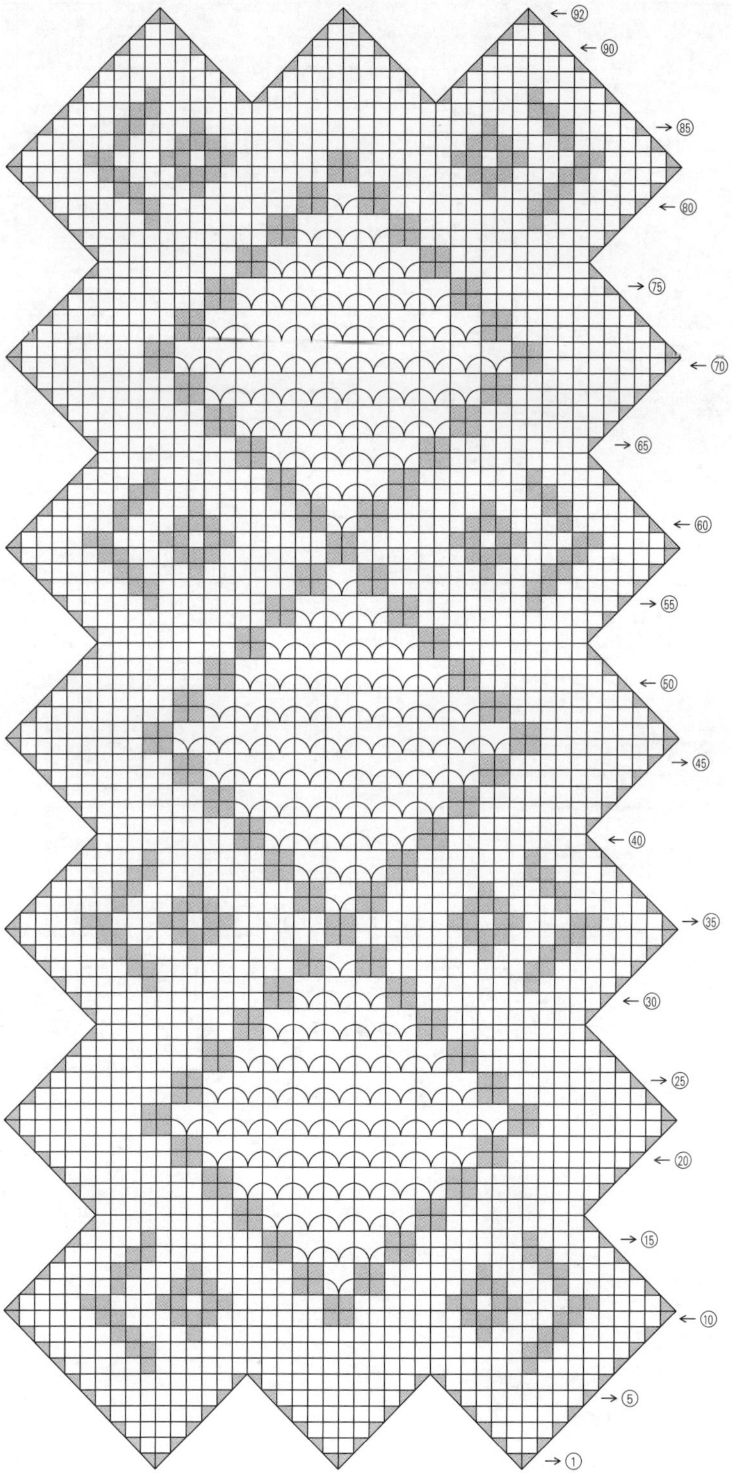

编织花样的钩织方法

● = 系流苏的位置

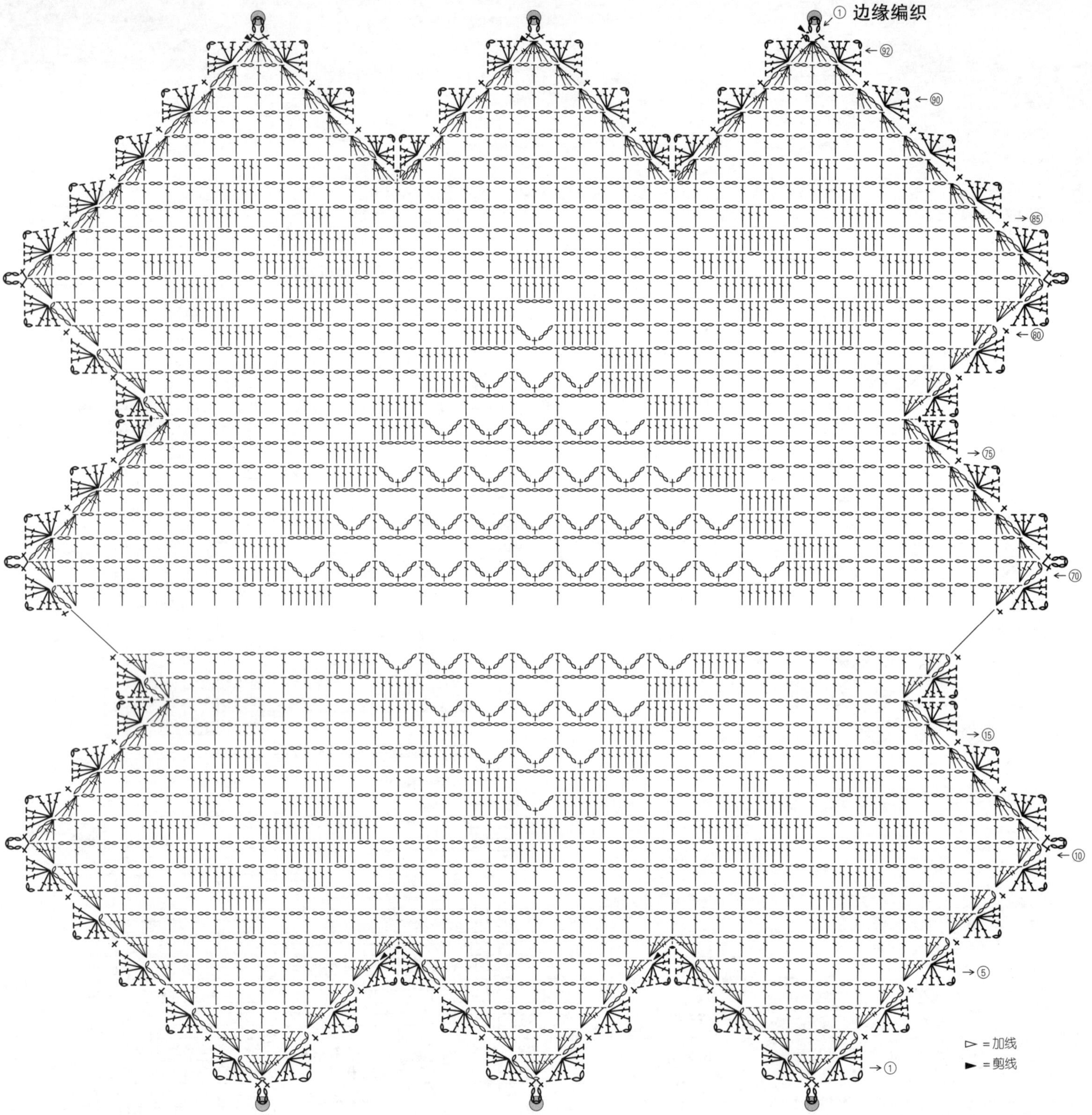

材料

奥 林 巴 斯 Emmy Grande 原 白 色(804)
60g/1 团(每团 100g)

工具

蕾丝针 0 号

成品尺寸

直径 45cm

编织要点

● 钩 8 针锁针连成环形起针后开始钩织。请参照图示钩织。

30 页的作品 ★★★

► = 剪线

= 变化的3针中长针的枣形针
※ 钩织方法请参照第147页

= 5针长针的爆米花针（整段挑针）
※请参照第115页5针长针的爆米花针（从1针上挑针）

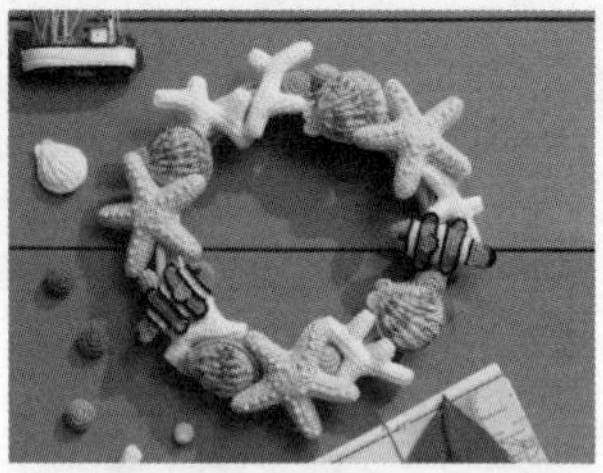

材料

奥林巴斯 Emmy Grande <House>、Emmy Grande <Colorful>、Emmy Grande <Colors>、Emmy Grande <Herbs>、金票40号蕾丝线、金票40号蕾丝线<Mix> 毛线的色名、色号、用量及辅材等请参照下表

工具

钩针2/0号，蕾丝针0号、4号

成品尺寸

[杯垫] 直径10cm

[装饰环] 参照图示

编织要点

●参照图示钩织各部件。参照组合方法进行组合。

杯垫

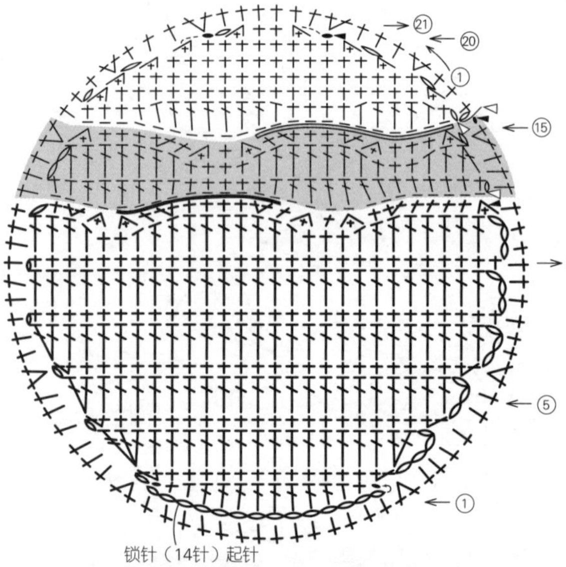

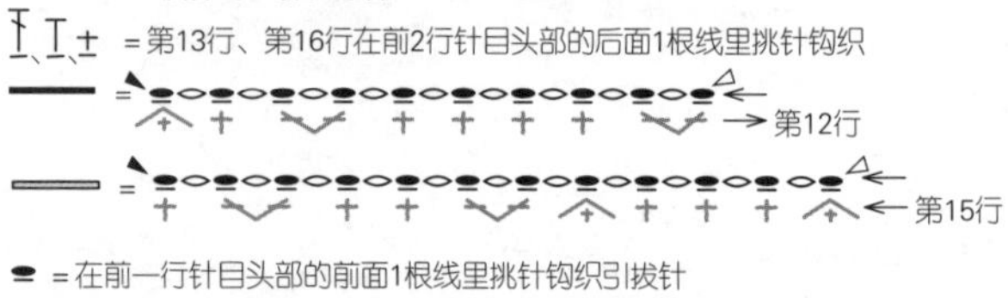

配色：—— = 蓝色；▭ = 水蓝色；—— = 米色

▷ = 加线　▶ = 剪线

使用针号一览表

线名	使用针号
Emmy Grande <House>	2/0号针
金票40号蕾丝线	4号蕾丝针
金票40号蕾丝线<Mix>	
Emmy Grande <Colors>	0号蕾丝针
Emmy Grande <Herbs>	
Emmy Grande <Colorful>	

杯垫使用材料一览表

		线名	色名（色号）	用量	辅材
通用	波浪基底（1片的用量）	Emmy Grande <House>	蓝色（H14）	5.5g/1团	
		Emmy Grande <House>	水蓝色（H13）	1.5g/1团	
		Emmy Grande <House>	米色（H4）	1.5g/1团	
A	海星	金票40号蕾丝线	原白色（731）	1.5g/1团	小号串珠（原白色）25颗 填充棉 适量
	海玻璃	金票40号蕾丝线	浅橘色（733）	0.4g/1团	
		金票40号蕾丝线	橄榄绿色（293）	0.4g/1团	
B	贝壳	金票40号蕾丝线<Mix>	褐色系（M16）	1.5g/1团	填充棉 适量
	海玻璃	金票40号蕾丝线	蓝绿色（221）	0.4g/1团	
		金票40号蕾丝线	黄色（521）	0.4g/1团	
C	珊瑚a	金票40号蕾丝线	白色（801）	1.2g/1团	填充棉 适量
	海玻璃	金票40号蕾丝线<Mix>	粉红色系（M15）	0.4g/1团	
		金票40号蕾丝线	橄榄绿色（293）	0.4g/1团	

杯垫的组合方法

※缝合各部件

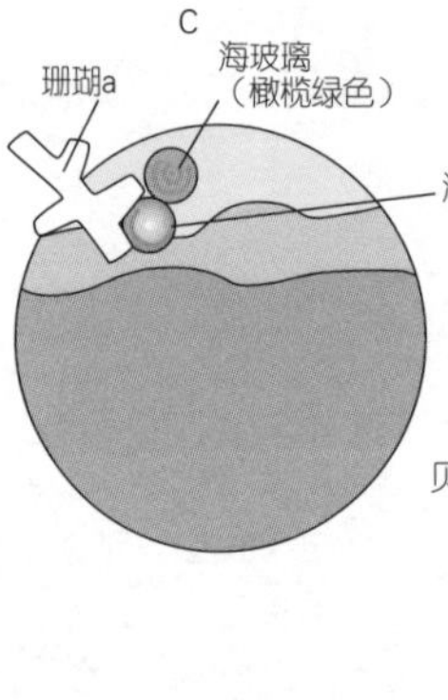

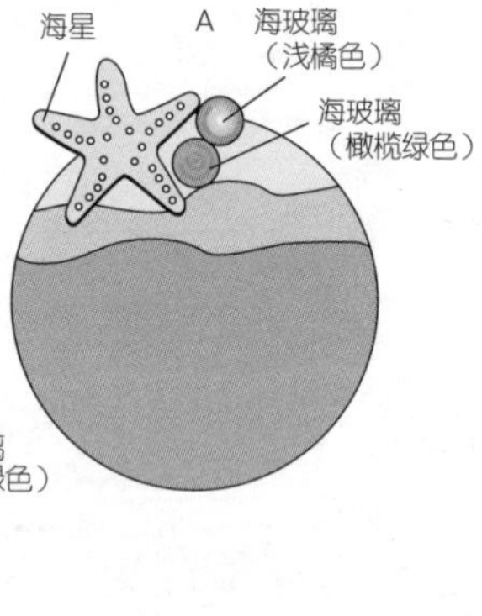

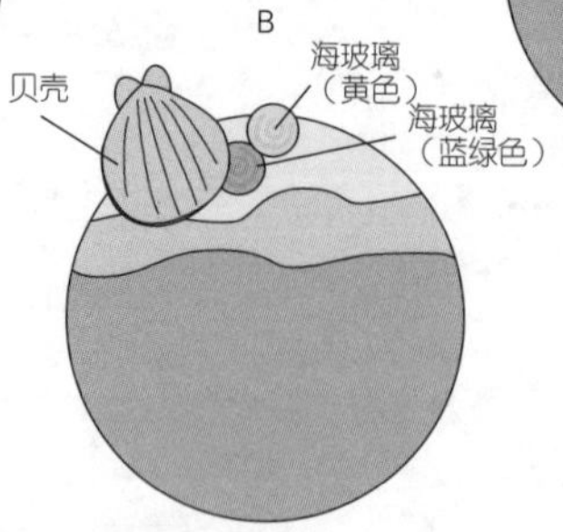

贝壳

杯垫　各1片
装饰环　各4片

前片

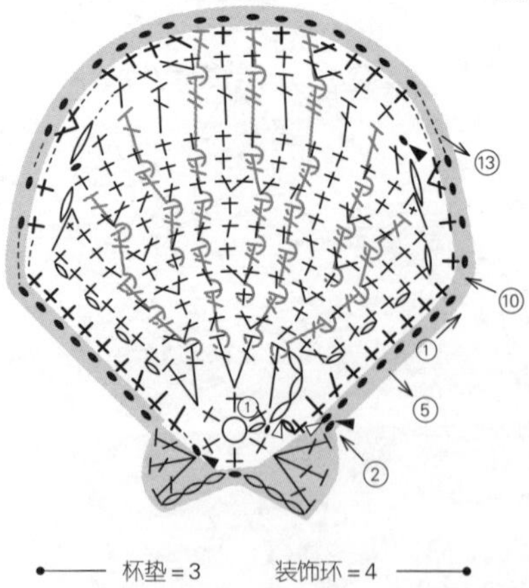

后片

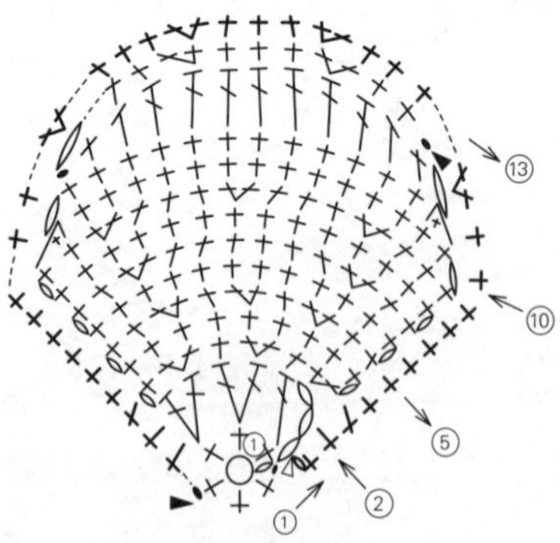

▭ = 将前片与后片正面朝外对齐，一边塞入填充棉一边缝合

= 长针的正拉针
※钩织方法请参照第128页

海玻璃

塞入填充棉，在最后一圈针目里穿线后收紧

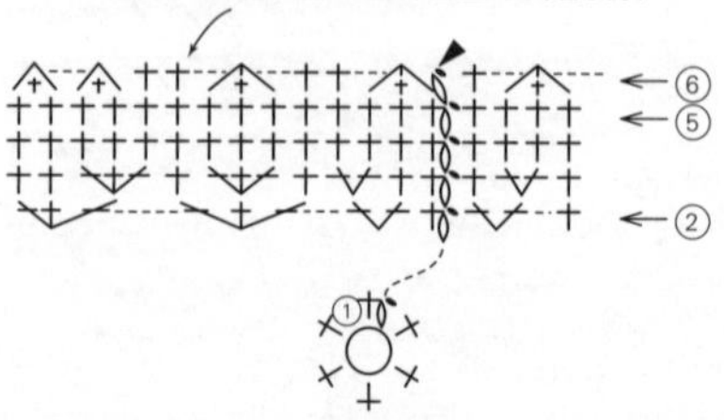

小丑鱼 2条

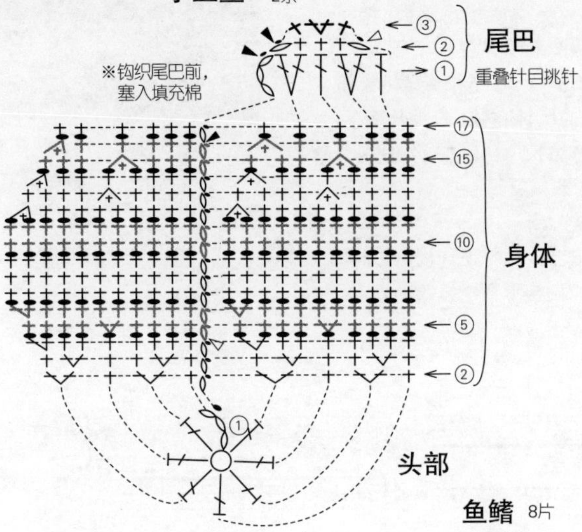

配色
- ——— =橘色
- ——— =白色
- ——— =黑色

● =引拔位置的行钩织完成后，再用黑色线在上面钩织引拔针

装饰环及其他的使用材料一览表

		线名	色名（色号）	用量	辅材
装饰环	珊瑚a、b（5个的用量）	Emmy Grande〈House〉	白色（H1）	12.5g/1团	直径18cm的花环基底 1个 麻绳 14cm 大号串珠（原白色） 75颗 直径4mm的插入式眼睛 2个 填充棉 适量
	海星（3个的用量）	Emmy Grande〈House〉	原白色（H3）	15g/1团	
	贝壳（4个的用量）	Emmy Grande〈Colorful〉	浅褐色系（C1）	11.5g/1团	
	小丑鱼（2条的用量）	Emmy Grande〈Colors〉	橘色（172）	4g/1团	
		Emmy Grande〈Colors〉	黑色（901）	2g/1团	
		Emmy Grande〈Herbs〉	白色（800）	1.5g/1团	
	海玻璃 水蓝色（3个的用量）	Emmy Grande〈Herbs〉	水蓝色（341）	2g/1团	
	海玻璃 浅绿色（2个的用量）	Emmy Grande〈Colors〉	浅绿色（244）	1.5g/1团	
其他	珊瑚b（1个的用量）	Emmy Grande〈House〉	白色（H1）	3g/1团	填充棉 适量
	贝壳（1个的用量）	金票40号蕾丝线	白色（801）	3g/1团	
	海玻璃 蓝色（2个的用量）	Emmy Grande〈Colors〉	蓝色（391）	2g/1团	
	海玻璃 浅绿色（1个的用量）	Emmy Grande〈Colors〉	浅绿色（244）	1g/1团	
	海玻璃 黄色（1个的用量）	金票40号蕾丝线	黄色（521）	1g/1团	

▷ = 加线
▶ = 剪线

鱼鳍 8片

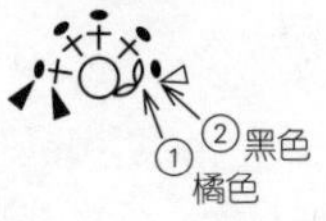

胸鳍 2片

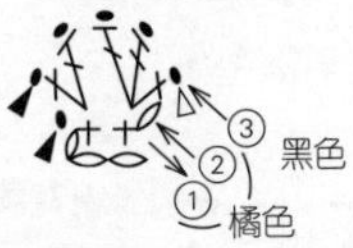

※鱼鳍的第2行、胸鳍的第3行均在前一行针目头部的前面1根线里挑针钩织引拔针

小丑鱼的组合方法

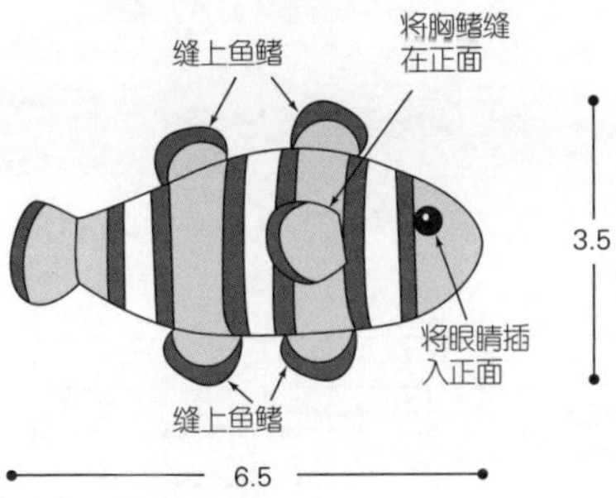

※左右对称组合另一条鱼

海星的组合方法

钩织前、后片各1片，一边塞入填充棉一边做卷针缝

海星

杯垫 各1片
装饰环 各3片

前片

※在钩织前片前先在线里穿好25颗串珠

后片

※后片无须加入串珠钩织

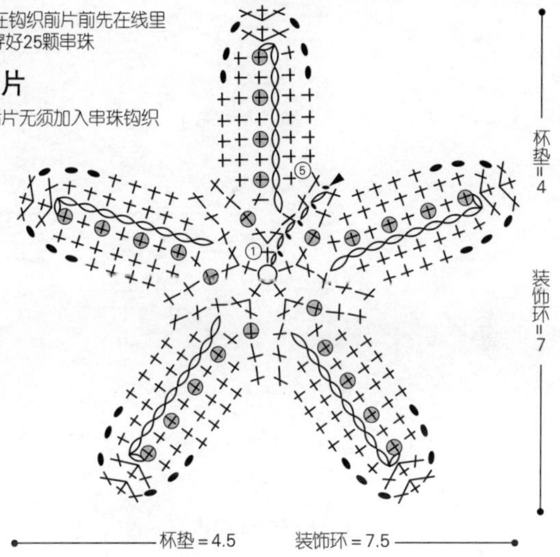

※前、后片均将针目的反面用作正面
● =钩入串珠的位置
※钩入串珠的方法请参照第82页

装饰环的组合方法

用Emmy Grande <House>的原白色线将各部件系在花环基底上

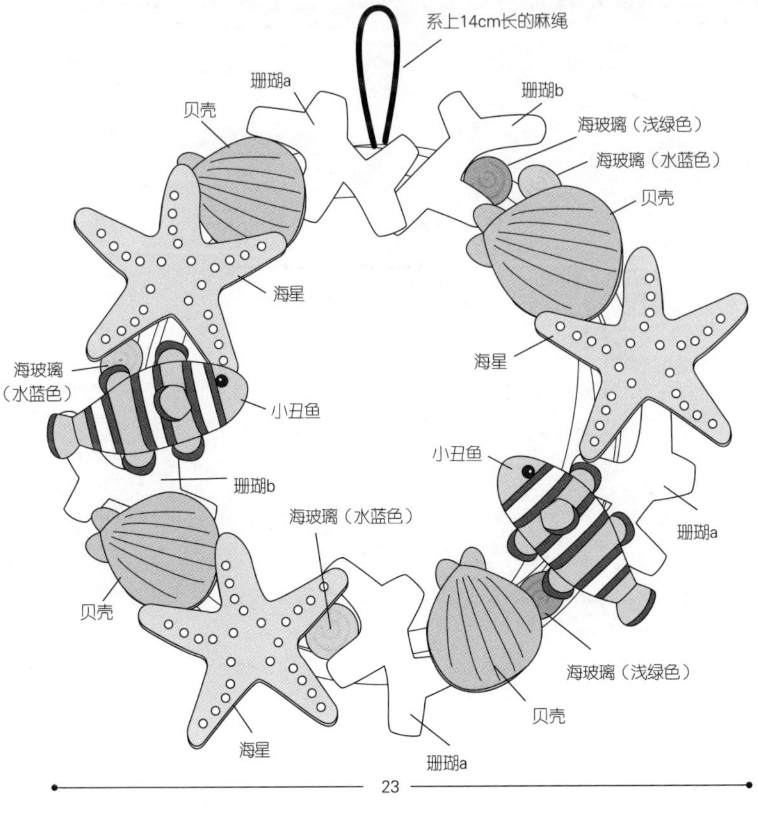

珊瑚的组合方法（a、b通用）

钩织2片相同形状的部件，一边塞入填充棉，一边做卷针缝

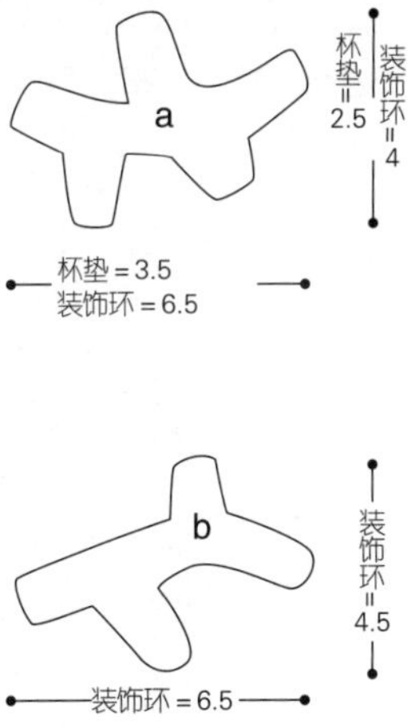

珊瑚a

杯垫 2片
装饰环 6片

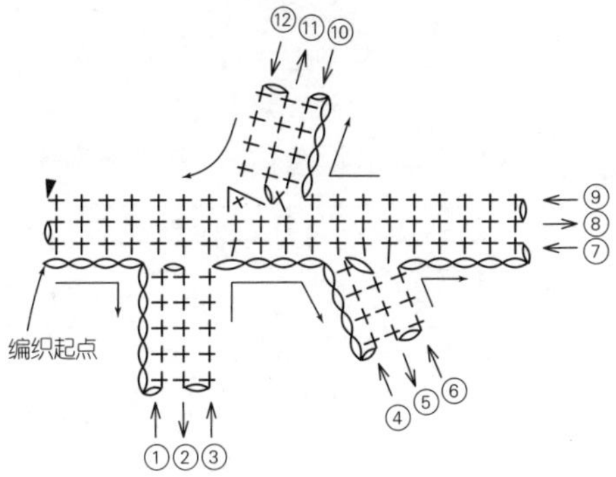

珊瑚b

4片

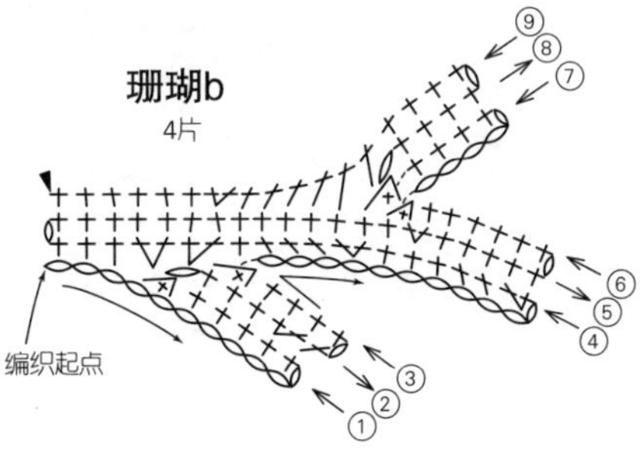

材料

Saredo re-specked cotton 卡其色(S48) 210g

工具

棒针9号、7号

成品尺寸

胸围100cm，衣长57.5cm，连肩袖长61.5cm

编织密度

10cm×10cm面积内：编织花样B 18针，28行

编织要点

●育克、身片、衣袖…育克另线锁针起针后，按编织花样A开始环形编织。参照图示分散加针。在后身片往返编织8行的前后差行。前、后身片从育克挑取指定针数，腋下做卷针起针，然后按编织花样B环形编织。接着在下摆编织单罗纹针，结束时做下针织下针、上针织上针的伏针收针。衣袖从腋下、前后差行、育克的休针上挑针，按前、后身片的方法编织。袖下的减针请参照图示。衣袖结束时与下摆一样收针。

●组合…领口解开起针时的锁针挑针，环形编织单罗纹针，结束时与下摆一样收针。

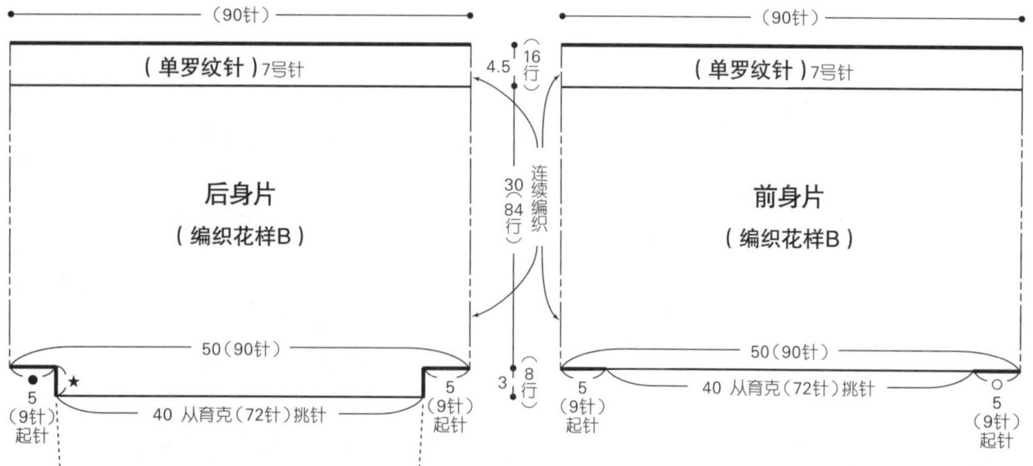

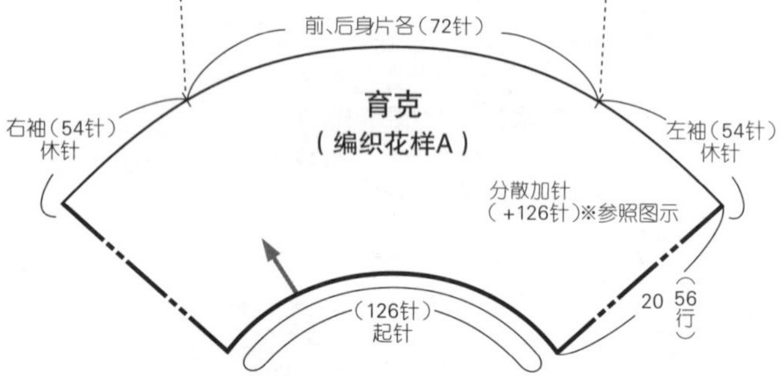

※ 除指定以外均用9号针编织

※ 腋下前、后连起来各(18针)卷针起针

单罗纹针

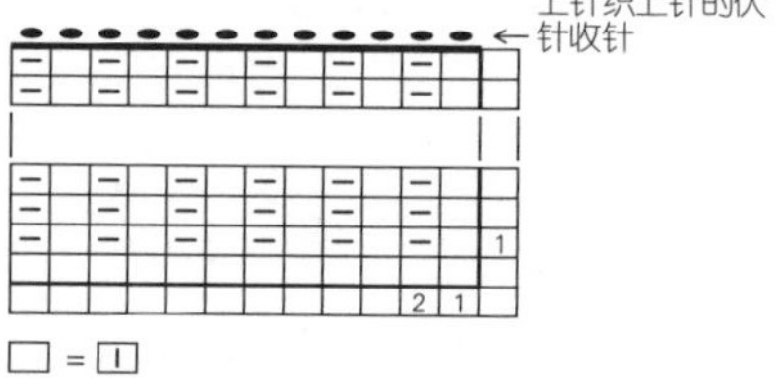

编织花样B

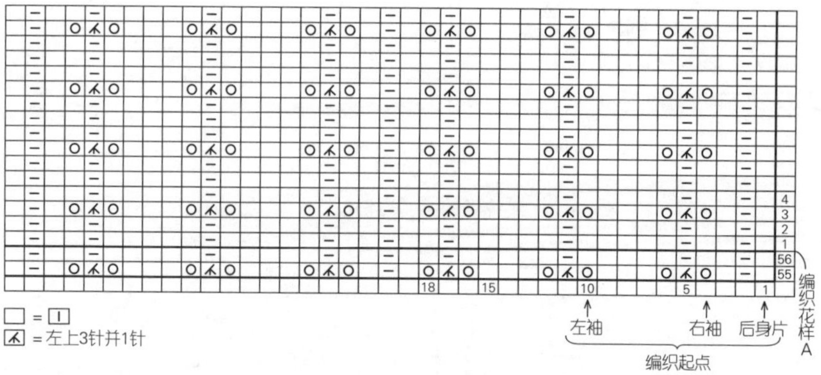

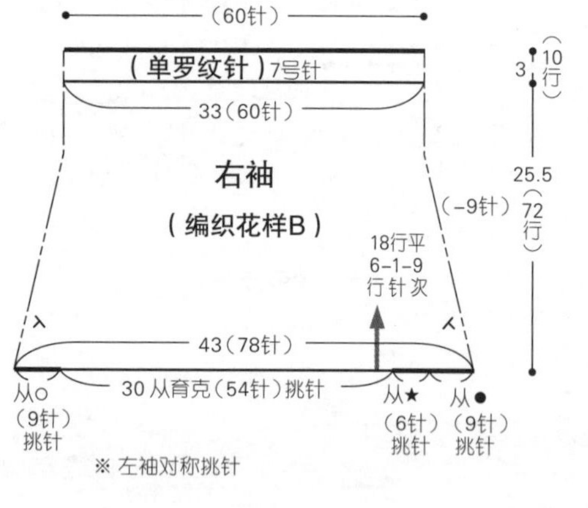

※ 左袖对称挑针

袖下的减针

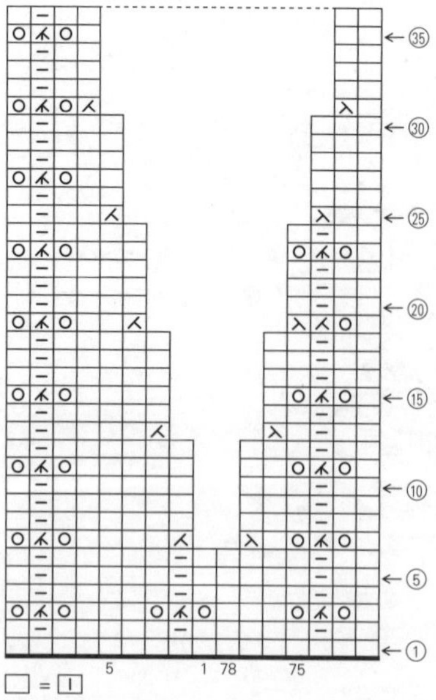

领口(单罗纹针)7号针

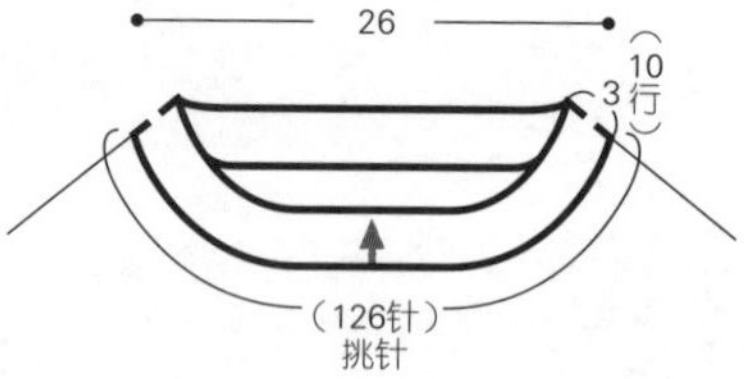

编织花样A与育克的分散加针

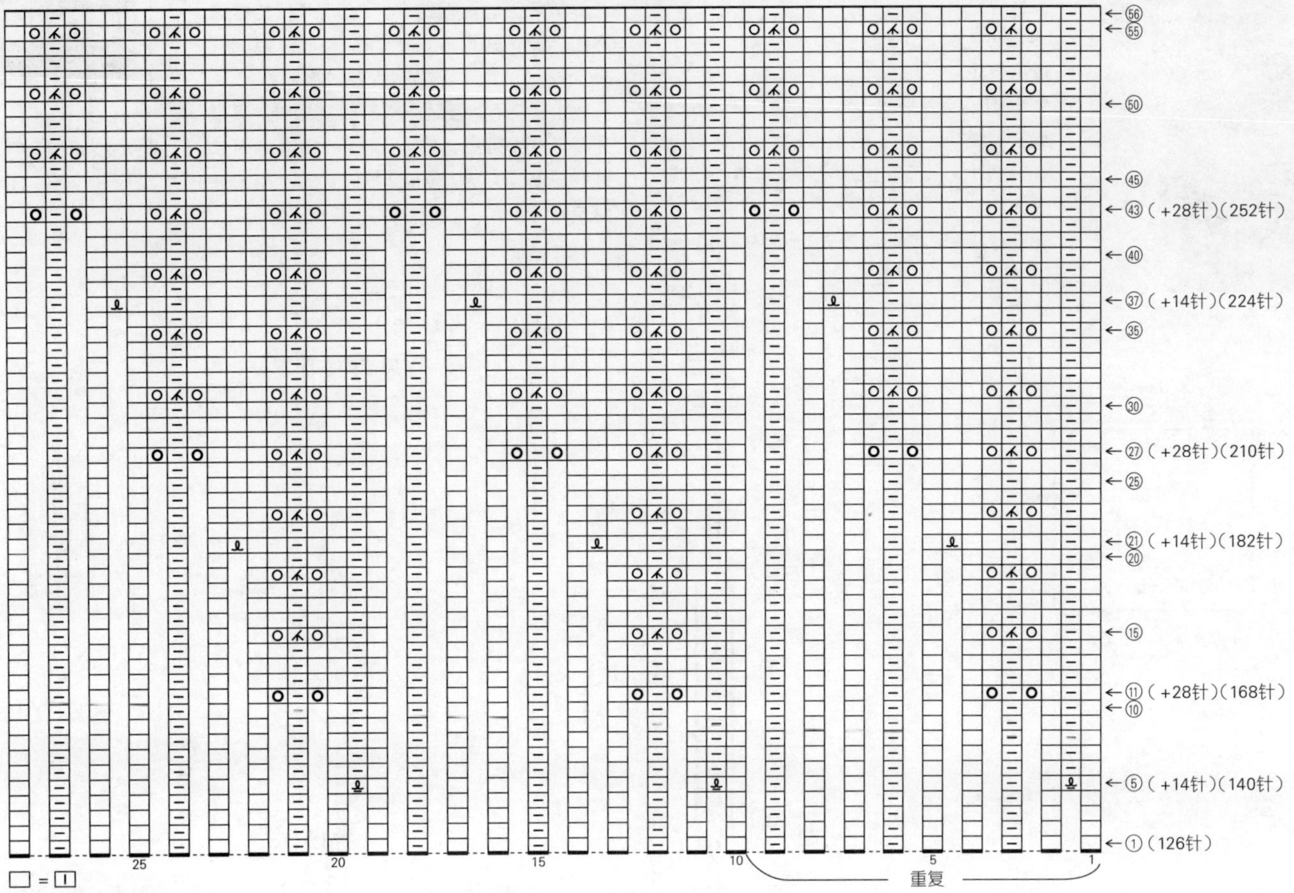

□ = Ⅰ

上针的扭针加针符号 = 上针的扭针加针

扭针加针符号 = 扭针加针

⋏ = 左上3针并1针

前后差行与腋下的编织方法

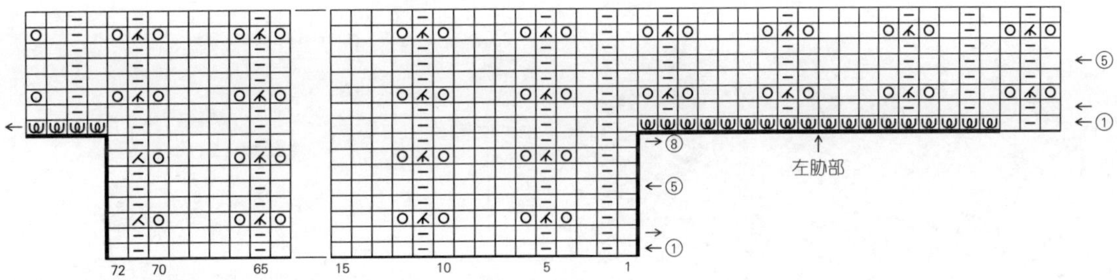

□ = Ⅰ

Ⱉ = 卷针

卷针加针（2针以上）

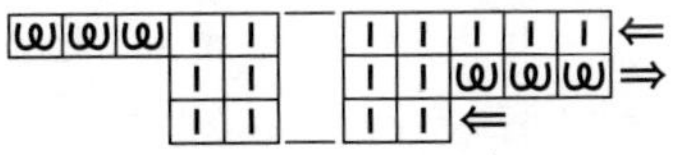

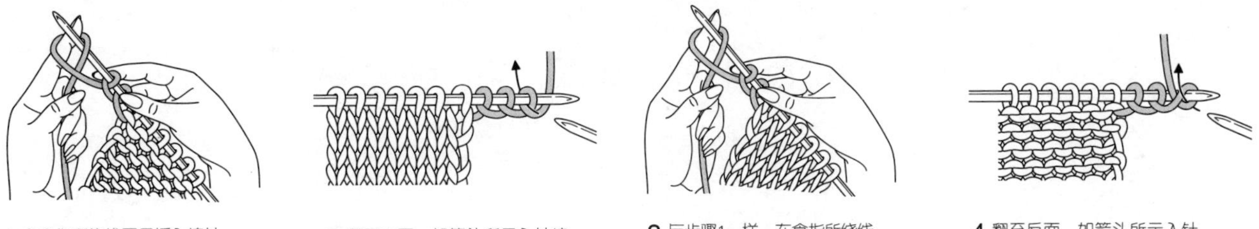

1 在食指所绕线圈里插入棒针后退出手指，重复此操作直到所需加针数。

2 翻回正面，如箭头所示入针编织下针。其余2针也用相同方法编织，一直编织至行末。

3 与步骤1一样，在食指所绕线圈里插入棒针制作针目。

4 翻至反面，如箭头所示入针编织上针。其余2针也用相同方法编织。

材料

Saredo FaiRe:y Floss 靛蓝色(S42)、米色(S3)各150g/各1筒

工具

钩针9/0号、10/0号

成品尺寸

宽23cm，深21cm

编织密度

10cm×10cm面积内：短针条纹A 14.5针，12.5行

条纹花样1个花样11针7.6cm，9行10cm

编织要点

●除指定以外均用1根线钩织。底部环形起针后，按短针条纹A钩织。接着侧面按条纹花样做环形的往返钩织，注意第1行的针法不同。配色线不要剪断，做纵向渡线钩织，每次换线的第1行都钩织条纹针。在第16行留出穿绳孔，最后一行钩织反短针。肩带先用2根线钩织锁针，接着用1根线钩织长针和短针条纹B，再用2根线钩织锁针。最后参照组合方法，将肩带穿入穿绳孔。

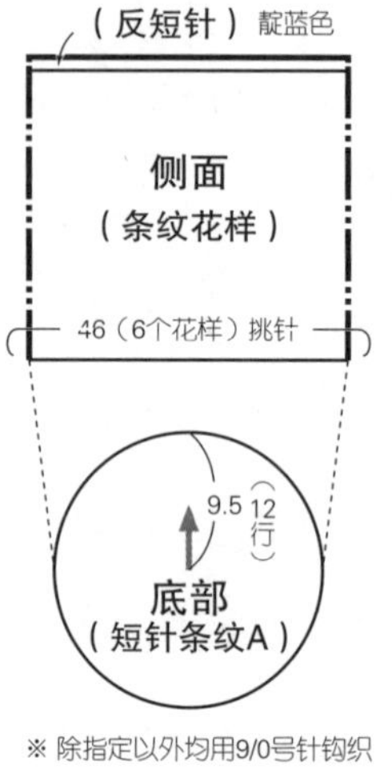

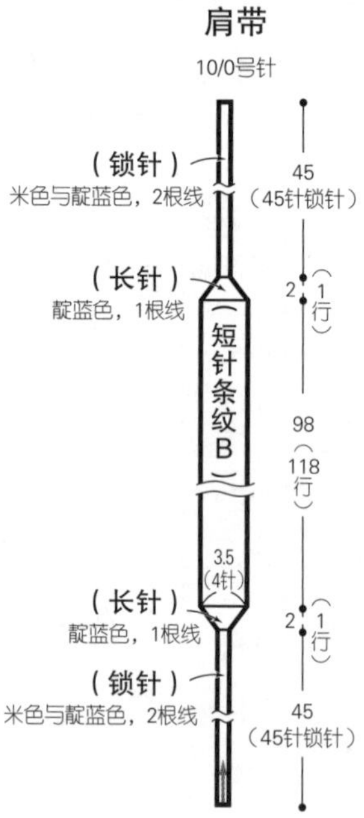

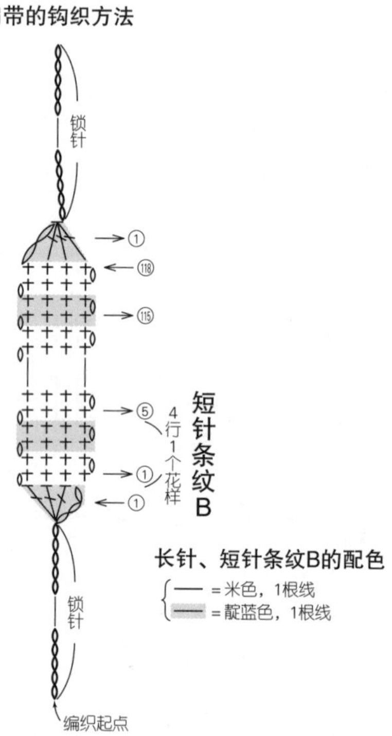

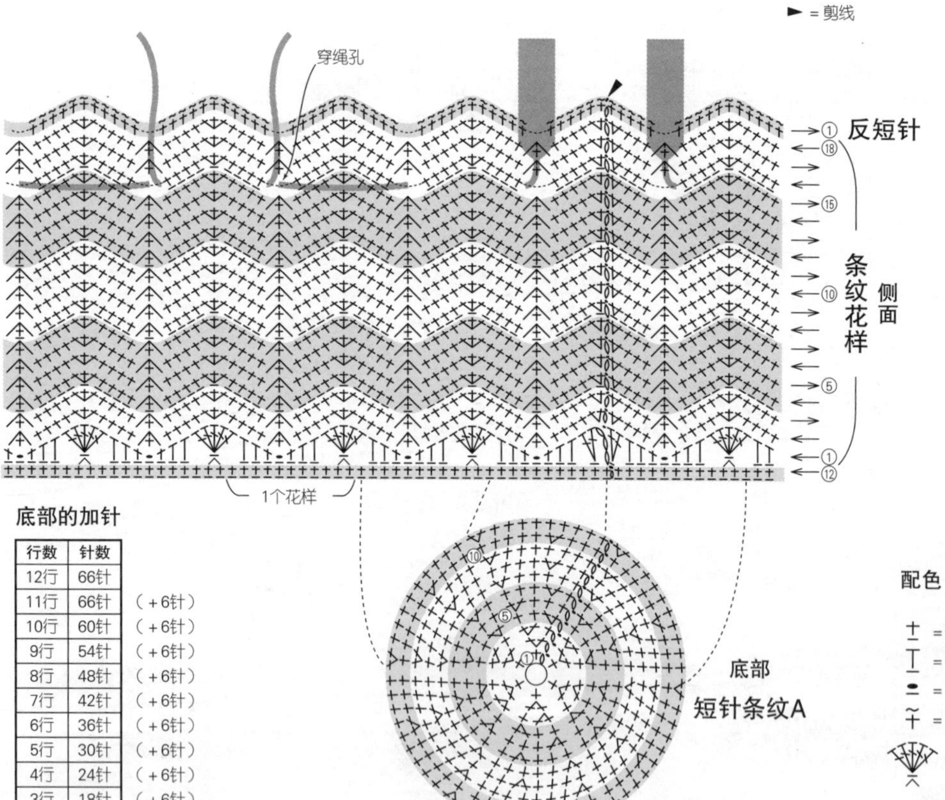

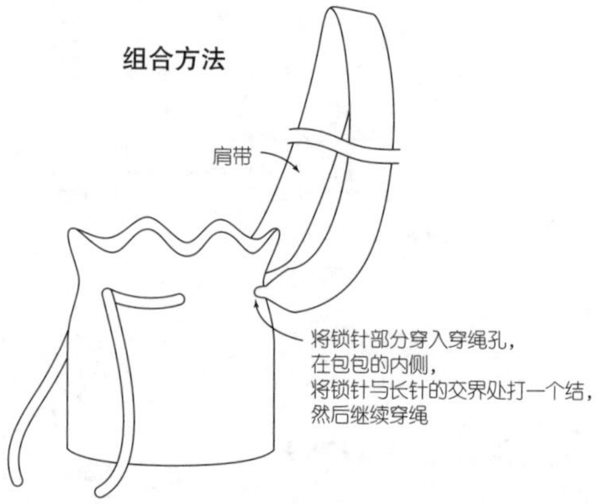

底部的加针

行数	针数	
12行	66针	
11行	66针	(+6针)
10行	60针	(+6针)
9行	54针	(+6针)
8行	48针	(+6针)
7行	42针	(+6针)
6行	36针	(+6针)
5行	30针	(+6针)
4行	24针	(+6针)
3行	18针	(+6针)
2行	12针	(+6针)
1行	6针	

配色 { — = 米色，1根线；▬ = 靛蓝色，1根线

- = 短针的条纹针 ※钩织方法请参照第147页
- = 中长针的条纹针
- = 在前一行针目头部的后面1根线里挑针引拔
- = 反短针 ※钩织方法请参照第94页
- = 在前一行2针短针头部的后面1根线里，按左、右的顺序依次插入钩针，钩织5针长针
- = 3针短针并1针（跳过中间的针目）
- = 3针短针的条纹针并1针（跳过中间的针目）

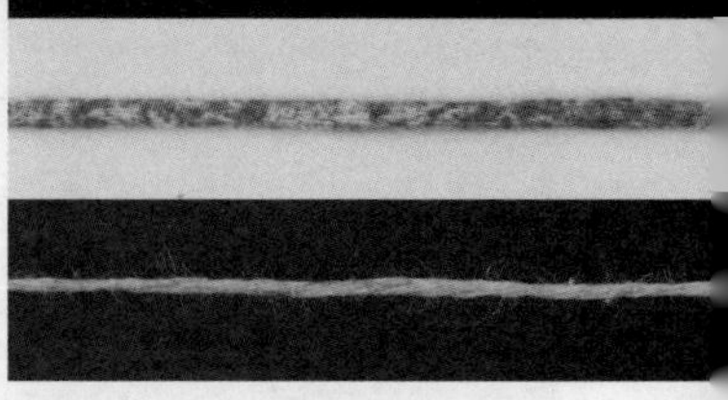

材料

Isager Palet 紫色系混染(AUTUMN) 90g/2团，Hor Organic 米色(LINEN) 30g/1团

工具

棒针4号

成品尺寸

宽15cm，长142cm

编织密度

10cm×10cm面积内：编织花样、条纹花样均为28针，32行

编织要点

●手指挂线起针后，按条纹花样和编织花样编织，注意第1行是从反面编织的行。结束时做下针织下针、上针织上针的伏针收针。

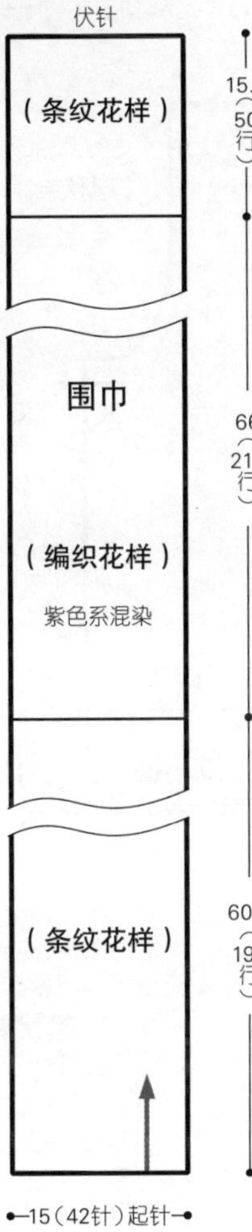

※ 全部使用4号针编织

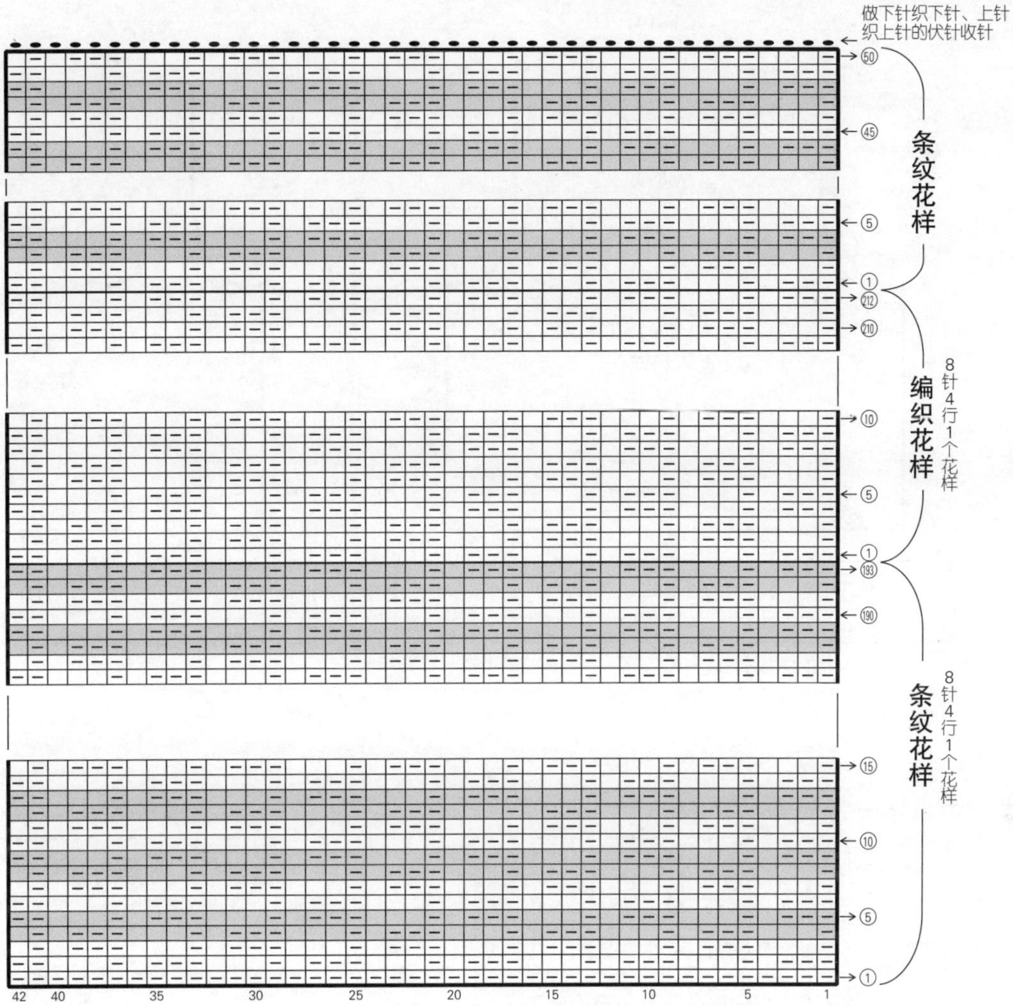

□=Ⅰ

配色 { □ =紫色系混染 / ▨ =米色 }

A

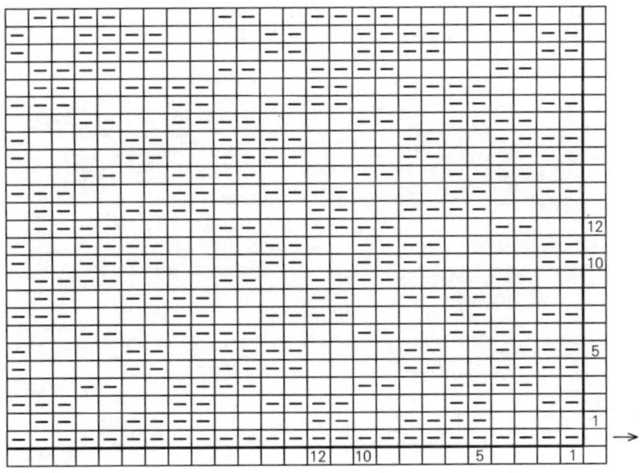

□=Ⅰ

B

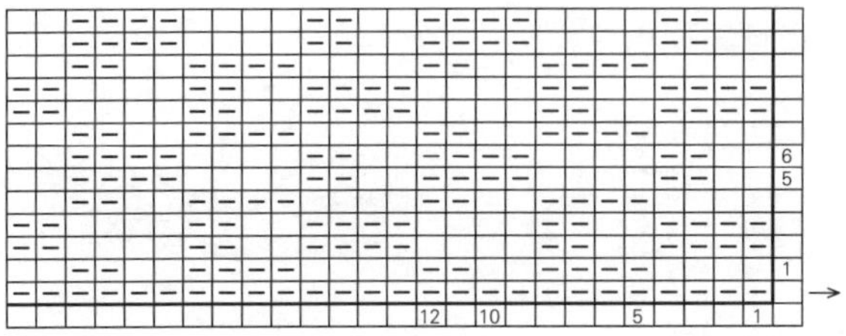

□=Ⅰ

C

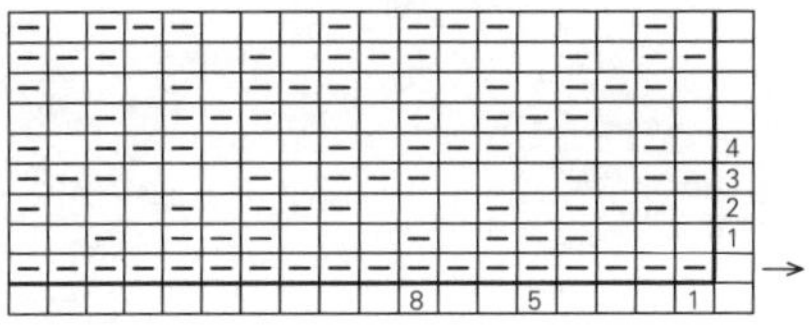

□=Ⅰ

材料

手织屋 T Silk 褐色（10）190g

工具

棒针5号

成品尺寸

胸围100cm，肩宽32cm，衣长54cm

编织密度

10cm×10cm面积内：下针编织25针，30行；编织花样30.5针，31行

编织要点

●身片…手指挂线起针后，按单罗纹针、下针编织、编织花样、起伏针编织。袖窿、领窝的减针请参照图示。

●组合…肩部做盖针接合，胁部做挑针缝合。

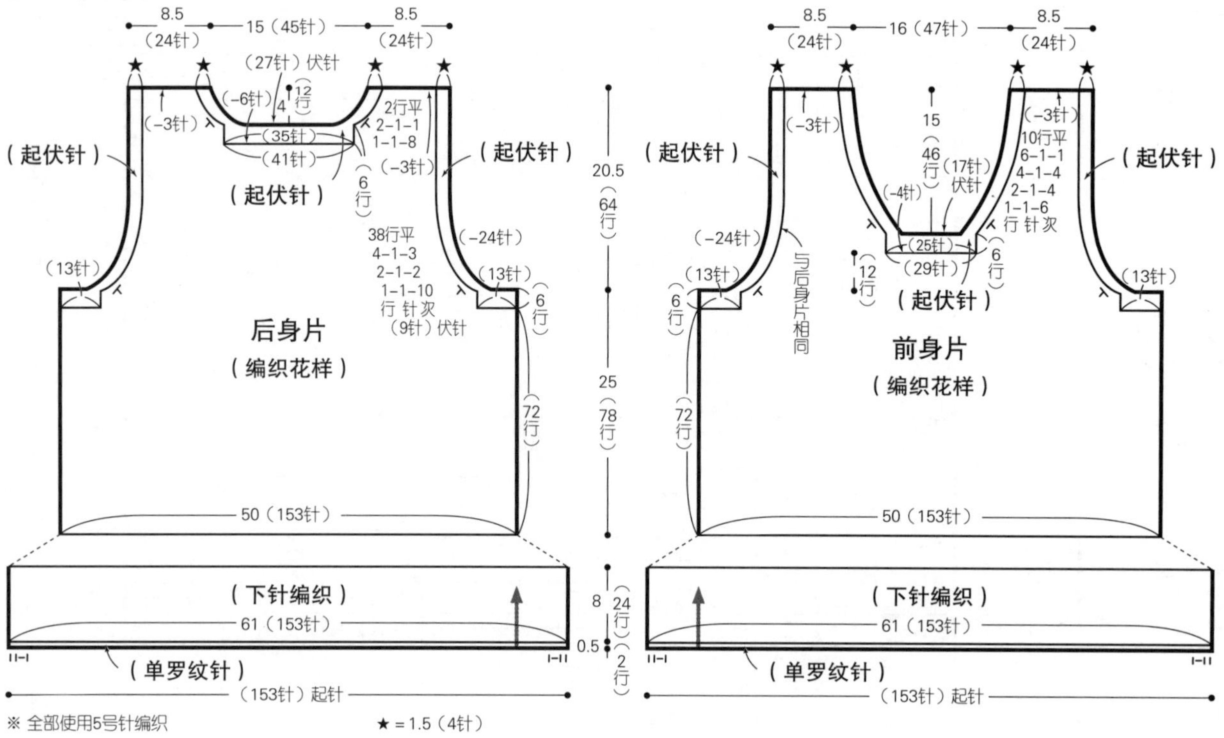

编织花样

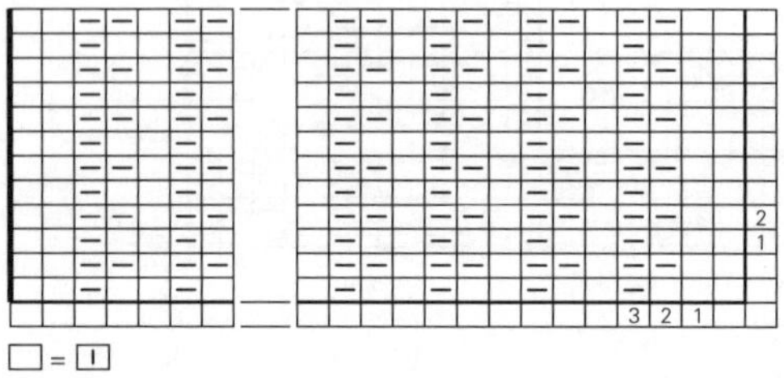

单罗纹针

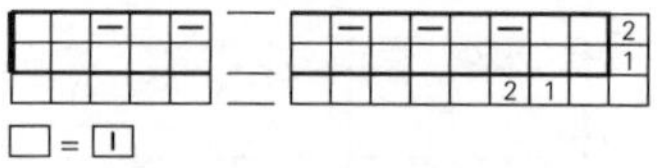

起伏针

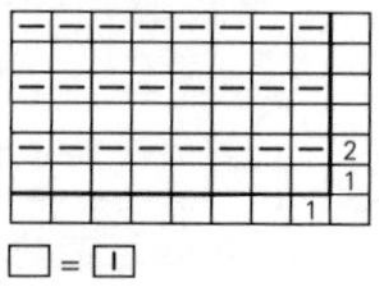

横向渡线钩织短针的配色花样

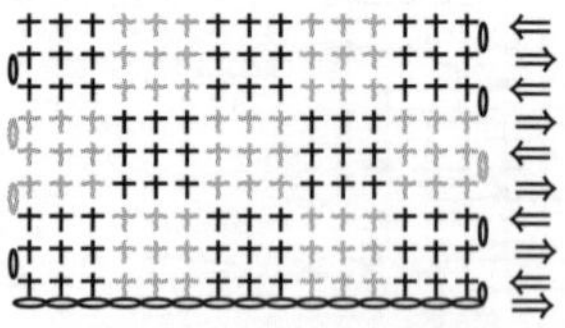

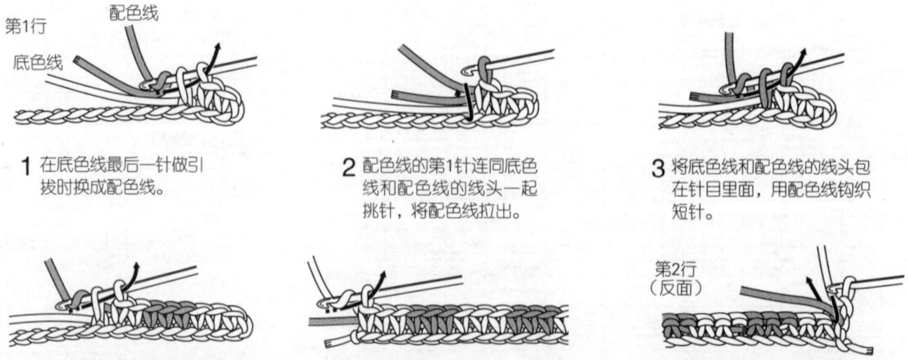

1 在底色线最后一针做引拔时换成配色线。

2 配色线的第1针连同底色线和配色线的线头一起挑针，将配色线拉出。

3 将底色线和配色线的线头包在针目里面，用配色线钩织短针。

4 在配色线最后一针做引拔时换成底色线。

5 下一次换成配色线时也用步骤1的方法换线。

6 钩织至末端，立织下一行的起立针后，翻转织物。

7 钩织起点将配色线放在前面，用底色线包住配色线钩织短针。重复以上操作。

前领窝的减针

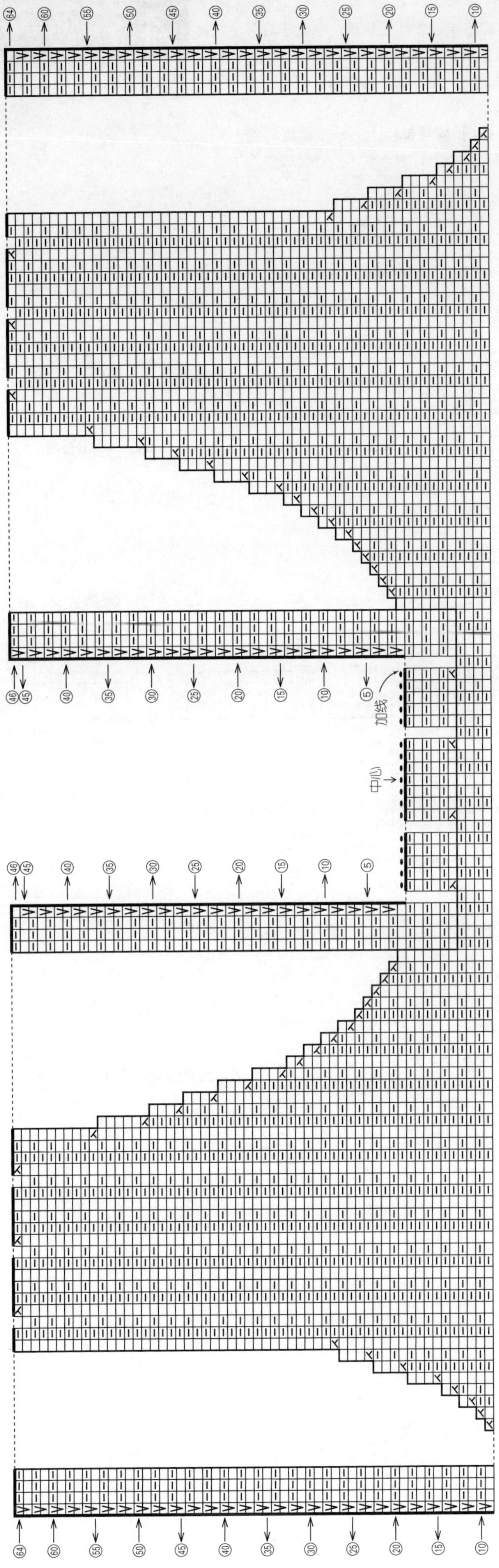

后领窝的减针

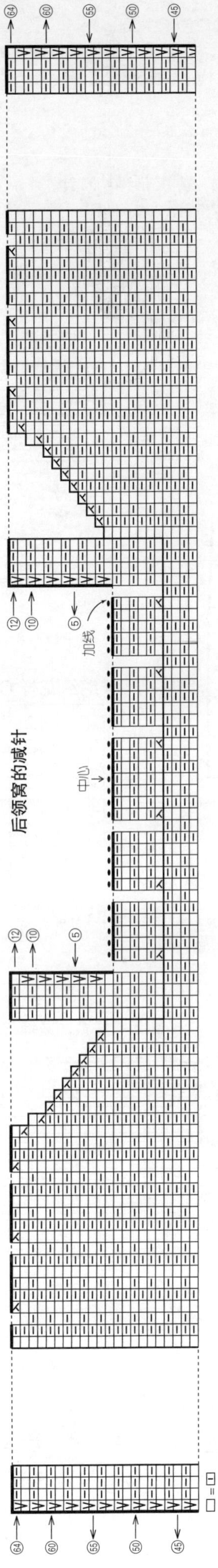

右袖窿的减针

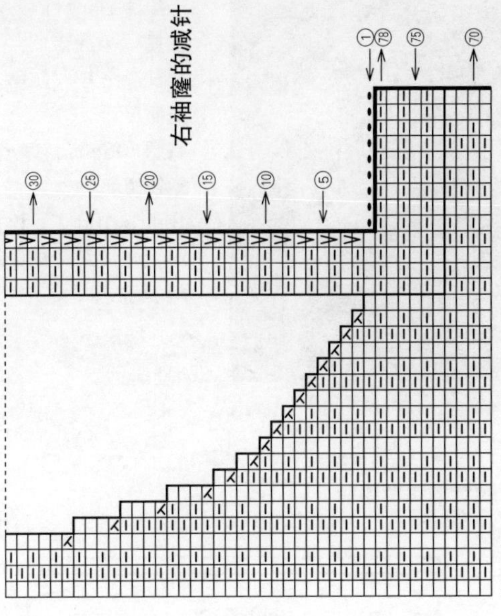

左袖窿的减针

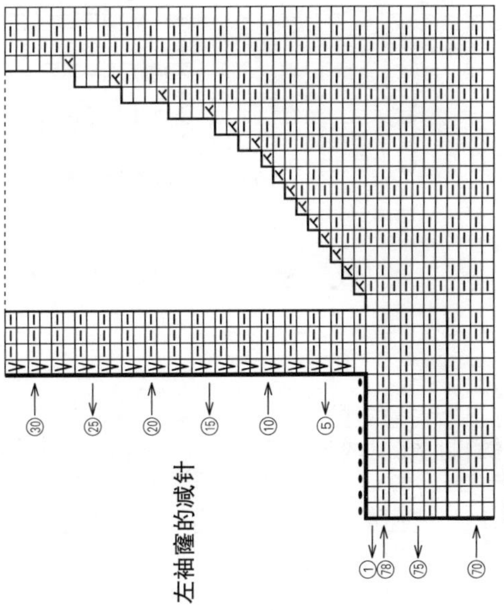

材料

手织屋 Hard Linen A 绿色(22) 200g

工具

棒针7号、6号、5号、4号，钩针4/0号、6/0号

成品尺寸

胸围106cm，肩宽43cm，衣长53.5cm

编织密度

10cm×10cm面积内：编织花样A 21针，24行；编织花样B 22.5针，29行(7号针)；编织花样C 20针，32行；下针编织23针，30行

编织要点

●身片…用指定根数的线编织。手指挂线起针后，做扭针的单罗纹针，编织花样A、B、C和下针编织。减针请参照图示。领口从反面做引拔收针。

●组合…肩部做盖针接合，胁部做挑针缝合。在袖口的指定位置钩织1行短针调整形状。

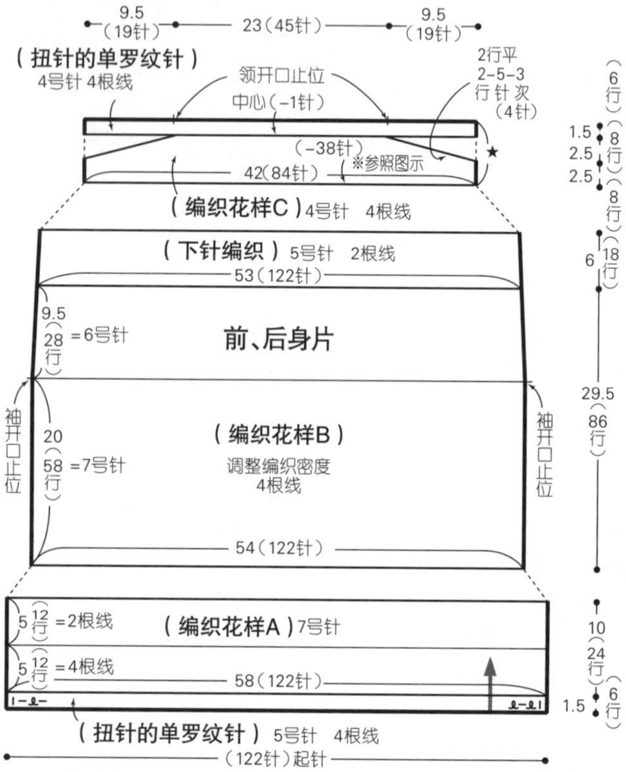

扭针的单罗纹针

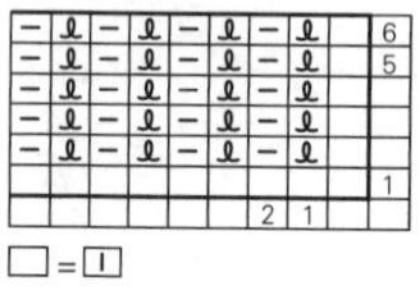

袖口(短针)

4/0号针 2根线

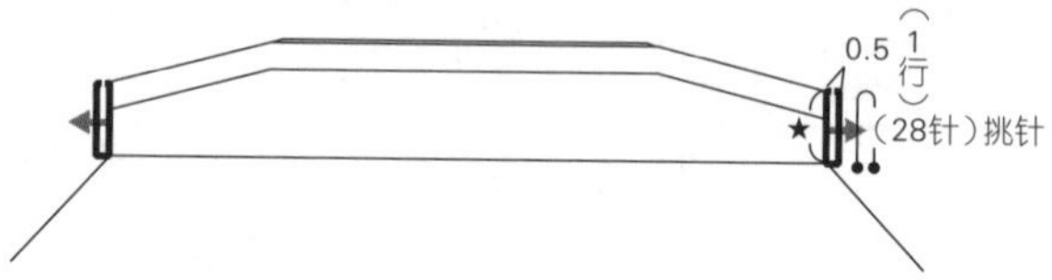

短针

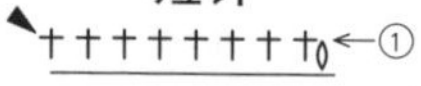

编织花样 C

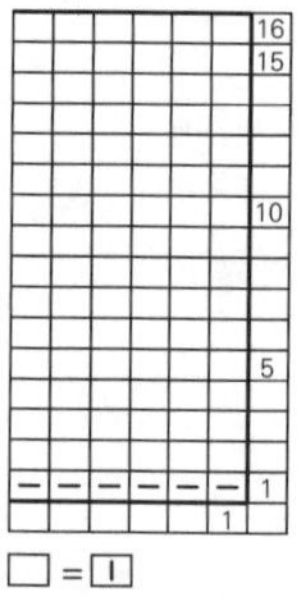

编织花样 B

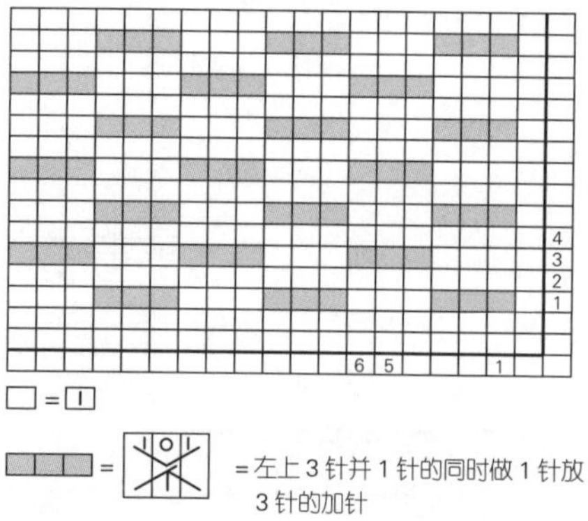

编织花样 A

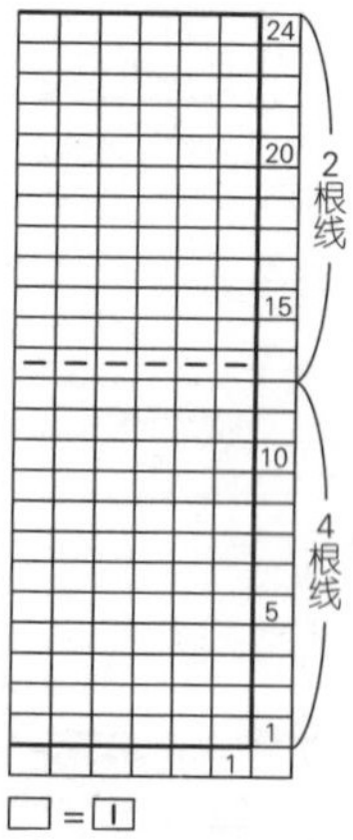

编织花样C的减针与引返编织

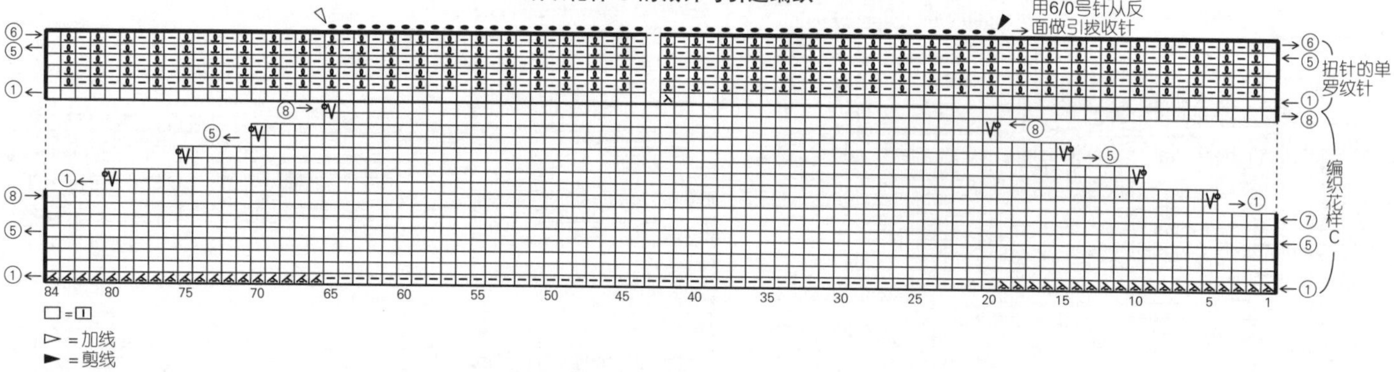

左上3针并1针的同时做1针放3针的加针

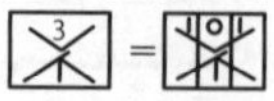

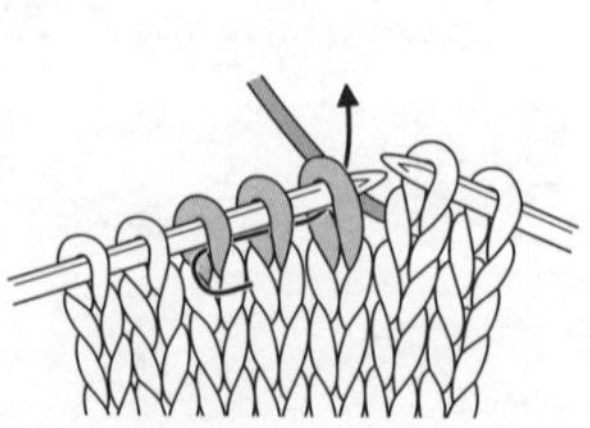

1 如箭头所示，从左侧在3针里一起插入右棒针，编织下针。

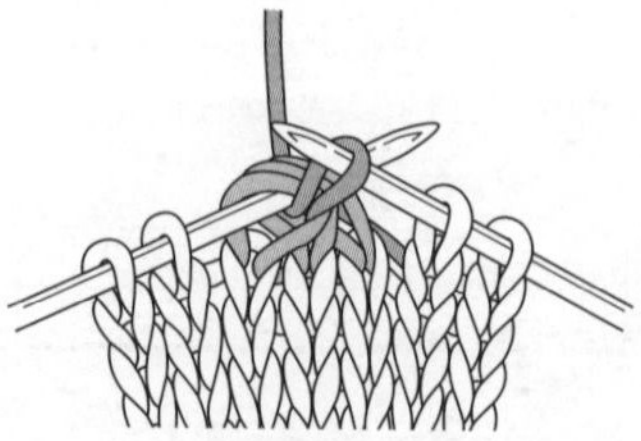

2 左上3针并1针后的状态。不要退出左棒针。

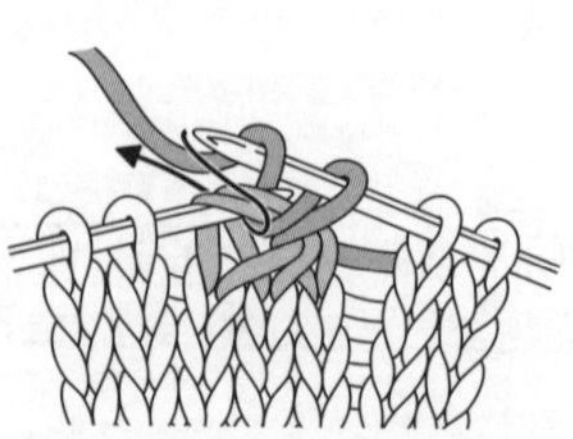

3 在右棒针上挂线，接着如箭头所示插入右棒针，挂线后拉出。

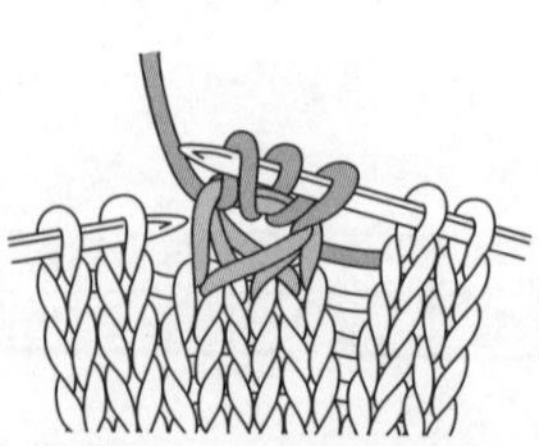

4 "左上3针并1针的同时做1针放3针的加针"就完成了。

材料

钻石线 Diaporto 浅紫色(2104) 240g/8团

工具

棒针8号、6号、5号

成品尺寸

胸围104cm，衣长59.5cm，连肩袖长31.5cm

编织密度

10cm×10cm面积内：编织花样19.5针，28行

编织要点

●身片…另线锁针起针后，按编织花样开始编织。领窝减2针及以上时做伏针减针，减1针时立起侧边1针减针。编织花样由挂针和2针并1针构成，注意挂针和并针必须成对编织。下摆解开起针时的锁针挑针后编织双罗纹针，结束时做双罗纹针收针。

●组合…肩部做盖针接合，胁部做挑针缝合。领口、袖口挑取指定针数后环形编织双罗纹针，结束时与下摆一样收针。

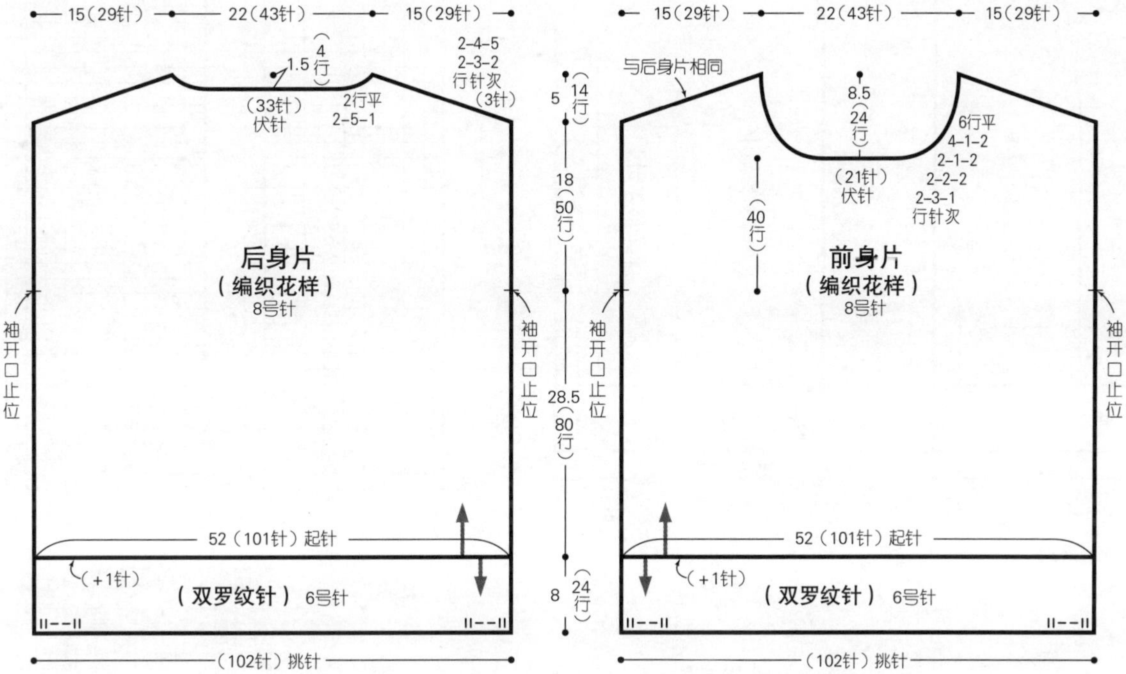

双罗纹针

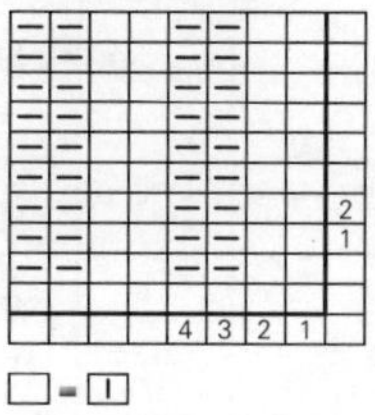

编织花样

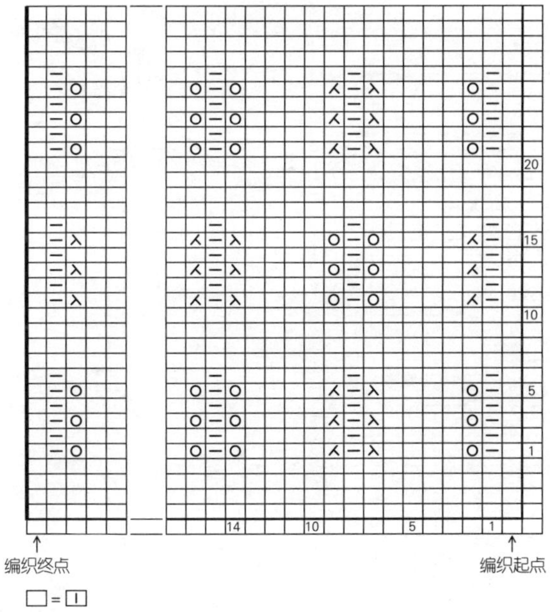

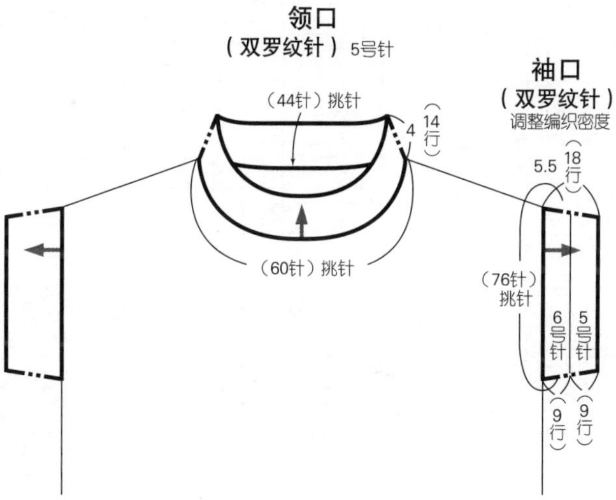

材料

钻石线 Diaporto 蓝绿色(2106)280g/10团，直径15mm的纽扣1颗

工具

棒针8号、6号、5号、4号

成品尺寸

胸围114cm，衣长52cm，连肩袖长35.5cm

编织密度

10cm×10cm面积内：下针编织22针，30.5行；编织花样A、A'、B、B'均为21针，30.5行

编织要点

●身片…另线锁针起针后，开始做编织花样A、A'、B、B'和下针编织。领窝减2针及以上时做伏针减针，减1针时立起侧边1针减针。下摆解开起针时的锁针挑针后编织扭针的单罗纹针，结束时做单罗纹针收针。

●组合…肩部做盖针接合，胁部做挑针缝合。前门襟、领口、袖口挑取指定针数后编织扭针的单罗纹针。在右前领留出扣眼。编织结束时与下摆一样收针。最后缝上纽扣。

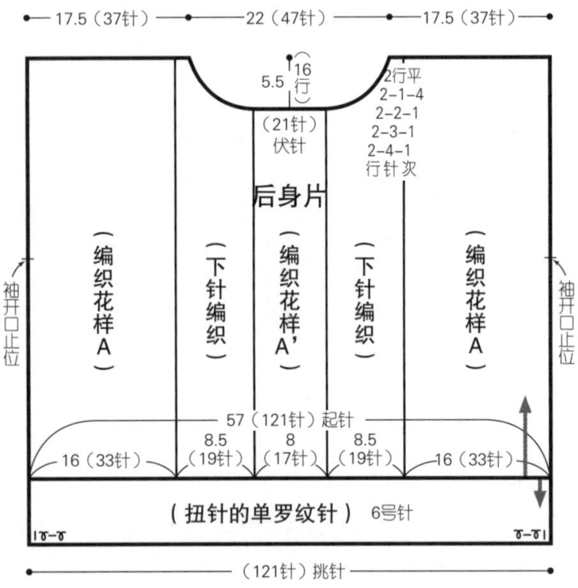

※ 除指定以外均用8号针编织

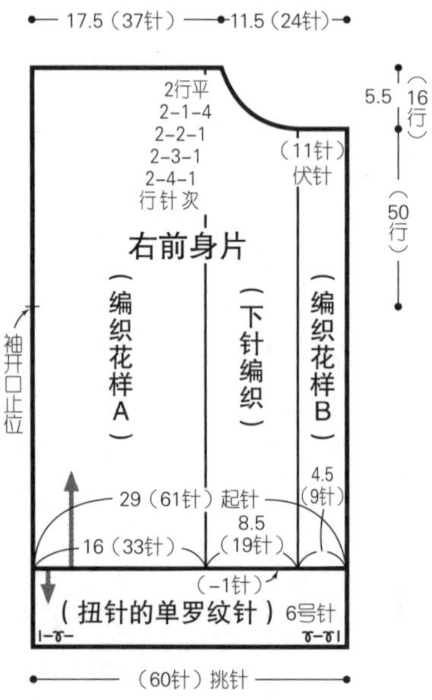

※ 对称编织左前身片（编织花样B改为编织花样B'）

编织花样B

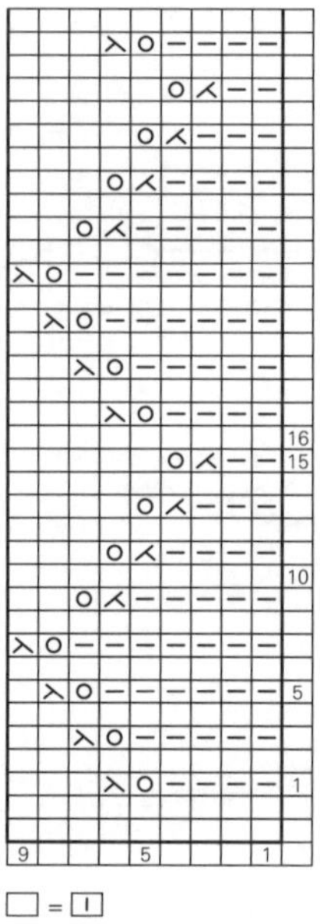

编织花样B'

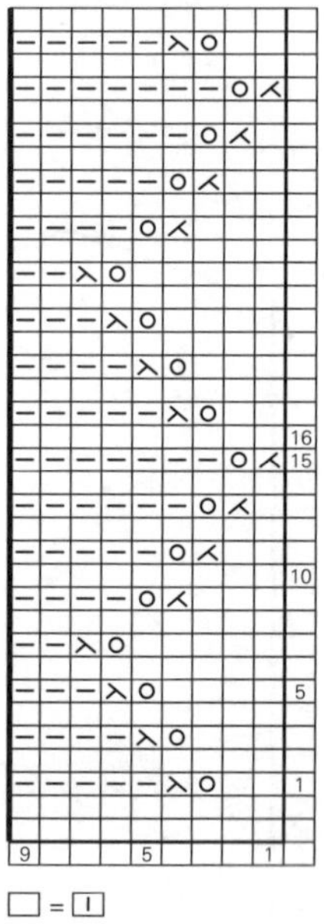

扭针的单罗纹针

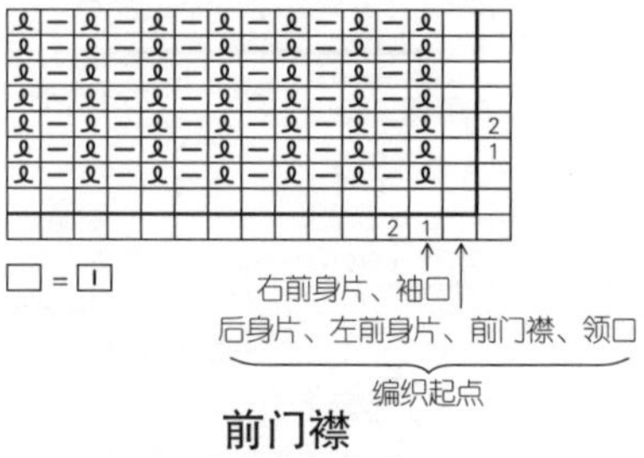

前门襟（扭针的单罗纹针）

6号针

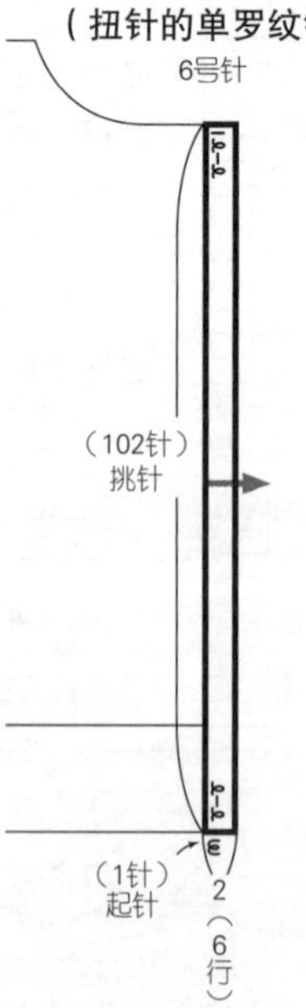

编织花样A'

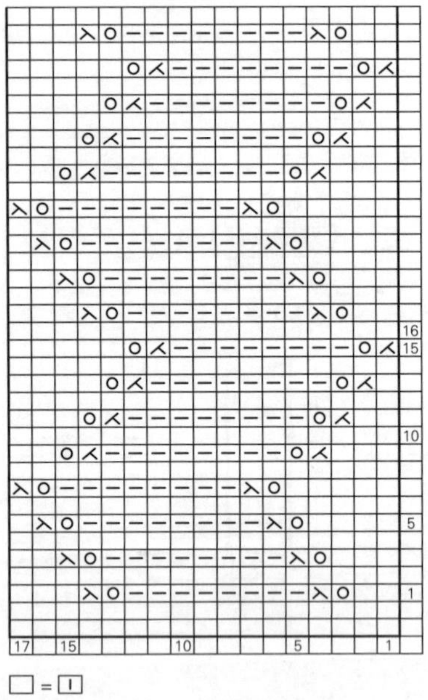

编织花样A

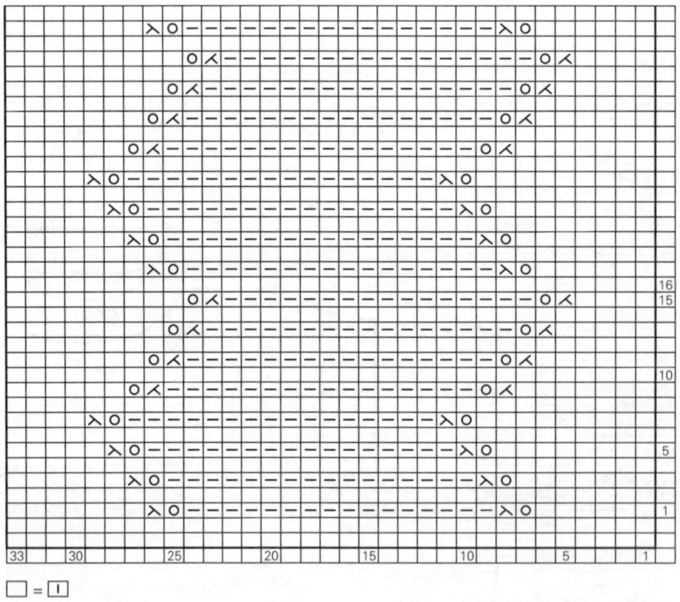

后领（扭针的单罗纹针）

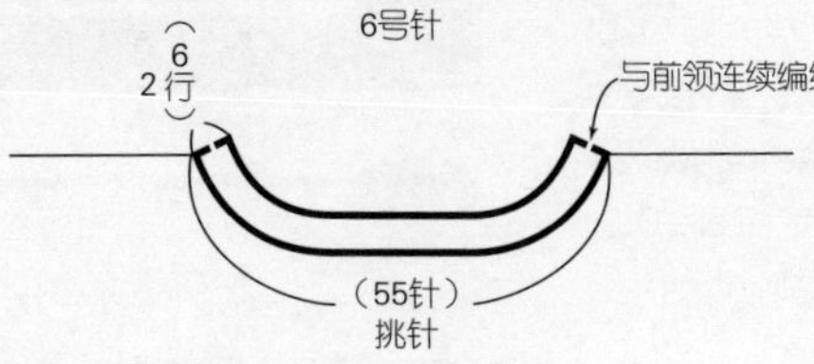

前领（扭针的单罗纹针）

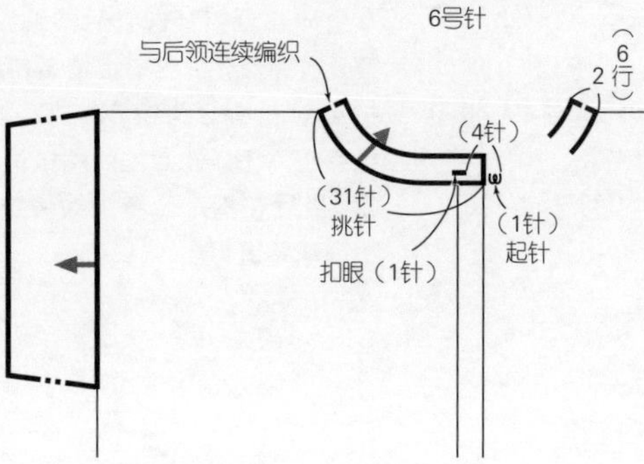

袖口
（扭针的单罗纹针）

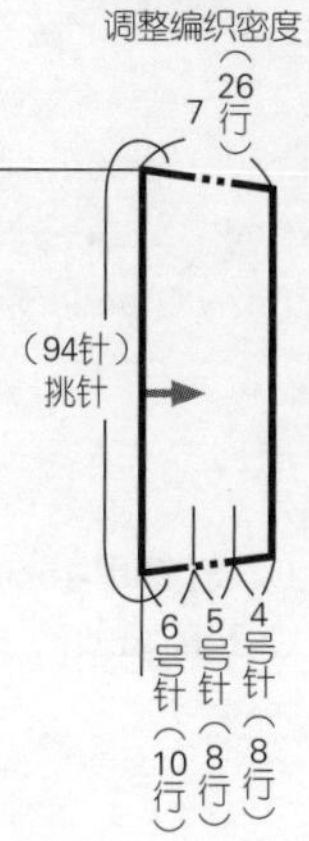

扣眼（右前领）

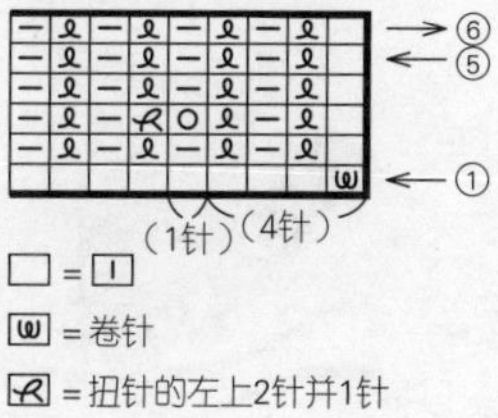

变化的3针中长针的枣形针
（从1针里挑针）

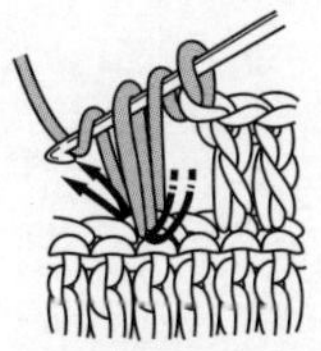

1 针头挂线，在1针里钩织3针未完成的中长针。

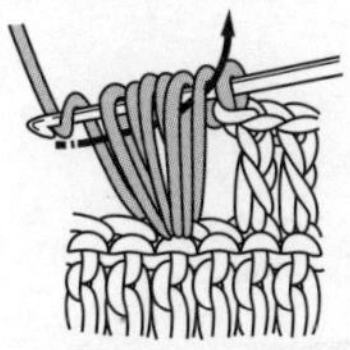

2 针头挂线，一次性引拔穿过针上的6个线圈。

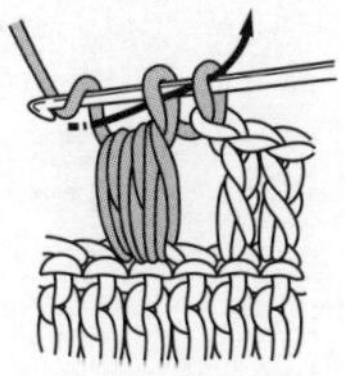

3 针头挂线，引拔穿过剩下的2个线圈。

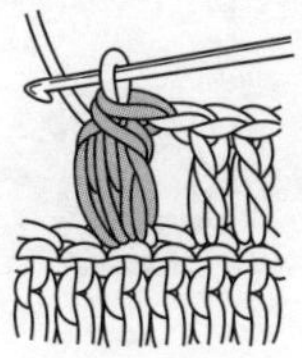

4 收紧并调整针目头部，完成。

变化的3针中长针的枣形针
（整段挑针）

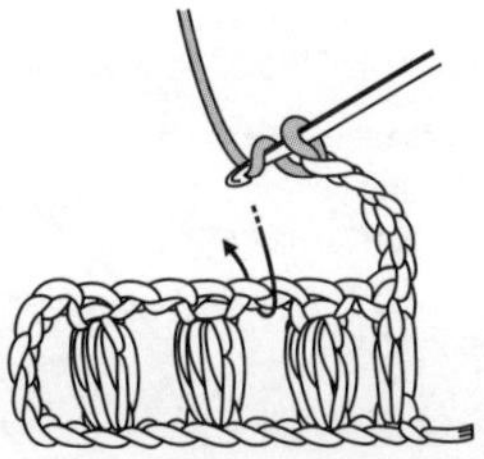

1 针头挂线，在前一行的锁针下方插入钩针（整段挑针），钩织3针未完成的中长针。

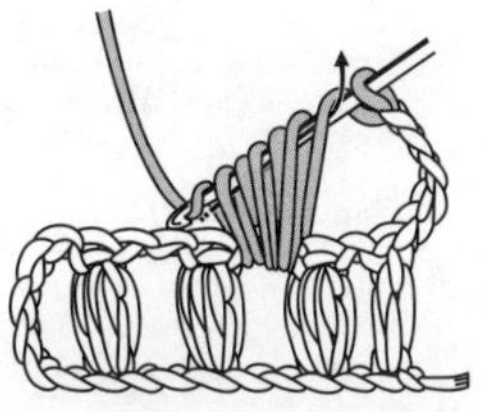

2 针头挂线，一次性引拔穿过针上的6个线圈。

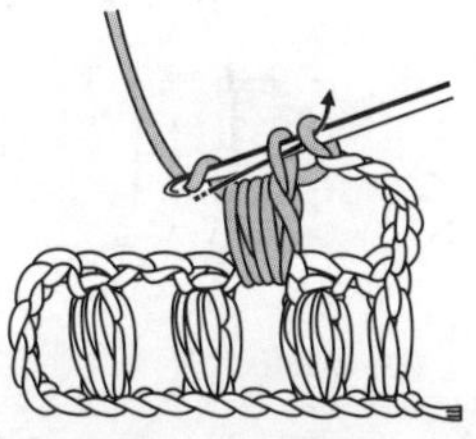

3 针头挂线，引拔穿过剩下的2个线圈。

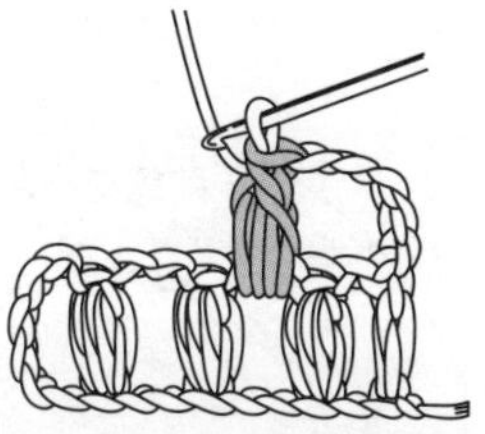

4 收紧并调整针目头部，完成。

短针的条纹针
（往返钩织的情况）

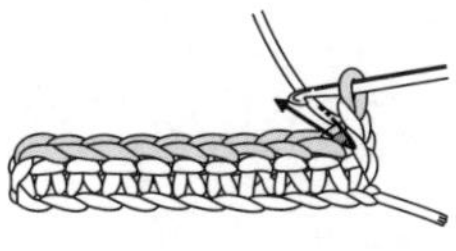

1 从反面钩织时，在前一行针目头部的前面1根线里挑针钩织短针。

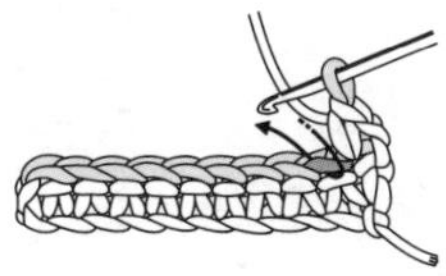

2 下一针也在前面1根线里挑针钩织。

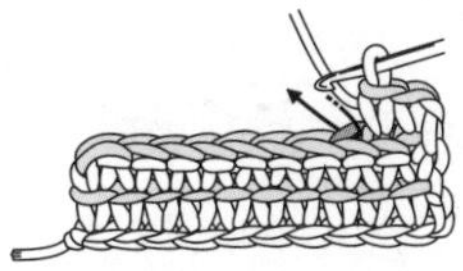

3 从正面钩织时，在前一行针目头部的后面1根线里挑针钩织短针。

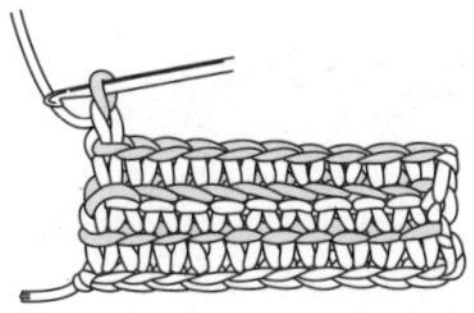

4 从正面看，每一行都呈条纹状。

短针的条纹针
（环形钩织的情况）

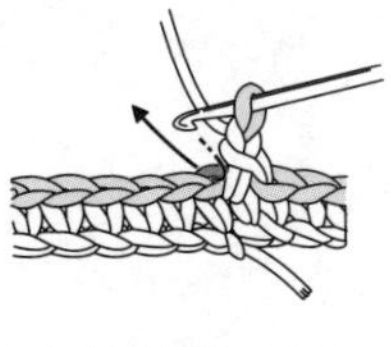

1 立织1针锁针，在前一行针目的后面半针里插入钩针，钩织短针。

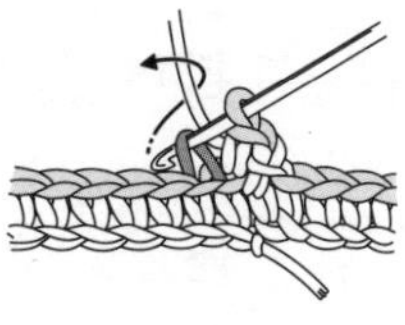

2 下一针也在后面半针里插入钩针钩织。

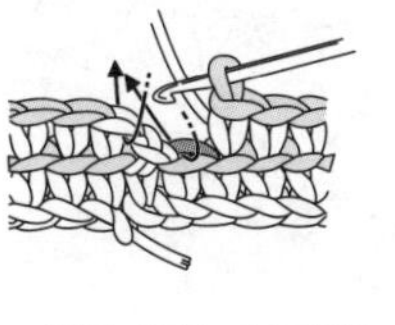

3 钩织一圈后，在最初的短针头部2根线里引拔。

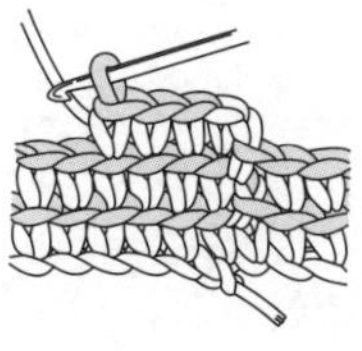

4 立织1针锁针，用前一行的方法继续钩织。

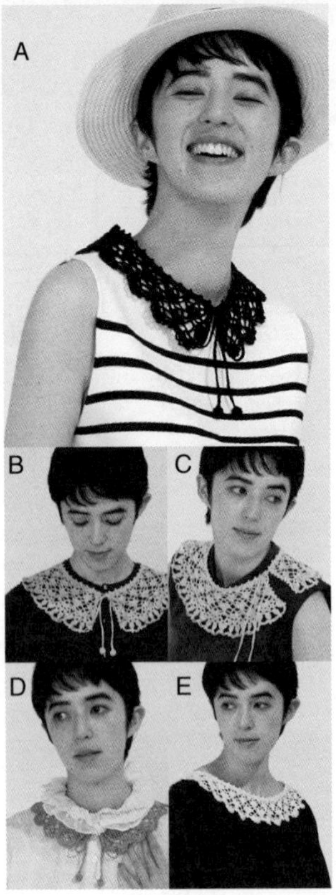

材料

奥林巴斯

[A] Emmy Grande 黑色(901) 25g/1团

[B] Emmy Grande 浅粉色(162) 35g/1团

[C] Emmy Grande <Herbs> 米 色(732) 35g/2团

[D] Emmy Grande <Colors> 浅绿色(244) 25g/3团

[E] Emmy Grande 原白色(804) 25g/1团

工具

钩针2/0号

成品尺寸

[A、D、E] 颈围45cm，宽7cm

[B、C] 颈围45cm，宽10.5cm

编织密度

编织花样A 1个花样2.7cm（编织起点侧），9行5.5cm

编织要点

●主体部分锁针起针后按编织花样A钩织。第9行完成后，在指定位置钩织短针。接着按编织花样B钩织。A、D、E的外圈做边缘编织A、B。B、C的外圈做边缘编织B'、B、C。最后在指定位置加线钩织细绳，再钩织小饰球并缝好。

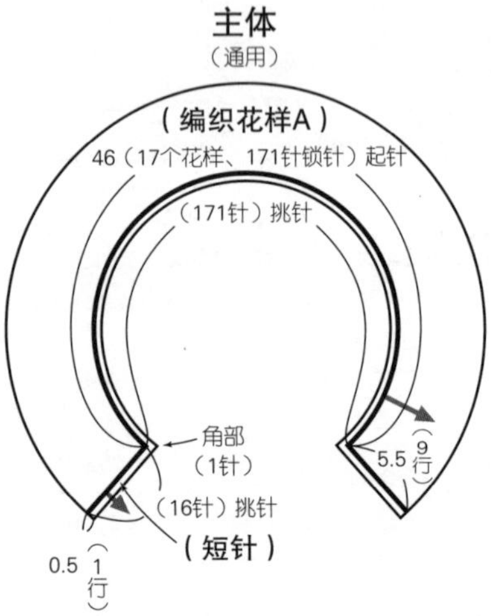

※ 全部使用2/0号针钩织

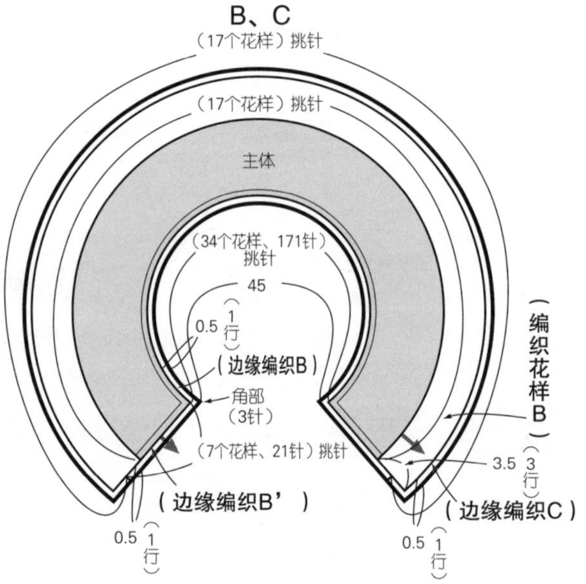

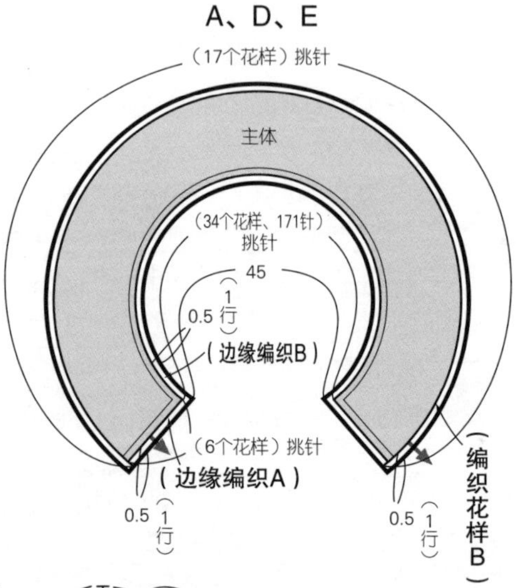

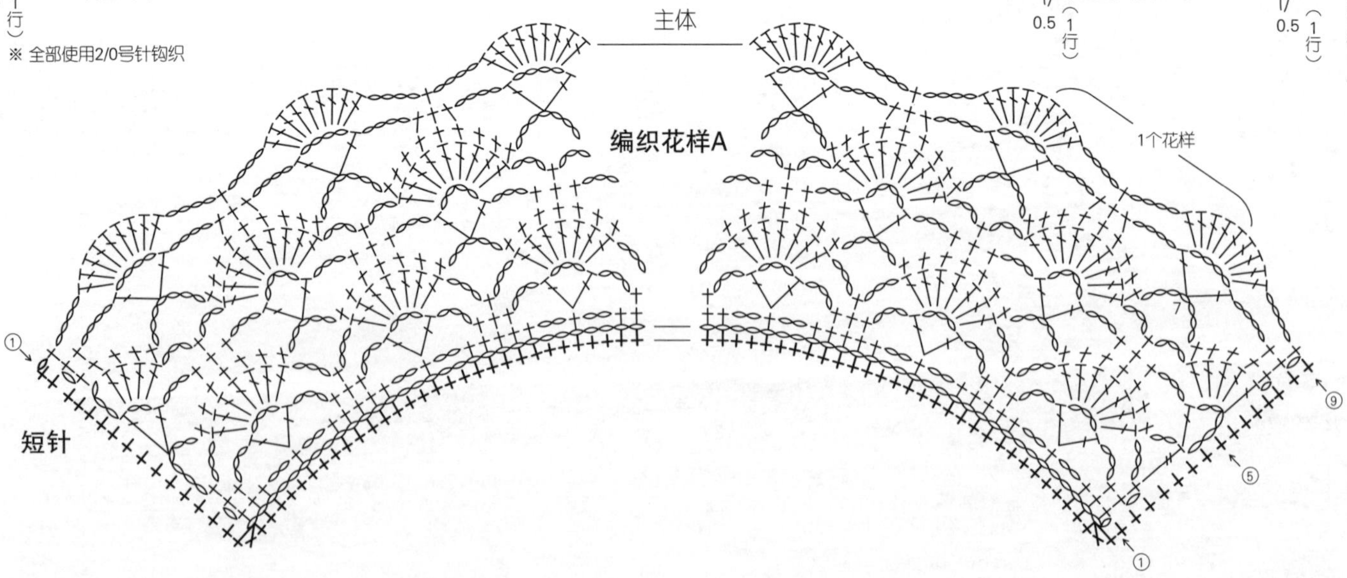

A、D、E

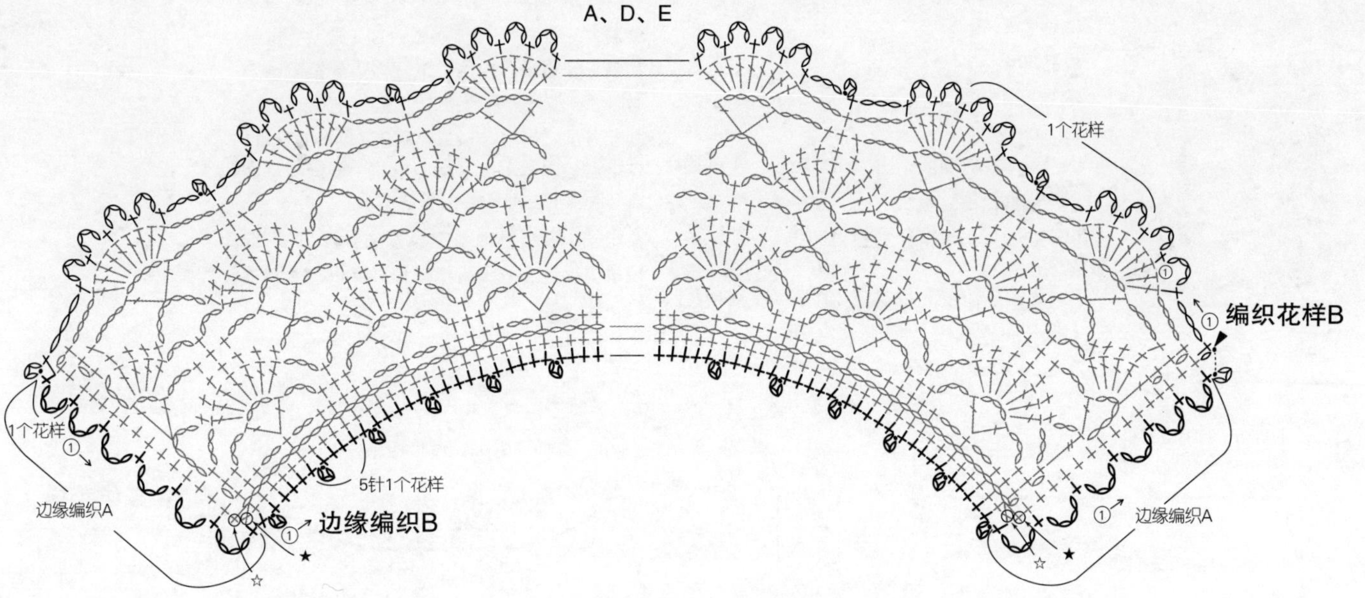

B、C

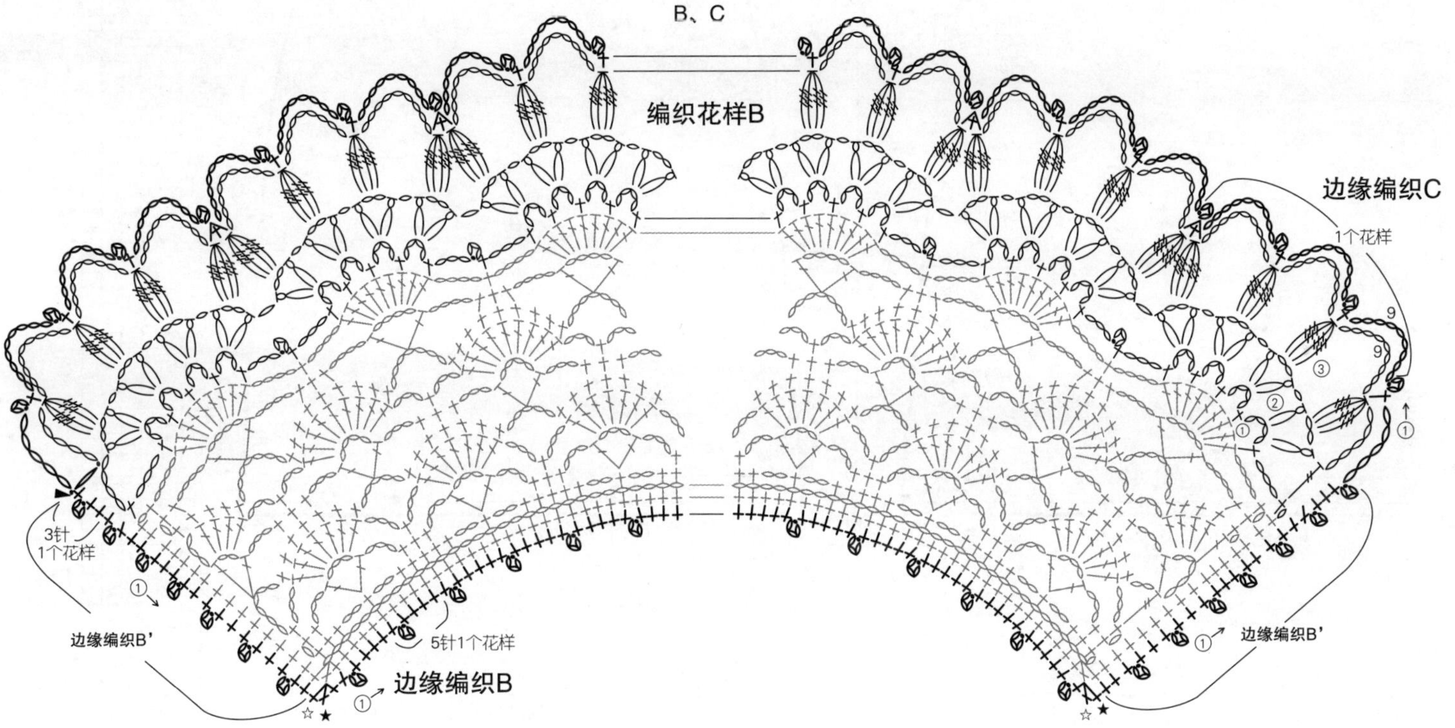

 = 变化的2针中长针的枣形针

※ 请参照第147页变化的3针中长针的枣形针（整段挑针）的钩织方法

小饰球 各2个

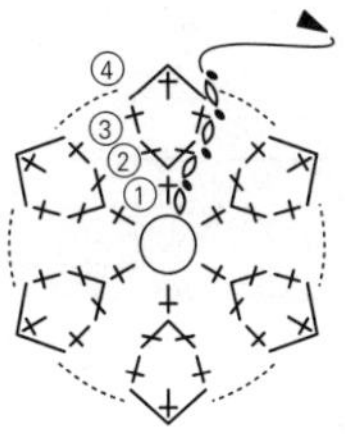

▷ = 加线

▶ = 剪线

细绳（双重锁针） 各2根

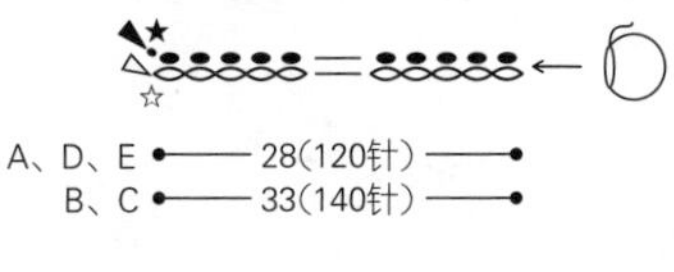

※ 在相同标记（☆、★）处（反面）加线钩织

材料

芭贝 Puppy Linen 100，毛线的色名、色号、用量请参照下表

工具

棒针5号、3号

成品尺寸

[S号] 胸围102cm，衣长75.5cm，连肩袖长38.5cm

[M号] 胸围106cm，衣长75.5cm，连肩袖长39.5cm

[L号] 胸围114cm，衣长80cm，连肩袖长42cm

[XL号] 胸围121cm，衣长80cm，连肩袖长43cm

编织密度

10cm×10cm面积内：条纹花样23针，37行

编织要点

●身片、衣袖…身片手指挂线起针，编织单罗纹针、条纹花样。胁部减针时，端头第4针和第5针编织2针并1针。前领窝参照图示减针，编织终点休针。肩部钩织引拔针接合。胁部做挑针缝合。衣袖挑取指定数量的针目，环形编织条纹花样、单罗纹针，参照图示减针，编织终点做单罗纹针收针。

●组合…衣领挑取指定数量的针目，环形编织单罗纹针。参照图示减针。编织终点和袖口一样收针。

S、M

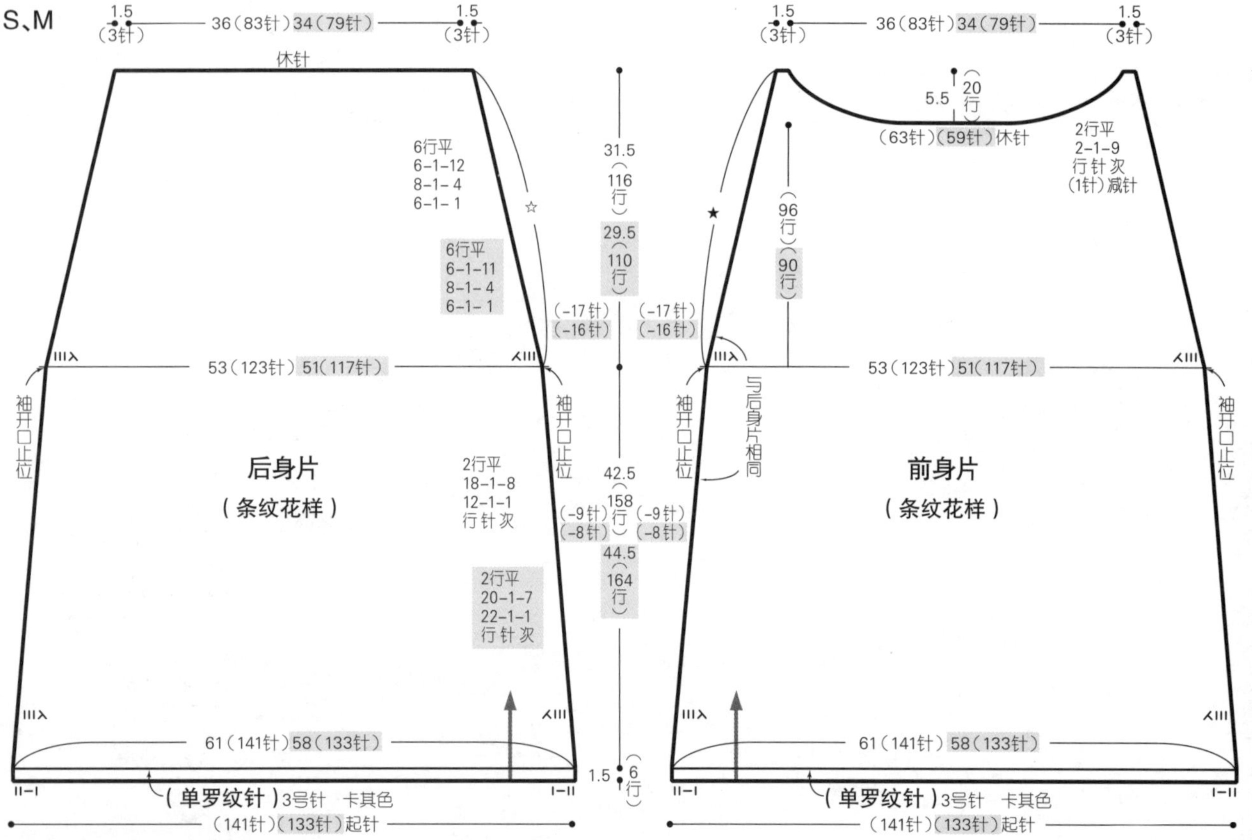

※ 除指定以外均用5号针编织

※ 是S号，其他为M号或通用

右袖

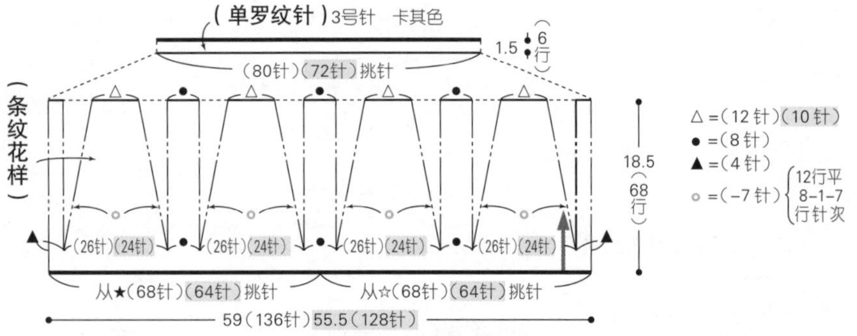

衣领（单罗纹针）

3号针 卡其色

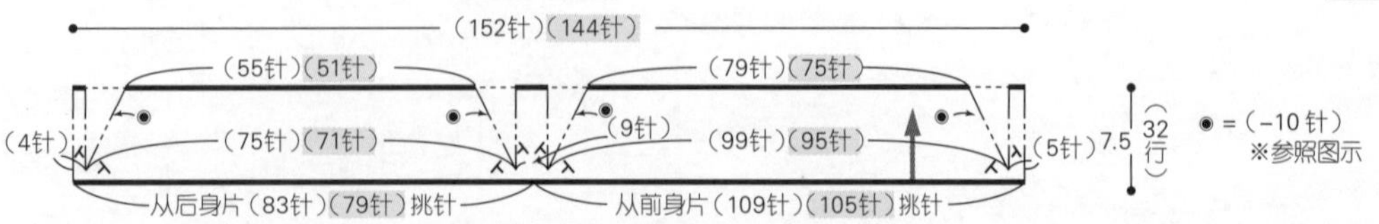

单罗纹针（通用）

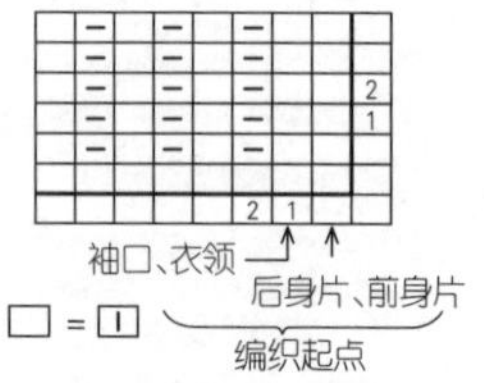

条纹花样（S、M）

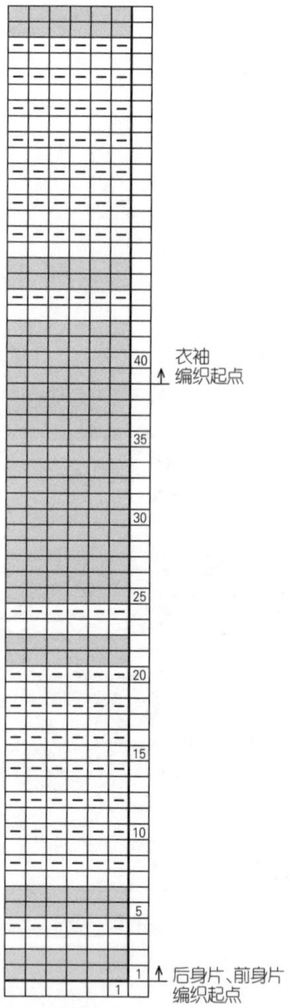

配色 ▨ = 卡其色 □ = 白色

毛线的用量

色名（色号）	S号	M号	L号	XL号
卡其色（906）	165g/5团	175g/5团	205g/6团	215g/6团
白色（901）	130g/4团	135g/4团	145g/4团	150g/4团

前领窝的减针（M）

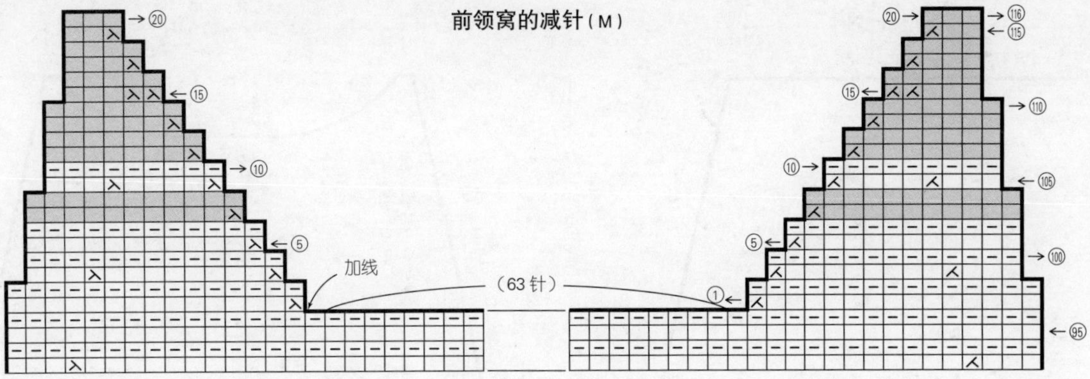

□ = Ⅰ

配色 { □ = 白色 ▨ = 卡其色 }

衣袖的减针（通用）

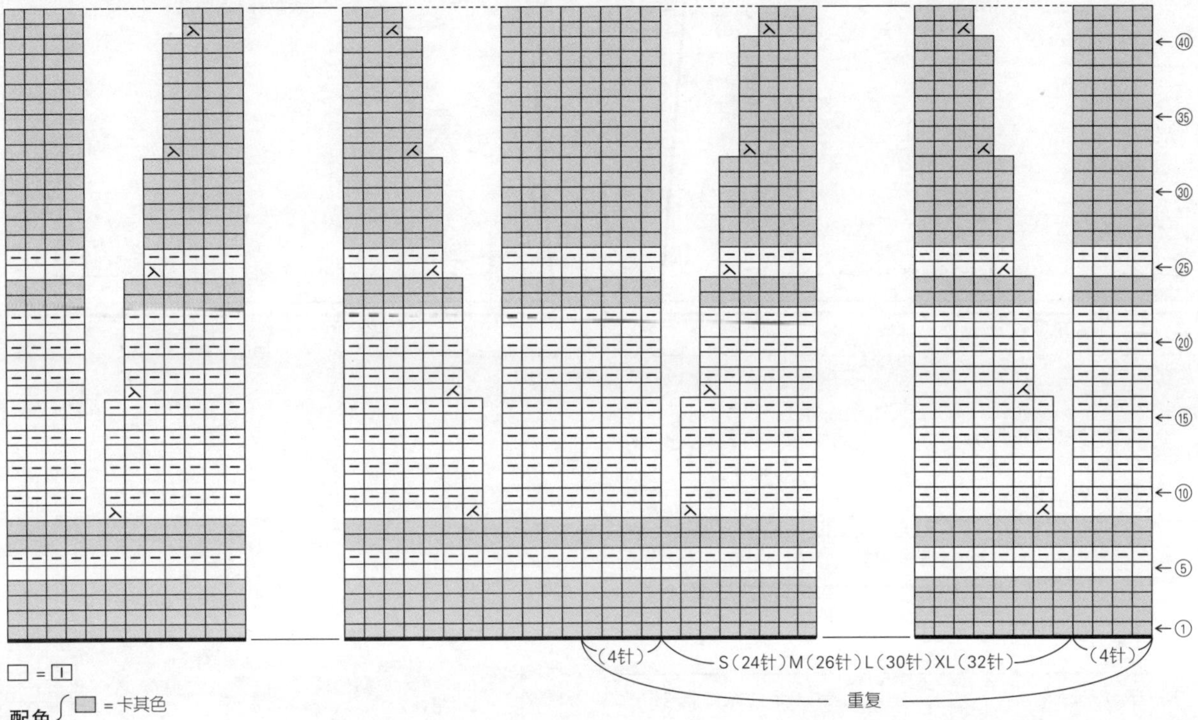

□ = Ⅰ

配色 { ▨ = 卡其色 □ = 白色 }

衣领的减针（通用）

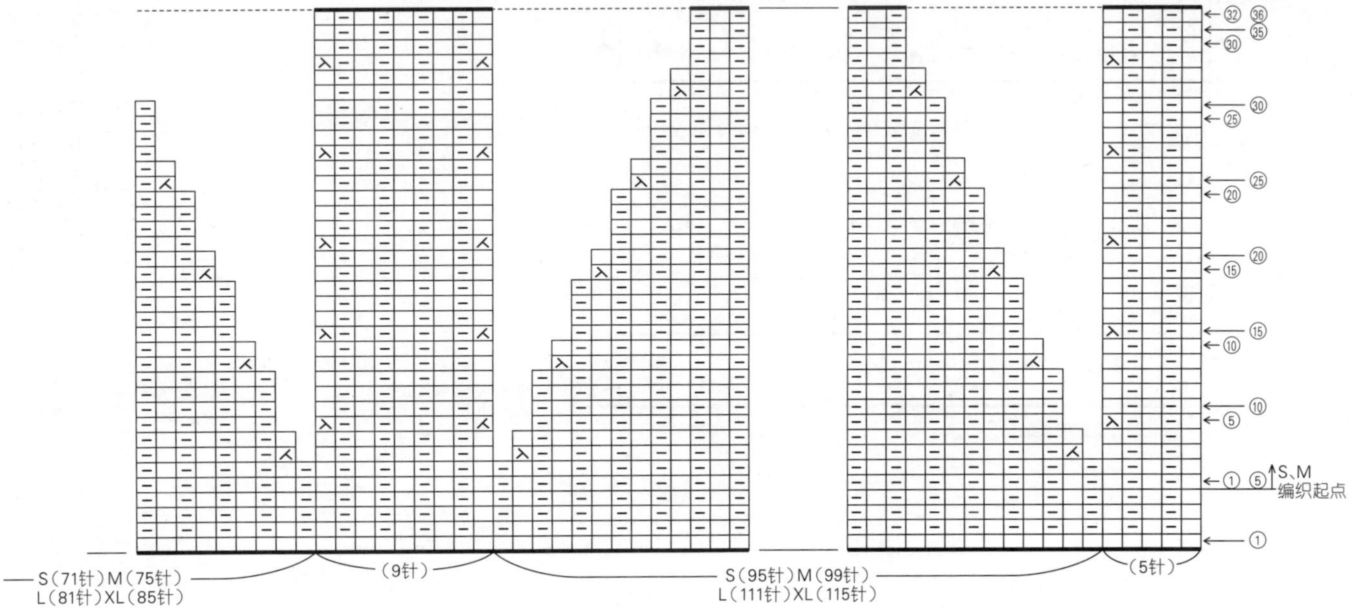

□ = Ⅰ

L、XL

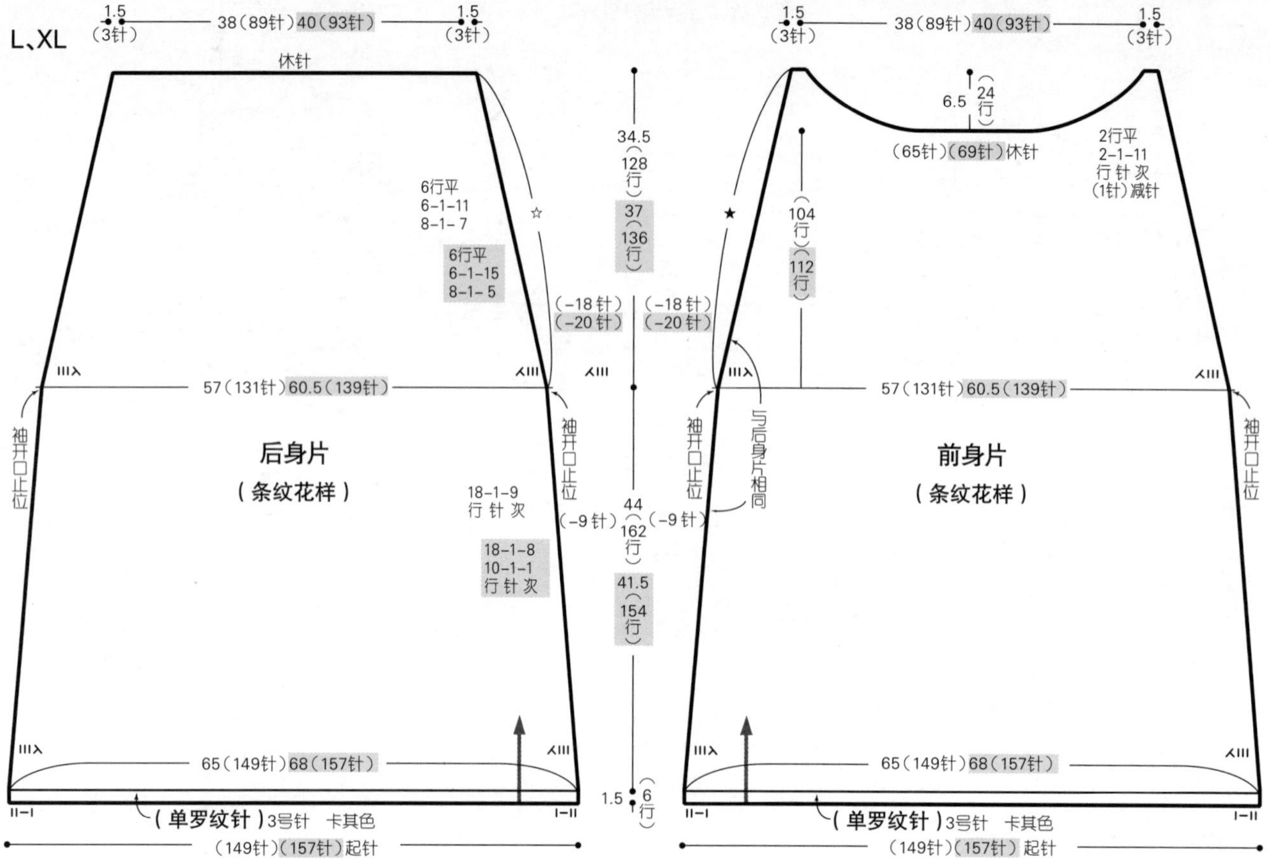

※ 除指定以外均用5号针编织

※ [灰底] 是XL号，其他为L号或通用

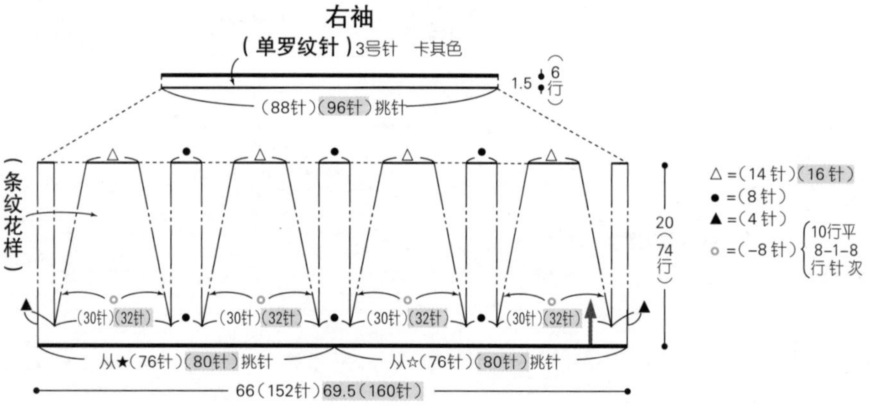

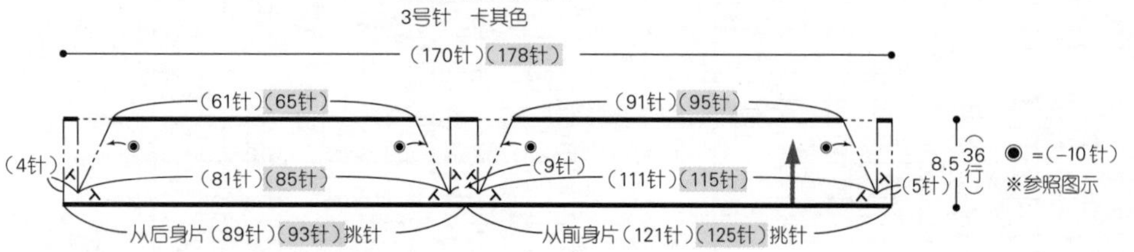

条纹花样（L、XL）

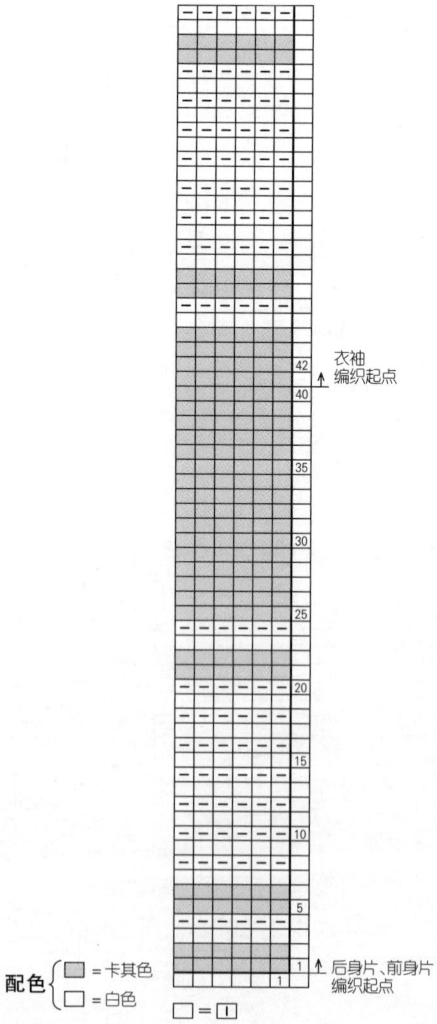

A

B

材料

[A] 芭贝 Leafy 米色(761) 75g/2团，Arabis 珊瑚粉色(7612) 35g/1团

[B] 芭贝 Leafy 原白色(751) 75g/2团，Arabis 黄绿色(4616) 35g/1团

工具

钩针5/0号、6/0号

成品尺寸

宽21.5cm，深22cm

编织密度

10cm×10cm面积内：短针、配色花样均为21针，17.5行

编织要点

●全部用2根相同的线钩织。锁针起针后开始钩织，预留60cm长的线头用于底部的卷针接合。参照图示按短针和配色花样环形钩织，钩织短针时也将配色线包在针目里。提手钩织虾辫，抽绳钩织锁针。参照组合方法在底部做卷针接合，再将提手缝在指定位置。最后穿入抽绳，系上流苏。

配色

	a色	b色
A	米色,2根线	珊瑚粉色,2根线
B	原白色,2根线	黄绿色,2根线

提手

（虾辫）6/0号针 a色

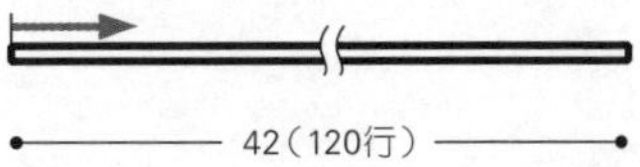

※ 钩织方法请参照第163页

抽绳（锁针）2根 a色

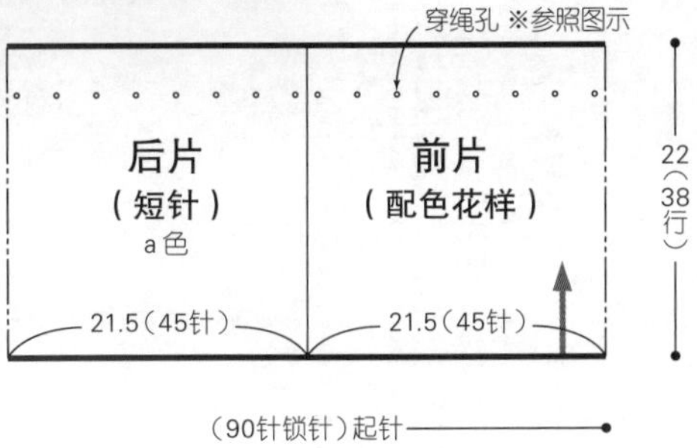

※ 除指定以外均用5/0号针钩织

※ 横向渡线钩织短针的配色花样的方法请参照第142页

流苏的制作方法

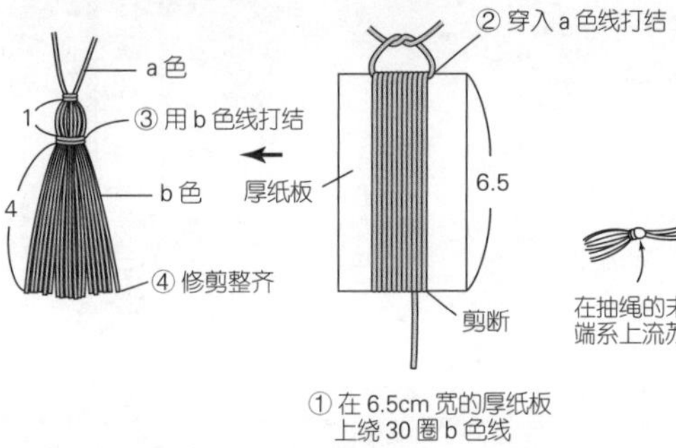

组合方法

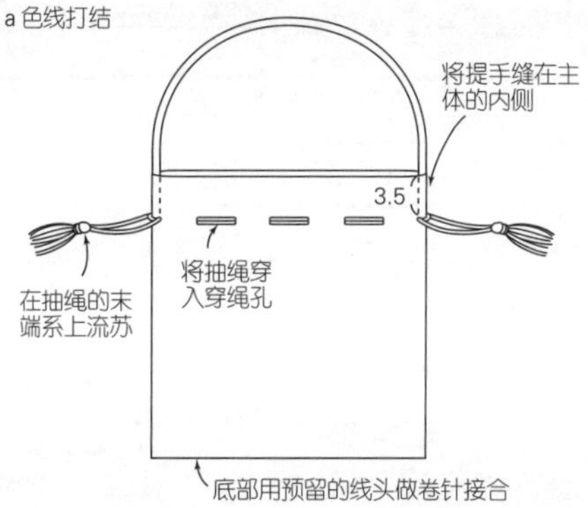

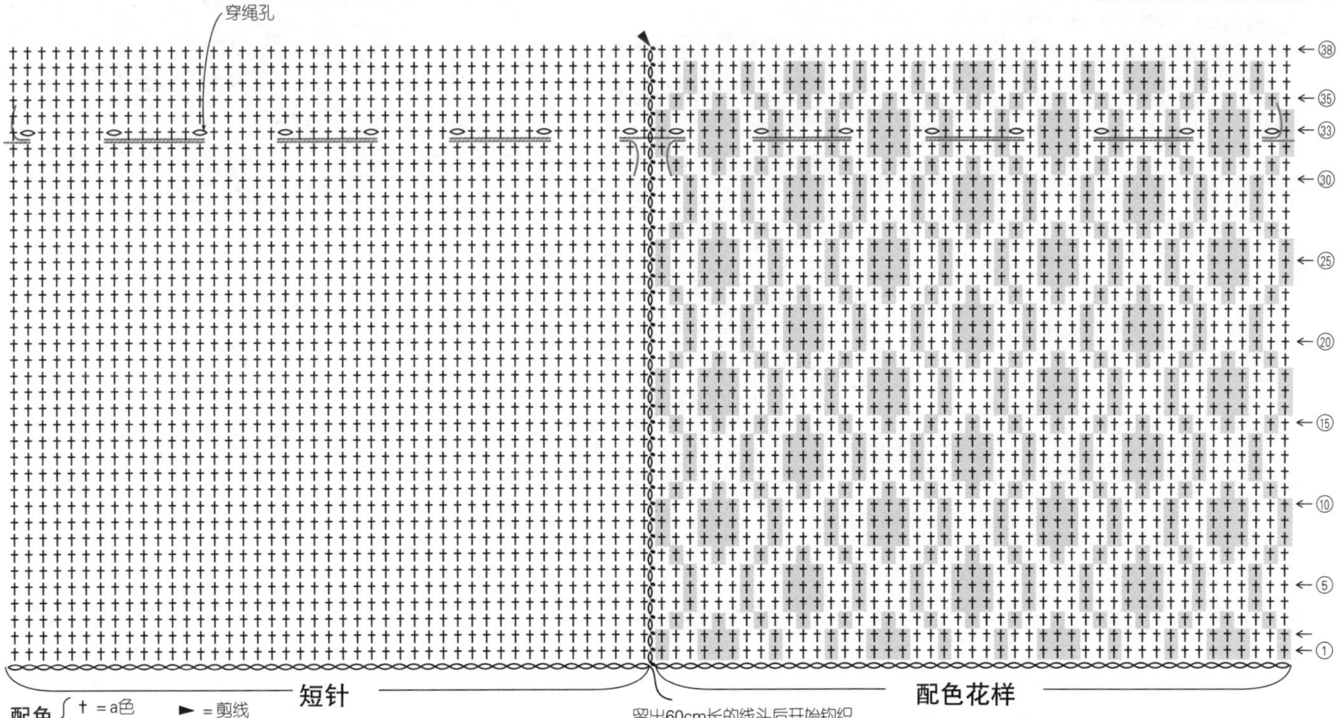

配色 { † =a色 / † =b色　► =剪线

材料

芭贝 Leafy 米色(761) 140g/4团,长15cm、带D形扣的口金弹片 1组,宽30mm的挂扣(金色)2个,装饰扣1颗

工具

钩针5/0号

成品尺寸

宽28cm,深16cm

编织密度

10cm×10cm面积内:编织花样18针,22行

编织要点

●底部锁针起针后开始钩织短针。侧面从底部挑针,按编织花样环形钩织,在最后一行减针。包口分成前、后片,往返钩织短针。将包口向内侧翻折后做藏针缝,中间穿入口金弹片。提手预留5m长的线钩1针锁针起针,然后开始钩织短针的棱针。参照组合方法连接挂扣,最后在指定位置缝上装饰扣。

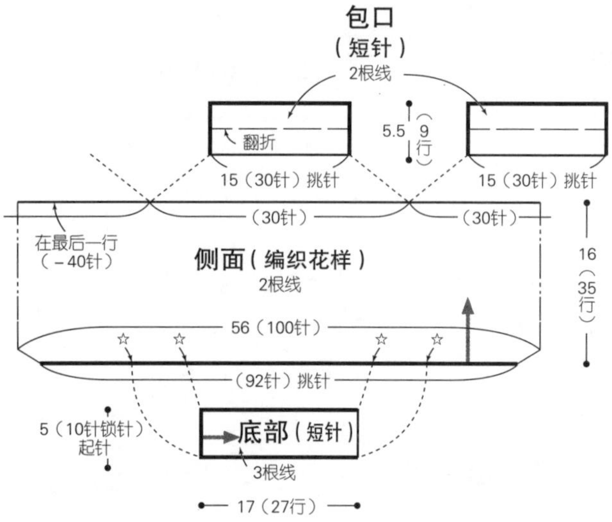

※ 全部使用5/0号针钩织

※ ☆=在第2行(+2针)

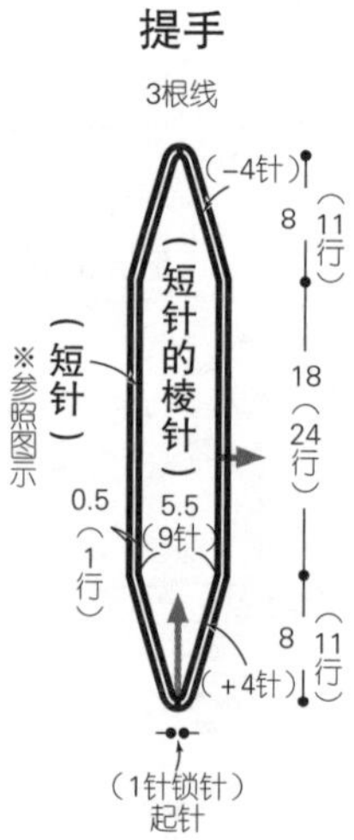

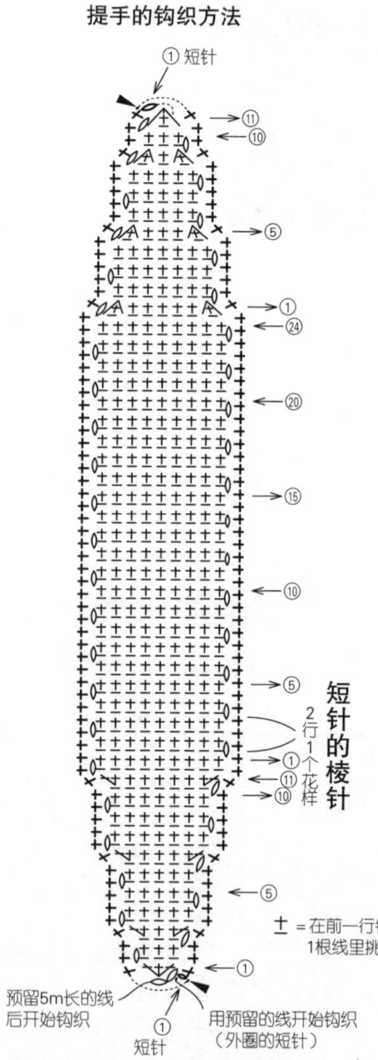

±=在前一行针目头部的前面1根线里挑针钩织短针

※ 钩织外圈的短针时,每2行挑取3针

►=剪线

提手挂扣的连接方法

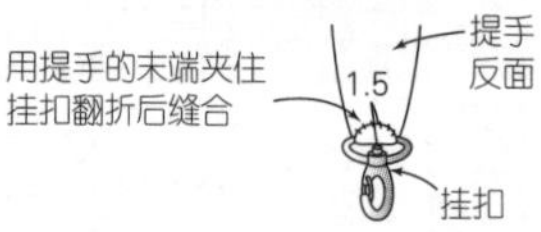

组合方法

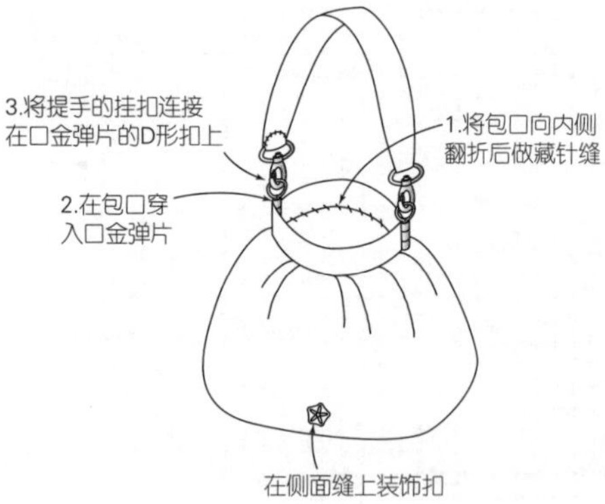

口金弹片的穿法

取下口金弹片一侧的金属零件,
用遮蔽胶带包住取下零件的弹片顶端,
穿入包口的小孔中。
再将取下的零件装回到弹片上。

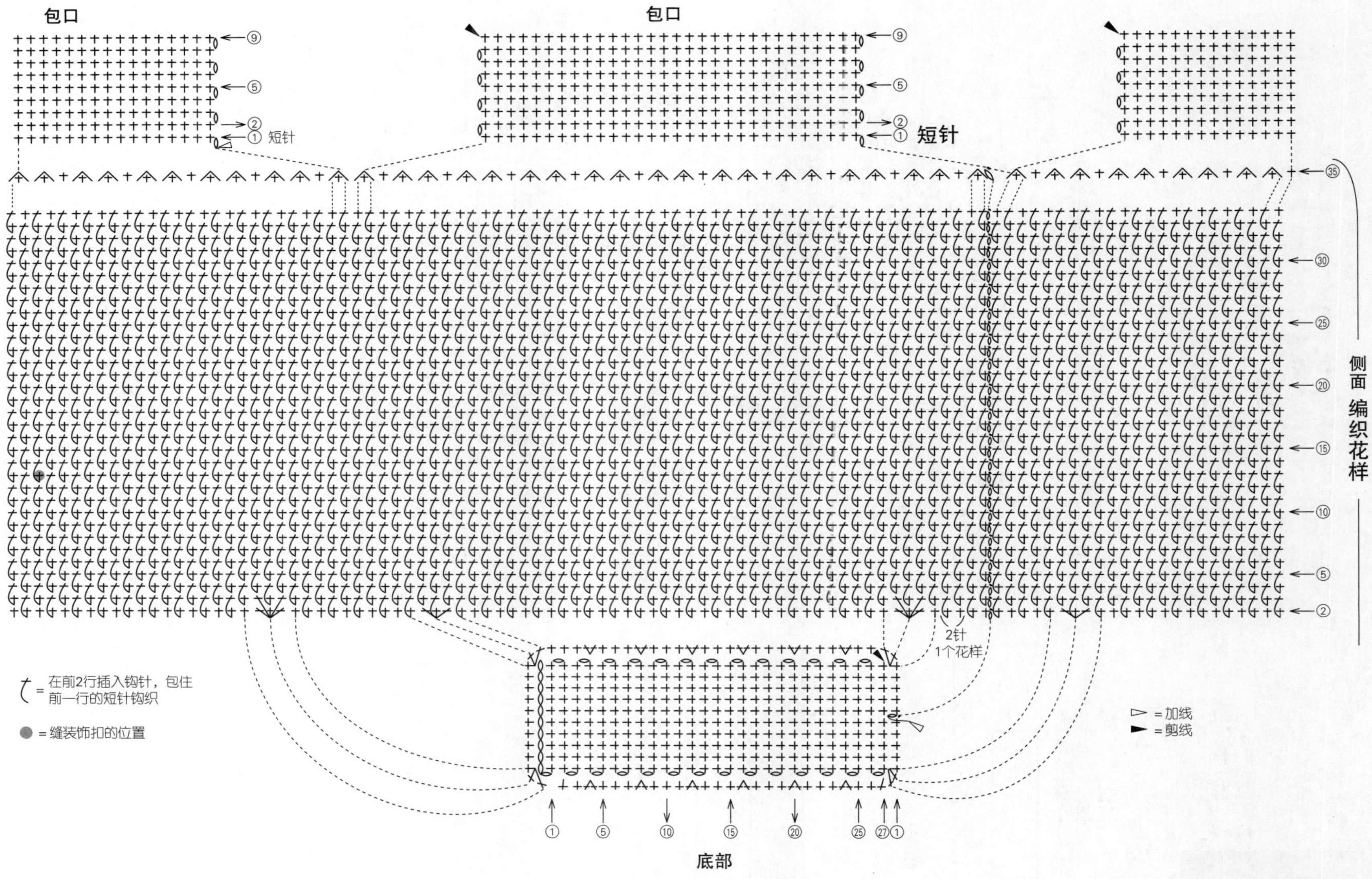
包口
包口
⑨
⑤
②
① 短针
短针
㉟
㉚
㉕
⑳
⑮
⑩
②
侧面 编织花样
2针
1个花样
㉗
底部
= 在前2行插入钩针，包住前一行的短针钩织
= 缝装饰扣的位置
= 加线
= 剪线

材料

芭贝 Leafy 米色（761）140g/4团、黑色（757）35g/1团，长20cm、带D形扣的口金弹片1组，宽30mm的挂扣（金色）2个，装饰扣1颗

工具

钩针8/0号、7/0号、6/0号、5/0号

成品尺寸

宽35cm，深18cm

编织密度

10cm×10cm面积内：编织花样13针，20行

编织要点

●底部锁针起针后开始钩织短针。侧面从底部挑针，按编织花样钩织36行，注意第36行用6/0号针钩织。包口在第1行减针，分成前、后片往返钩织短针。将包口向内侧翻折后做藏针缝，中间穿入口金弹片。提手预留7m长的线后钩1针锁针起针，然后开始钩织短针的棱针。参照组合方法连接挂扣，最后在指定位置缝上装饰扣。

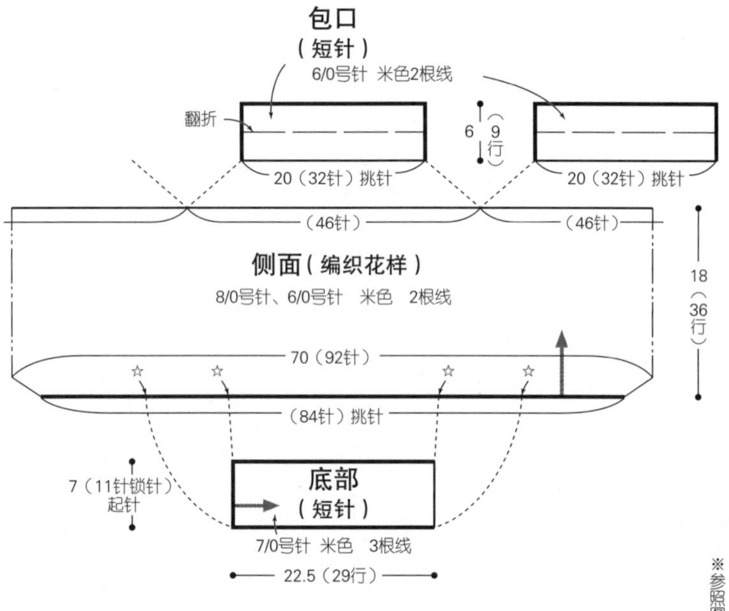

※ ☆＝在第2行（＋2针）

※ 组合方法请参照第154页

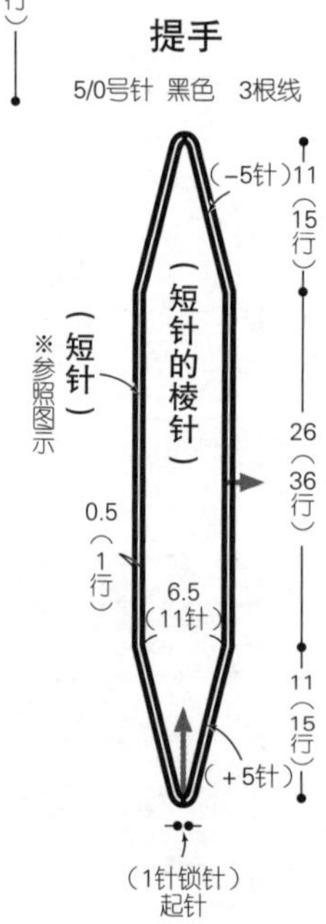

提手的钩织方法

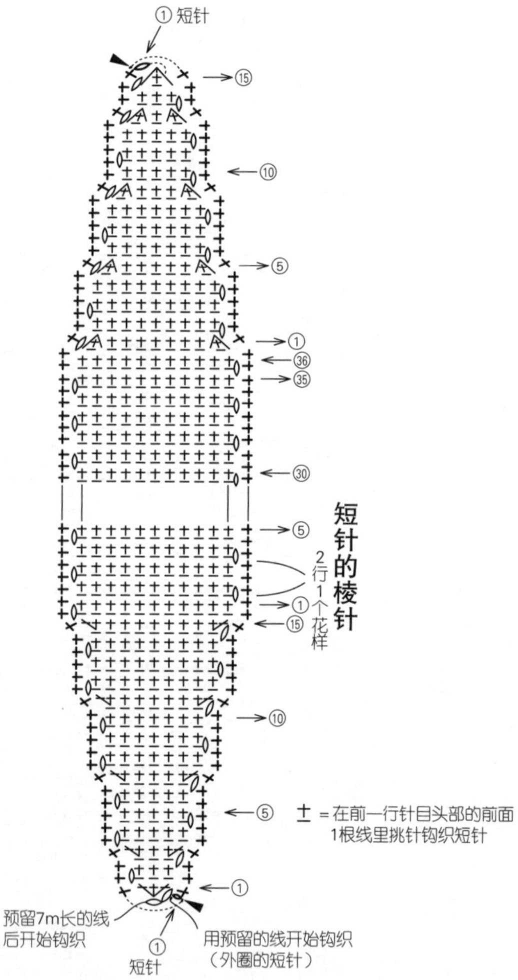

※ 钩织外圈的短针时，每2行挑取3针

►＝剪线

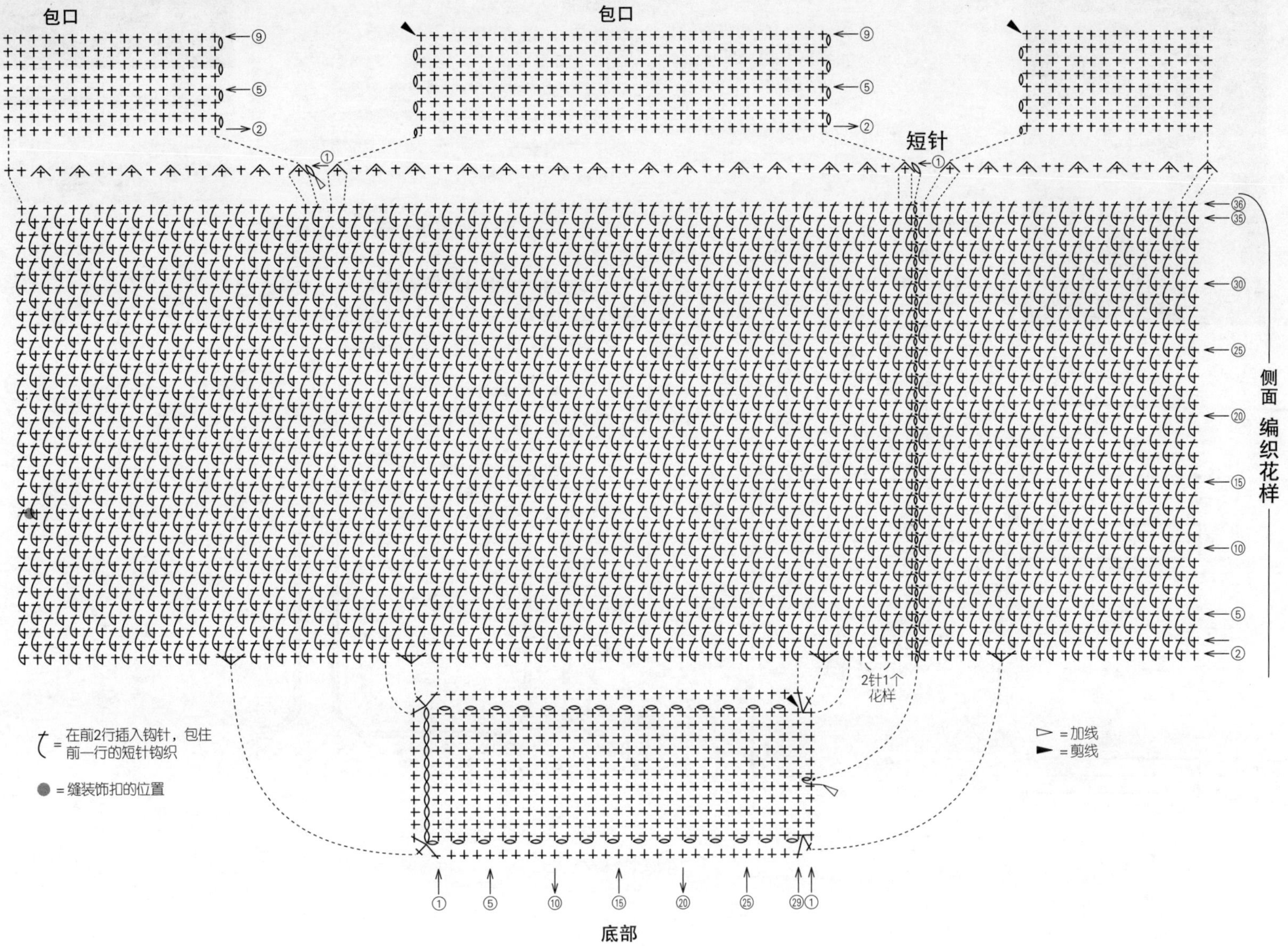

扭针的单罗纹针收针

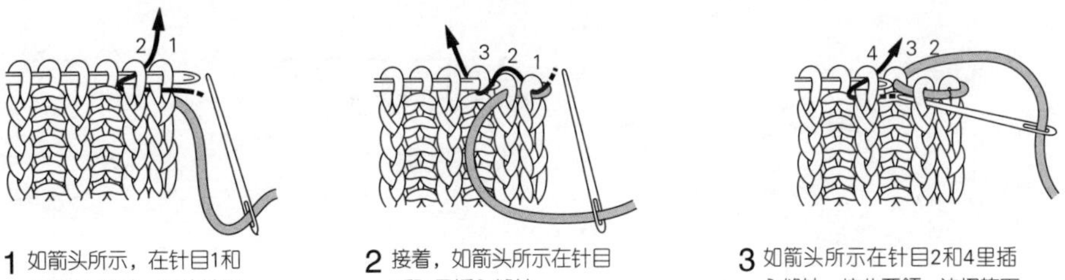

1 如箭头所示，在针目1和2里插入缝针，扭转针目2。

2 接着，如箭头所示在针目1和3里插入缝针。

3 如箭头所示在针目2和4里插入缝针，按此要领一边扭转下针一边做单罗纹针收针。

材料

芭贝 Arabis 水蓝色(1009) 180g/5团，Leafy 原白色(751) 145g/4团；INAZUMA 拧锁金属配件 银色(AK-57-1S) 1个

工具

钩针6/0号

成品尺寸

宽30cm，深34cm

编织密度

10cm×10cm面积内：编织花样21.5针，20.5行

编织要点

●主体、包盖…除指定以外，均用Arabis和Leafy各1根线编织。主体锁针起针后按编织花样开始钩织。加减针请参照图示。提手部分锁针起针，与主体连起来钩织。包盖用相同方法钩织，参照图示在指定位置留出小孔用来安装金属配件。

●组合…将主体正面相对，在侧边做短针接合。翻至正面，参照图示折叠后，在底部做短针接合。对齐提手的相同标记处做卷针缝合。在主体和包盖的边缘钩织短针。将提手边缘的指定针数做卷针缝合。最后在指定位置缝上包盖，安装拧锁金属配件。

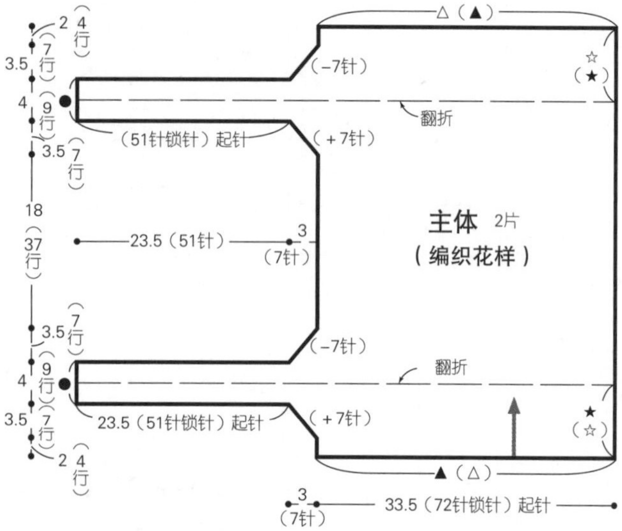

※ 全部使用6/0号针钩织

※ 除指定以外均用Arabis和Leafy各1根线钩织

※ ( )内的标记是第2片主体的对齐标记

※ 分别对齐△、▲处，将2片主体正面相对做短针接合（Arabis，2根线）

※ 对齐●处做卷针缝合

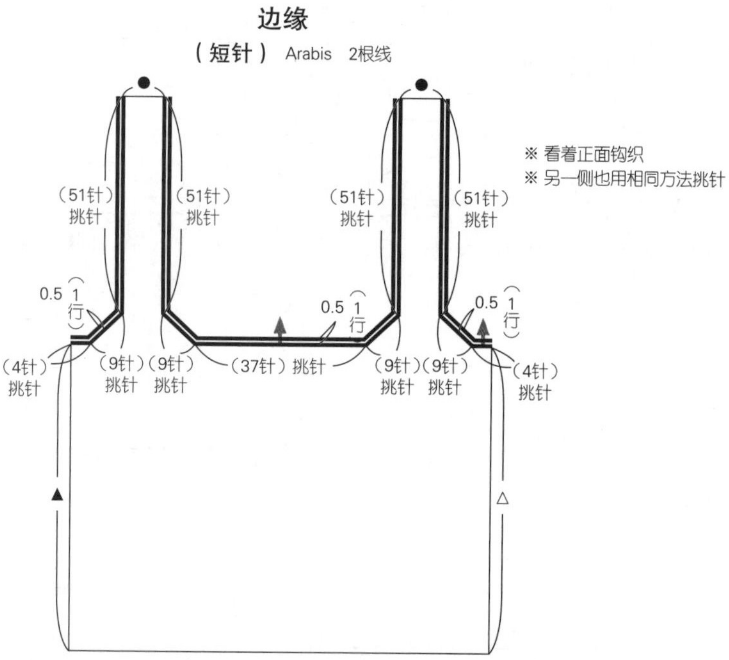

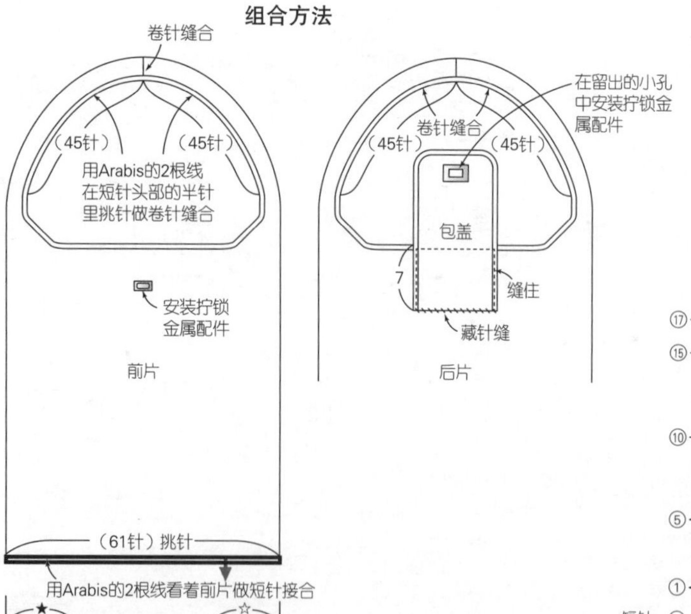

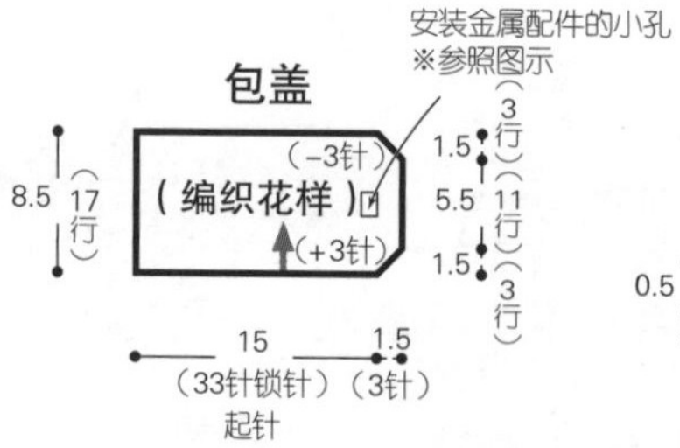

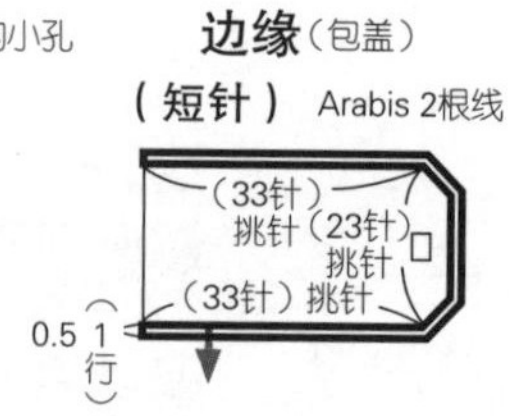

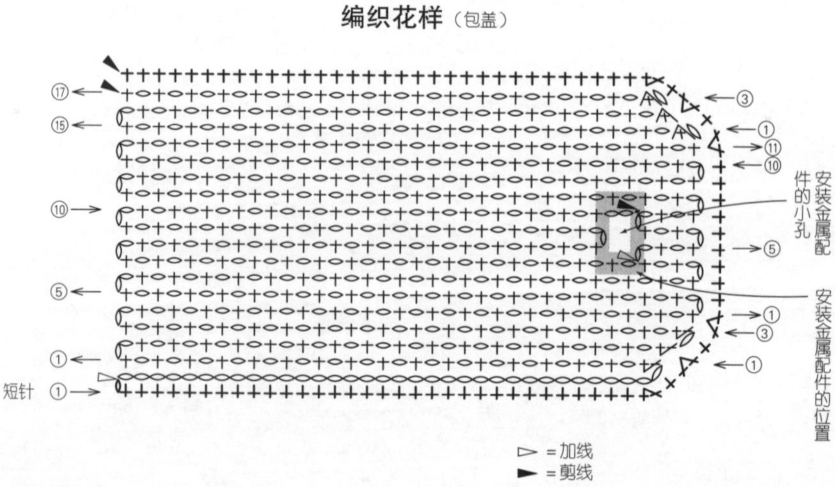

编织花样（主体前片） 2针2行1个花样

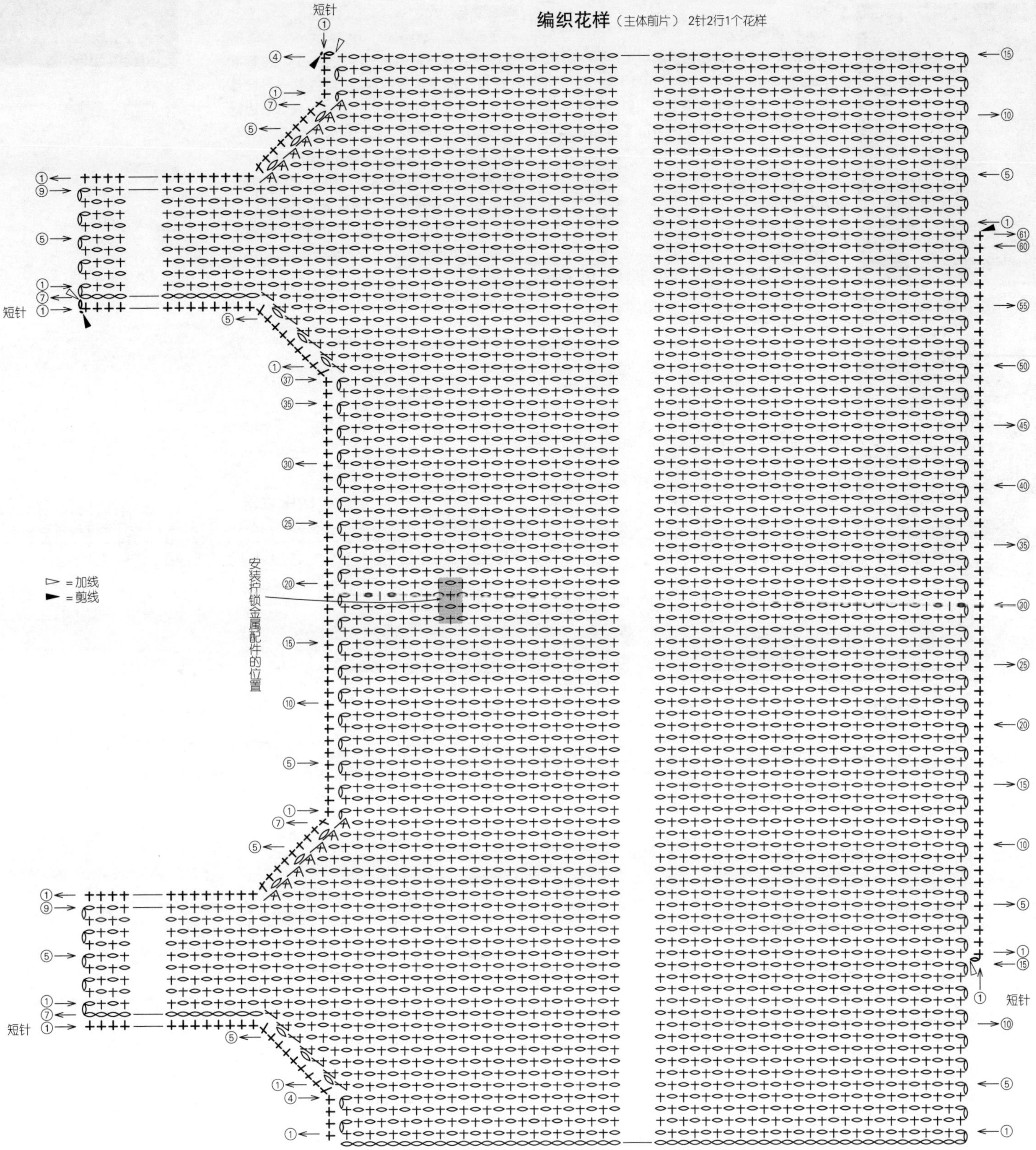

1针放5针的加针

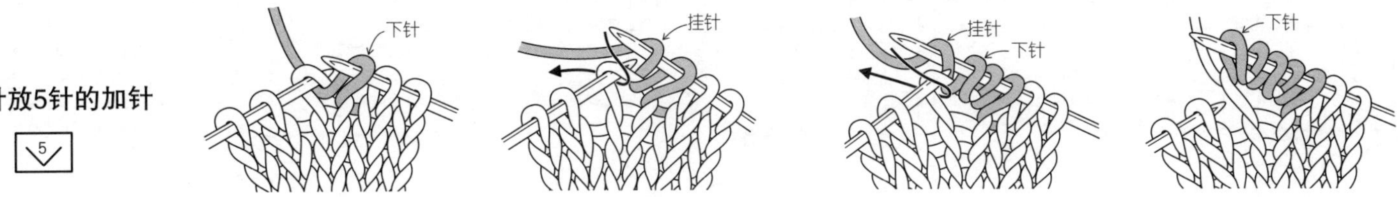

1 在针目里插入右棒针，编织下针。

2 不要从左棒针上取下针目。接着挂针。在同一个针目里插入右棒针，编织下针。

3 再重复一次挂针和下针。

4 1针放5针的加针就完成了。

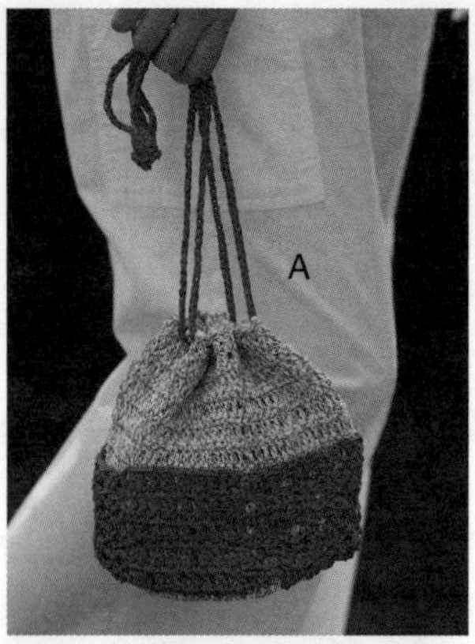

材料

Hobbyra Hobbyre

[A] Merr–Couleur 粉色系混染(02)80g/2团，Raphis Grand 深粉色(08) 40g/1团

[B] Merr–Couleur 藏青色系混染(03) 80g/2团，Raphis Grand 藏青色(07) 40g/1团

工具

钩针6/0号

成品尺寸

深18.5cm

编织密度

10cm×10cm面积内：编织花样A 18.5针，12行

编织要点

●底部钩织短针，加针请参照图示。接着侧面按编织花样A做环形的往返钩织，注意第1行是从反面钩织的行，所以在前一行针目头部的前面1根线里挑针钩织。袋口一边留出穿绳孔一边钩织边缘。钩织外层的口袋时，将主体上下翻转，在侧面第1行剩下的1根线里挑针，按编织花样B、C钩织。参照图示，在侧面的指定位置用半回针缝的方法缝住口袋。最后钩织抽绳以及末端的小装饰，穿入穿绳孔，参照组合方法进行组合。

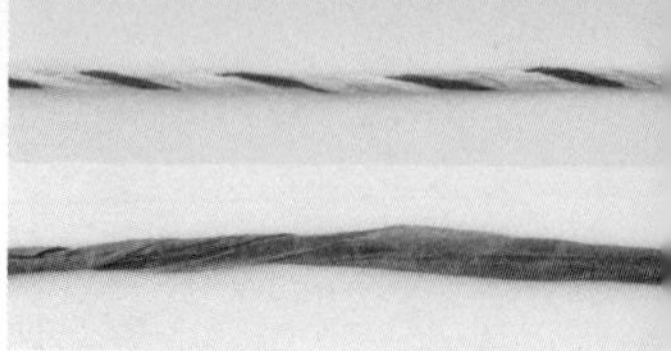

边缘编织

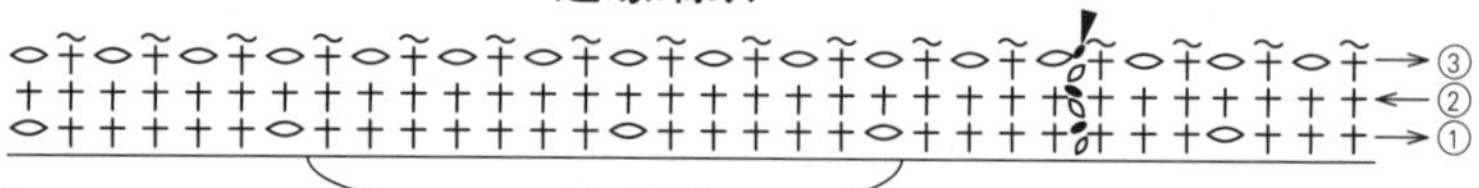

反短针符号 = 反短针

※ 钩织方法请参照第94页

主体

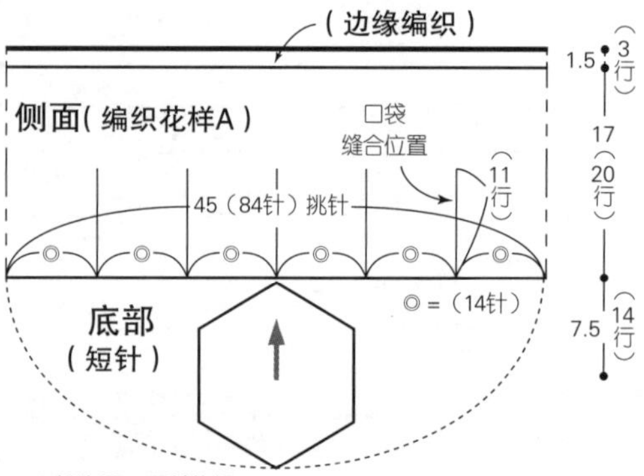

※ 全部使用6/0号针钩织

※ 除指定以外均用Merr–Couleur线钩织

绳子末端的小装饰 2个 Raphis Grand

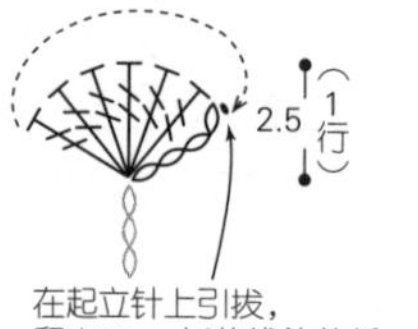

抽绳（罗纹绳）

2根 Raphis Grand

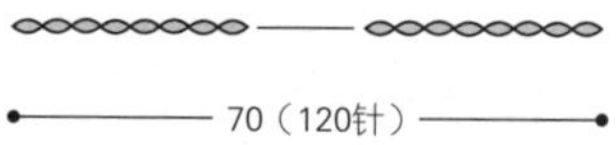

※ 结束时接着钩织末端的小装饰

※ 罗纹绳的钩织方法请参照第163页

口袋 Raphis Grand

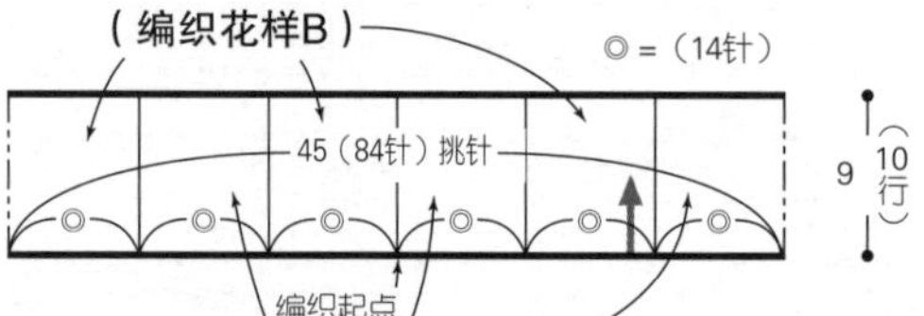

组合方法

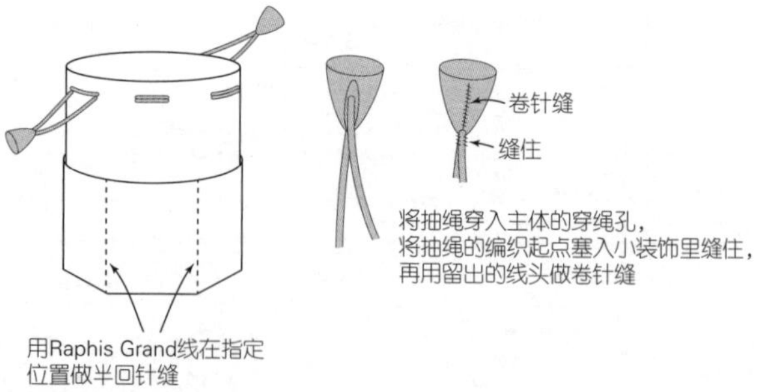

口袋

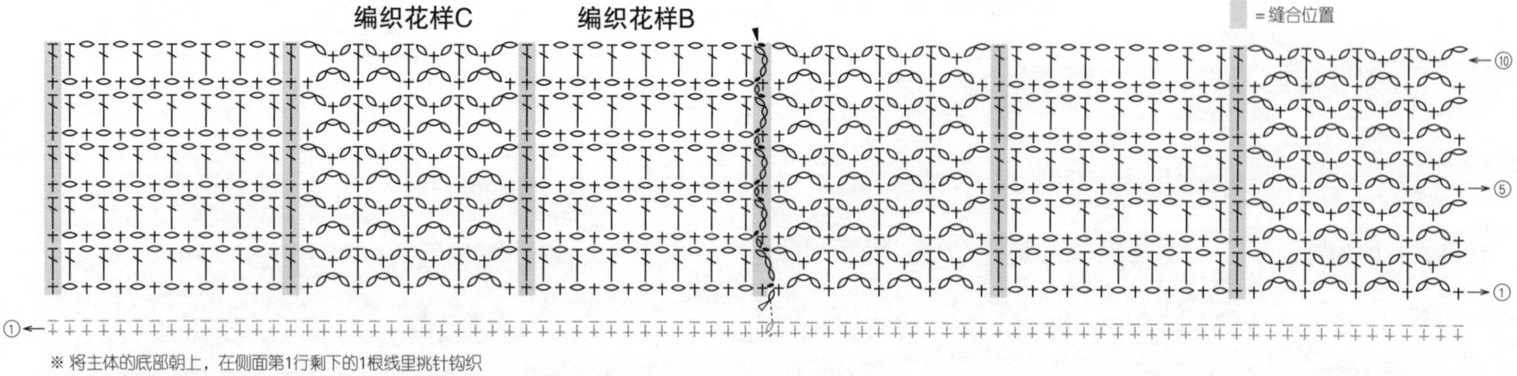

※ 将主体的底部朝上，在侧面第1行剩下的1根线里挑针钩织

▷ = 加线

▶ = 剪线

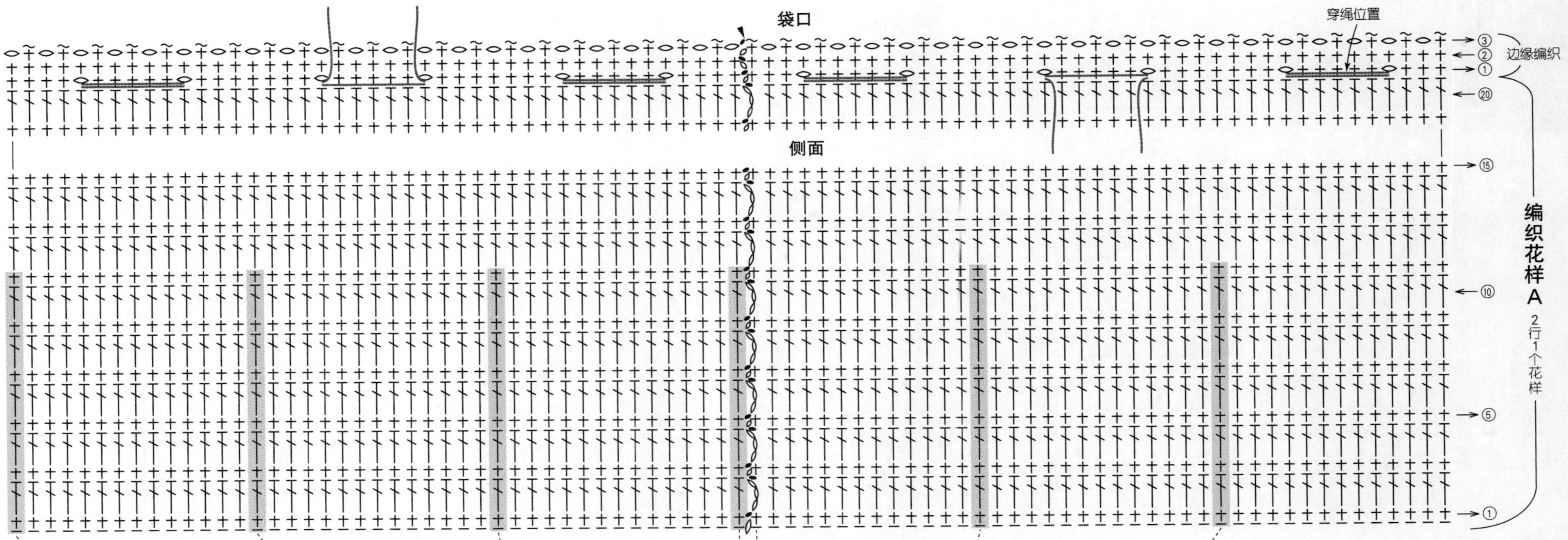

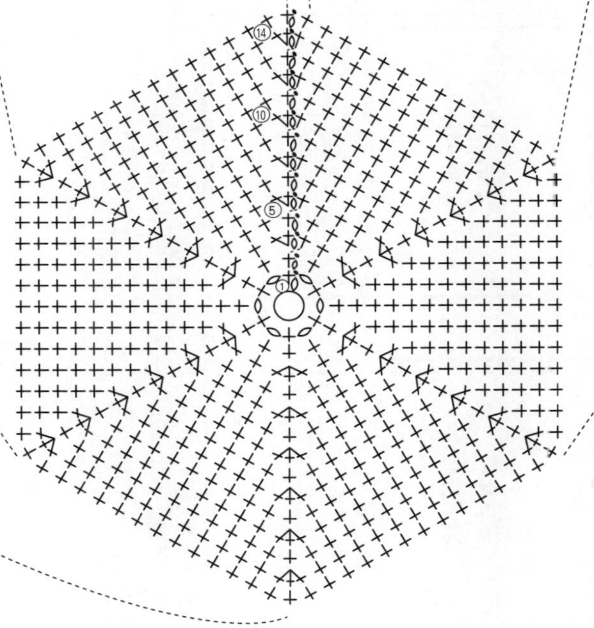

底部
短针

底部的加针

行数	针数	
14行	84针	
13行	84针	（+12针）
12行	72针	
11行	72针	（+12针）
10行	60针	
9行	60针	（+12针）
8行	48针	
7行	48针	（+12针）
6行	36针	
5行	36针	（+12针）
4行	24针	
3行	24针	（+12针）
2行	12针	
1行	12针	

材料

钻石线 Diacosta Uno 米色(516) 225g/7团

工具

棒针7号、6号、4号

成品尺寸

胸围98cm，肩宽37cm，衣长62cm

编织密度

10cm×10cm面积内：编织花样A 25针，30行；编织花样B 21针，29行

编织要点

●身片…手指挂线起针后，开始做起伏针、编织花样A和上针编织。接着按编织花样B编织育克，注意后育克是将左后身片在上与右后身片重叠15针挑针。袖窿、领窝减2针及以上时做伏针减针，减1针时立起侧边1针减针。

●组合…肩部做盖针接合，胁部做挑针缝合。领口、袖窿挑取指定针数后环形编织起伏针，结束时一边编织上针一边做伏针收针。

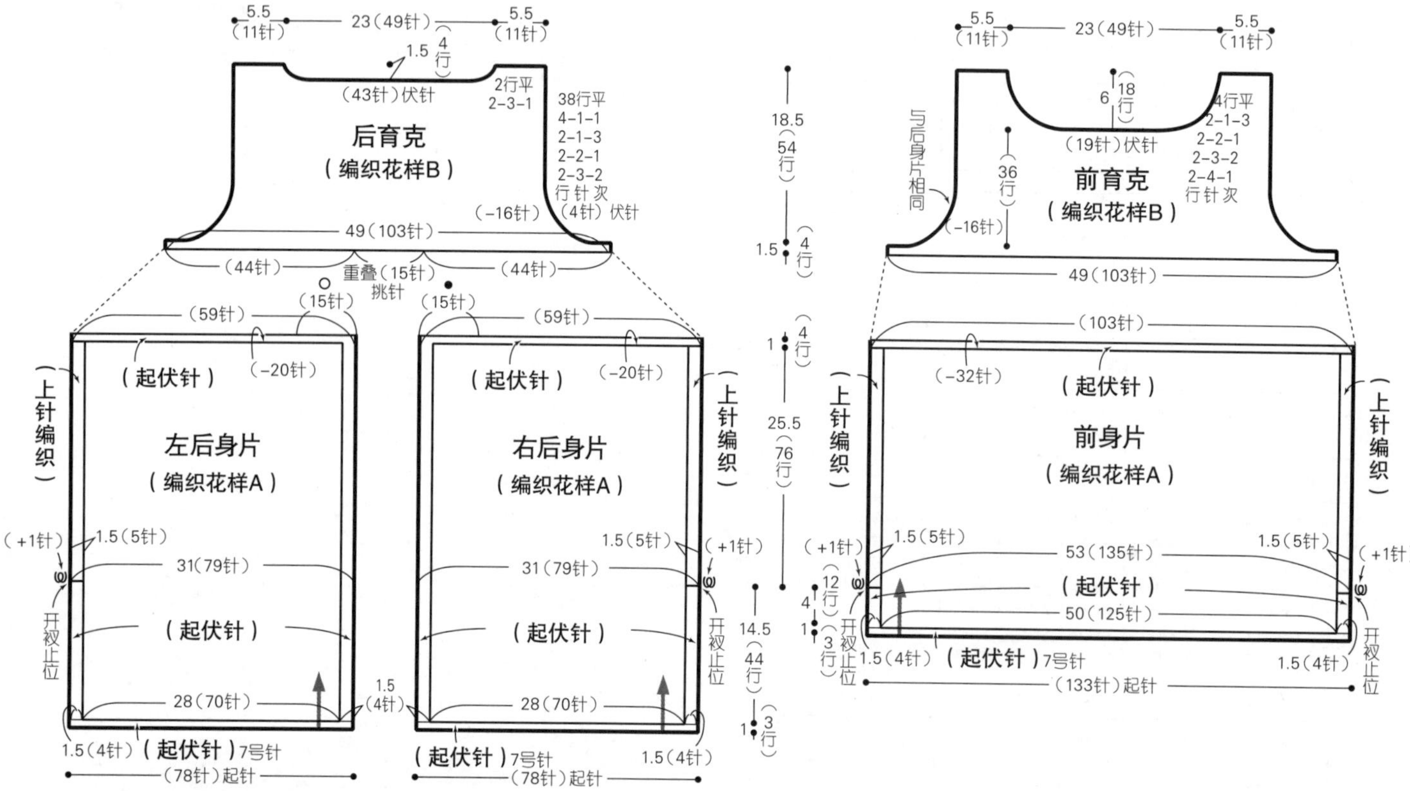

※ 除指定以外均用6号针编织

※ 编织后育克时，将○处在上与●处重叠，在2层织片里挑取15针

编织花样A

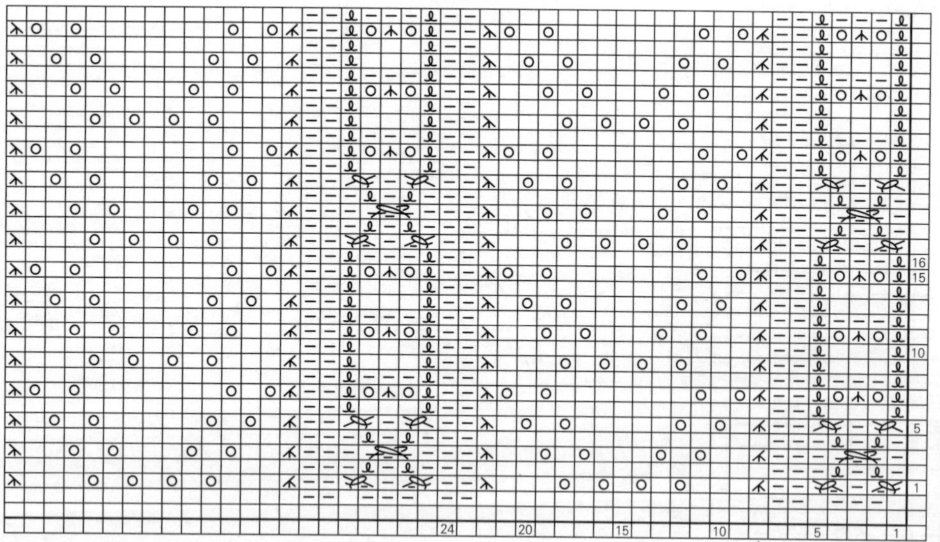

□=[-]

=右上扭针的1针交叉(下侧为上针)

=左上扭针的1针交叉(下侧为上针)

=右上扭针的1针交叉(中间是1针上针)

=左上扭针的1针交叉

=右上扭针的1针交叉

起伏针

(下摆)

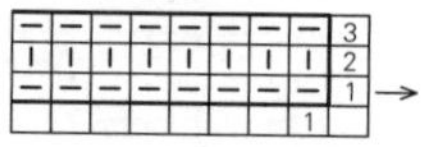

起伏针

(开衩、后中心)

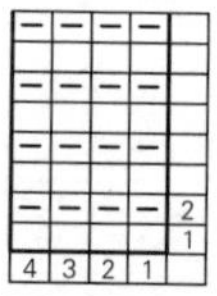

□=[-]

起伏针

(领口、袖窿)

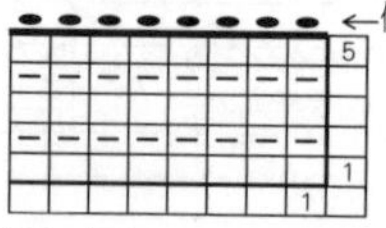

□=[-]

编织花样B

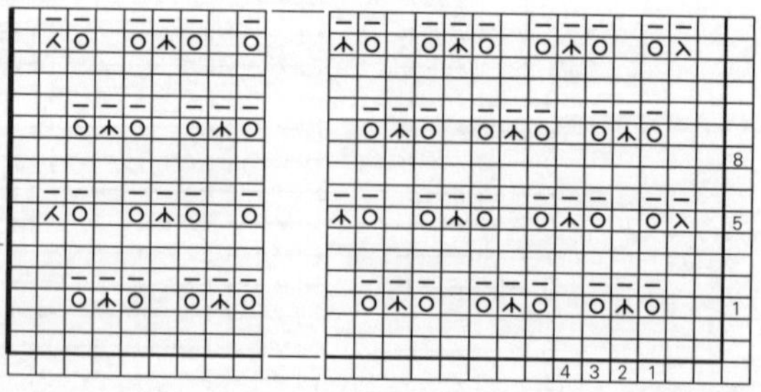

□=[-]

前身片起伏针的减针方法

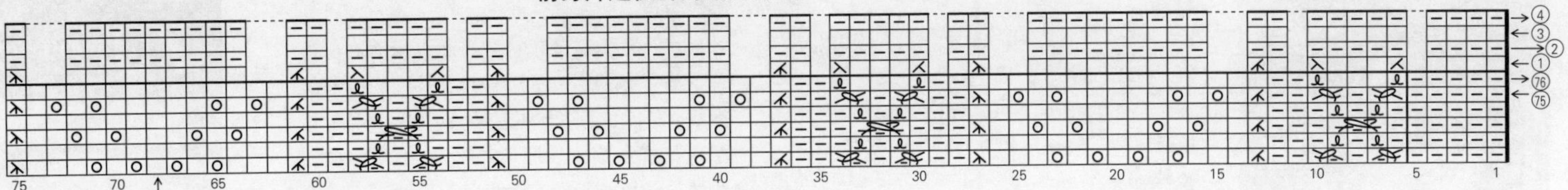

□=□

※ 以中心为轴对称减针

左后身片起伏针的减针方法

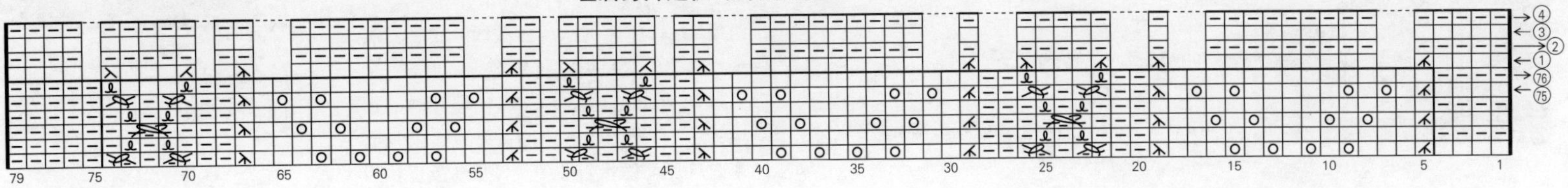

□=□

※ 右后身片用相同方法减针

领口、袖窿（起伏针）4号针

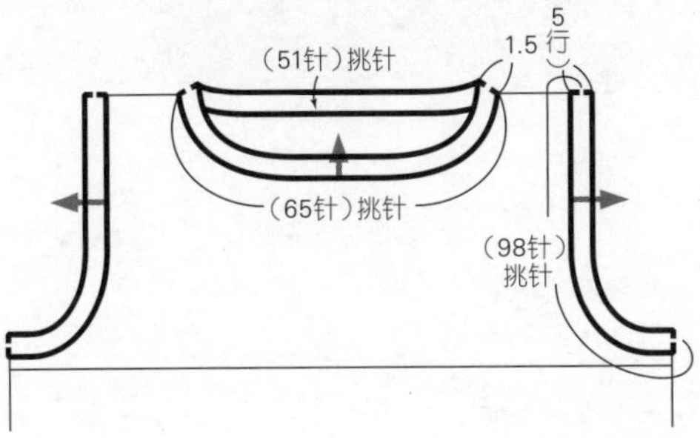

罗纹绳

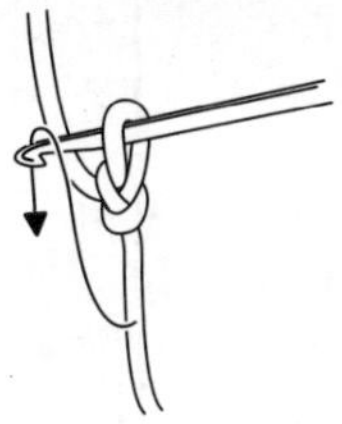

1 留出3倍于想要编织长度的线头后制作起始针目。将线头从前往后挂在钩针上。

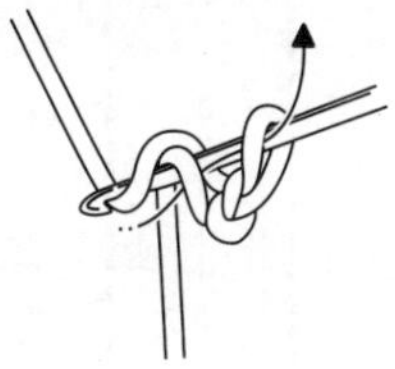

2 挂线引拔，穿过针上的线头以及1个线圈。

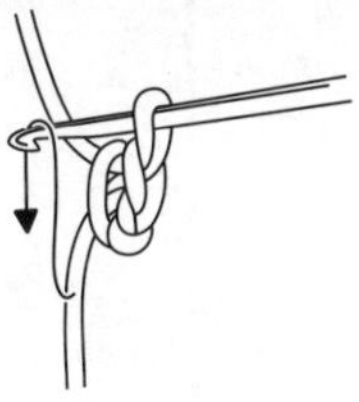

3 将线头从前往后挂在钩针上。

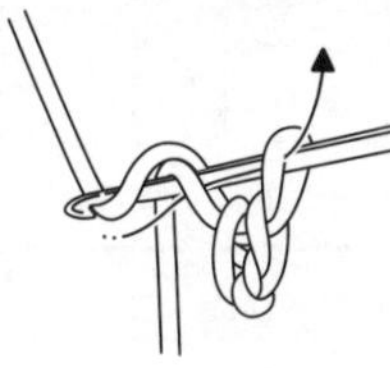

4 再次挂线，引拔穿过线头和线圈。

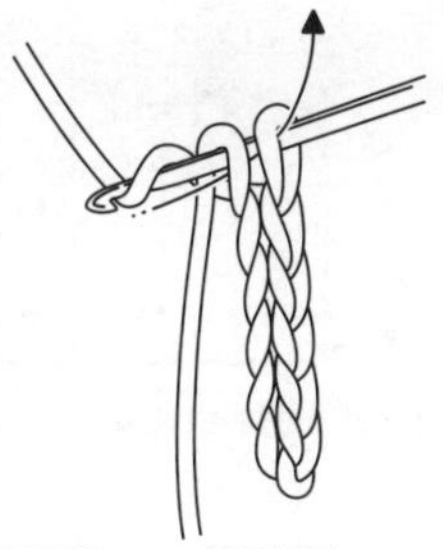

5 重复步骤3、4，最后从锁针里引拔拉出。

虾辫

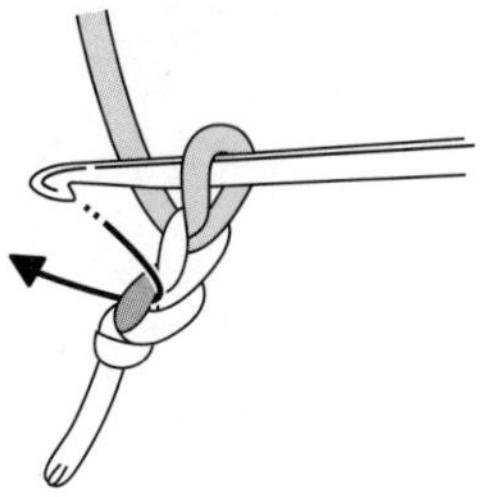

1 钩2针锁针，在第1针锁针的半针里插入钩针，将线拉出。

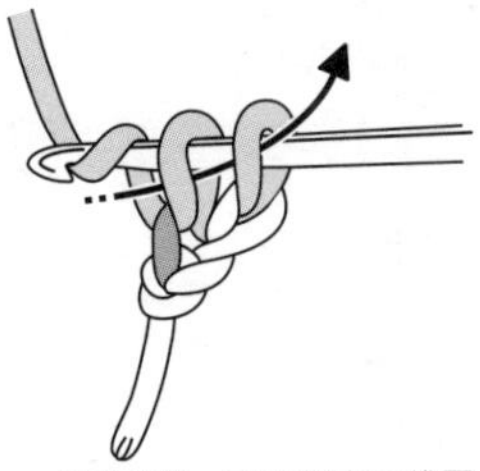

2 针头挂线，引拔穿过2个线圈。

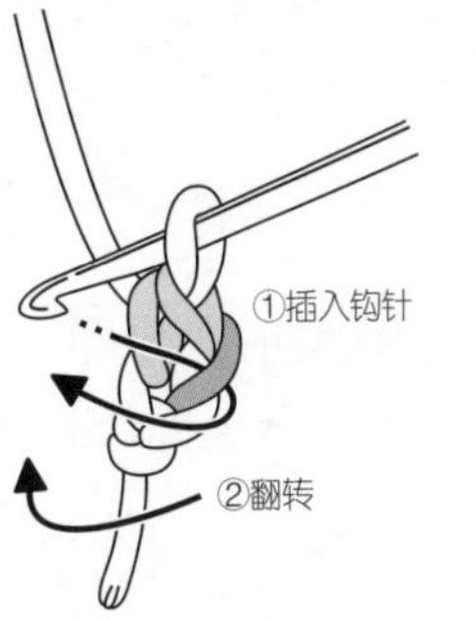

3 在步骤1中第2针锁针的半针里插入钩针，向左翻转织物。

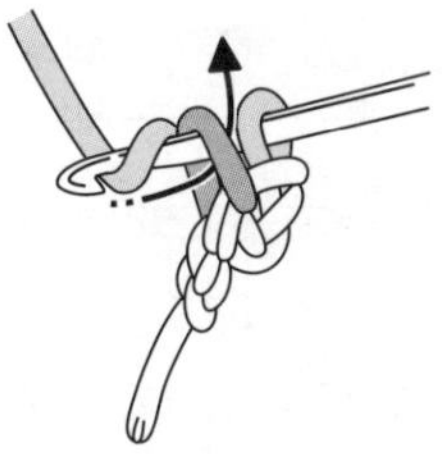

4 针头挂线后拉出，接着引拔穿过针头的2个线圈（短针）。

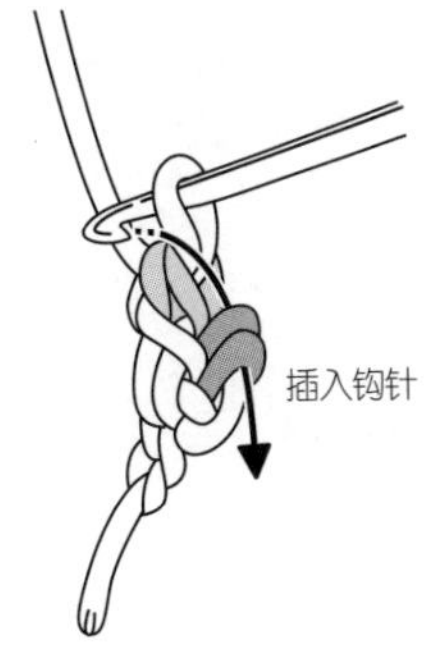

5 在2个线圈里插入钩针。

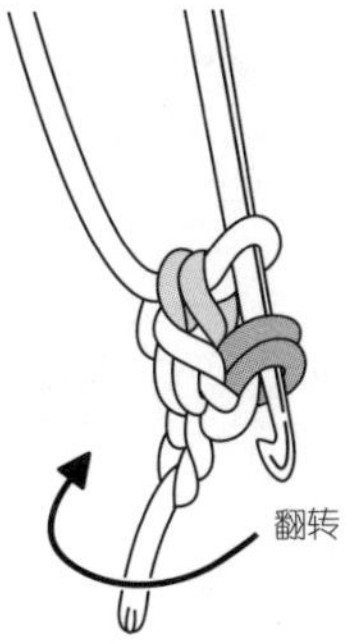

6 在插入钩针的状态下向左翻转织物。

7 针头挂线，从针头的2个线圈里将线拉出。接着针头挂线引拔（短针）。

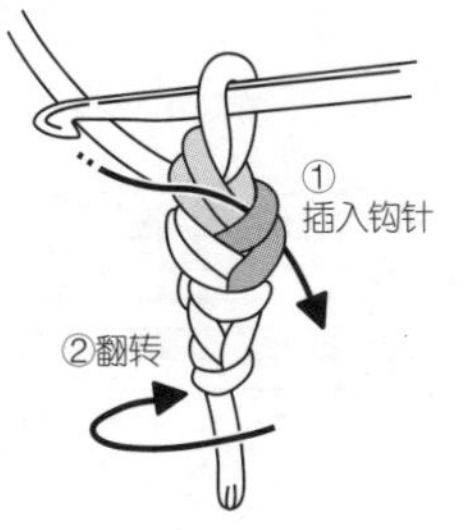

8 重复“在2个线圈里插入钩针，向左翻转织物，钩织短针”。

材料

K's K CAPPELLINI 白色(911) 100g/2团，FETTUCCINE 浅褐色(11) 80g/2团，LED 灰色(66) 25g/1团；4mm的扁水滴串珠80颗；直径6mm的亮片(平片)银色40片；渔线适量

工具

棒针6号、5号，钩针4/0号、2/0号

成品尺寸

胸围106cm，衣长47cm

编织密度

10cm×10cm面积内：配色花样A、B均为18针，28行

编织要点

●身片…另线锁针起针后开始编织。右后身片下与左前身片、左后身片上按配色花样A编织，左后身片下与右前身片、右后身片上按配色花样B编织。配色花样A、B用纵向渡线的方法编织。结束时做休针处理。

●组合…后身片下与后身片上分别用对应颜色的线做盖针接合。袖口挑取指定针数后做边缘编织，结束时从反面做伏针收针。前、后身片的中心从反面做挑针缝合。胁部、袖口下端做挑针缝合。下摆解开起针时的锁针挑针后，参照图示一边加针一边编织1行，结束时从反面做伏针收针。领口从反面钩织引拔针调整形状。参照图示加上装饰。

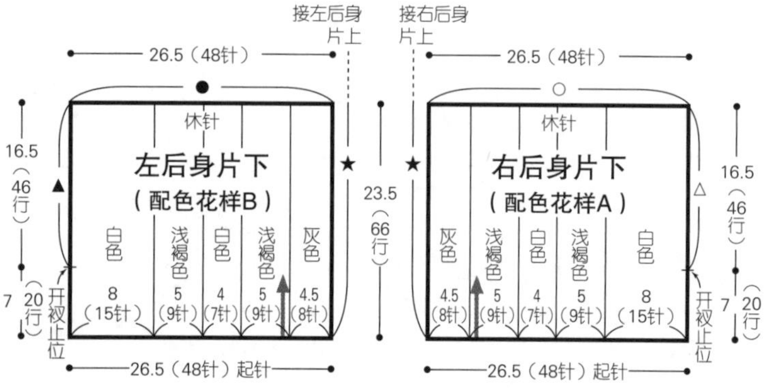

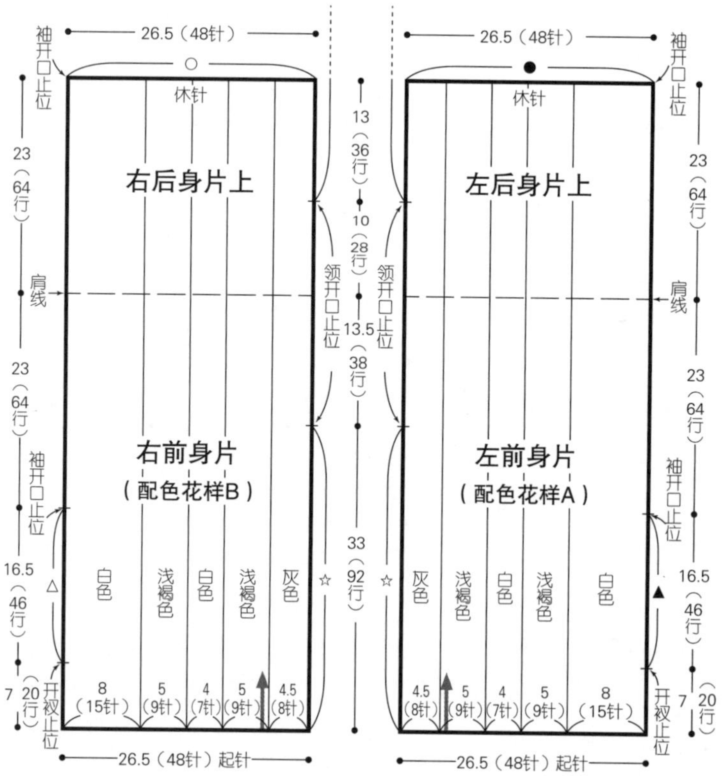

※ 除指定以外均用6号针编织
※ 分别对齐相同标记处（○、●）用对应颜色的线做盖针接合
※ 分别对齐相同标记处（△、▲）用白色线做挑针缝合
※ 分别对齐相同标记处（☆、★）用灰色线从反面做挑针缝合

配色花样A

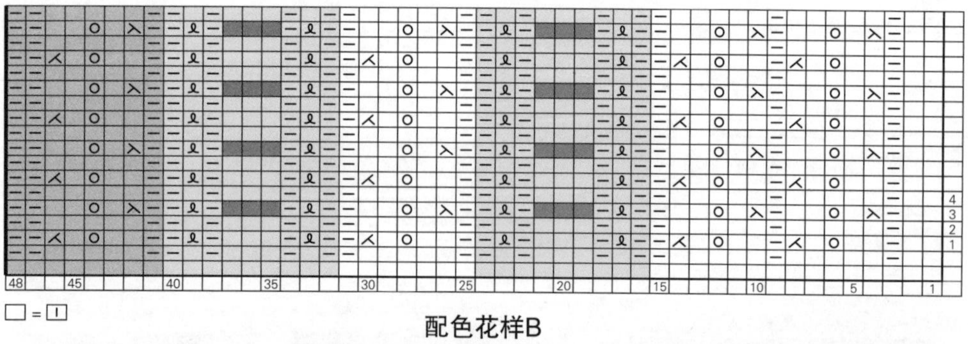

配色花样B

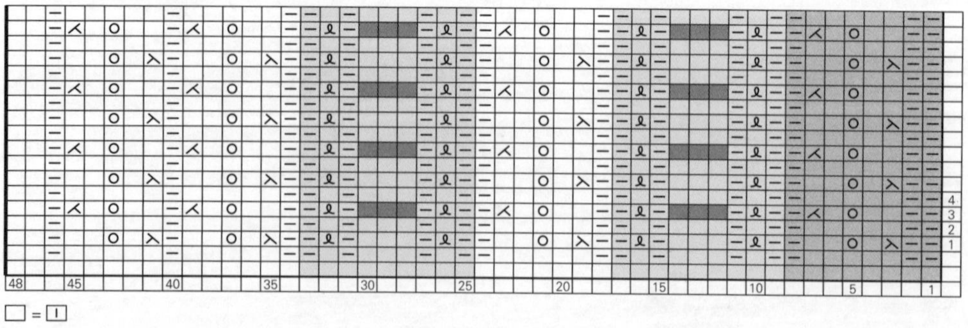

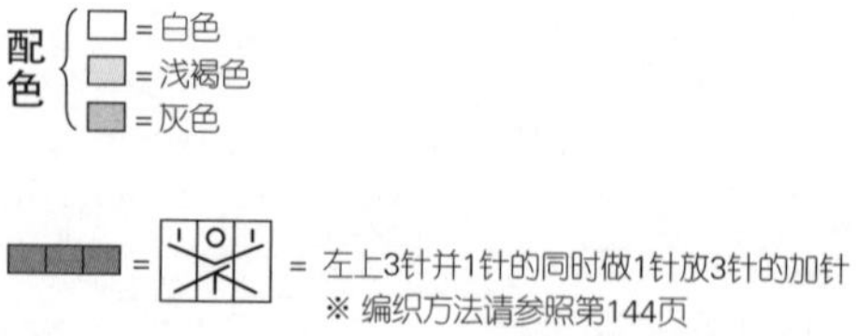

领口（引拔针） 4/0号针 灰色

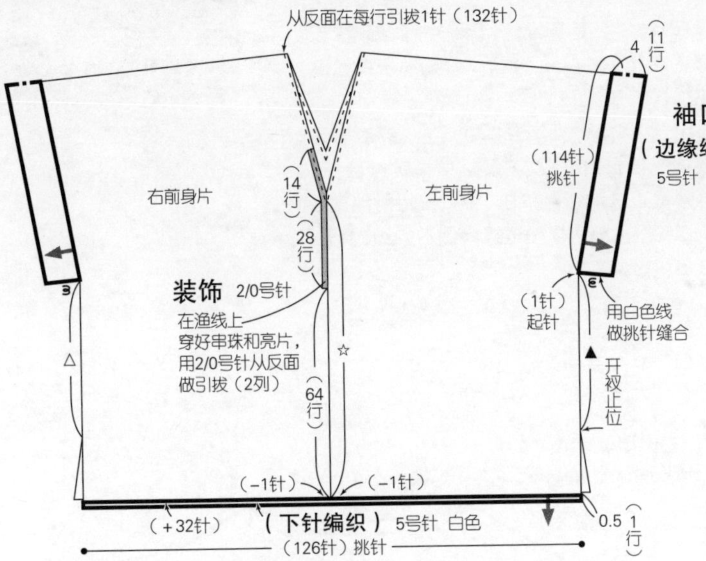

引拔针与边缘装饰

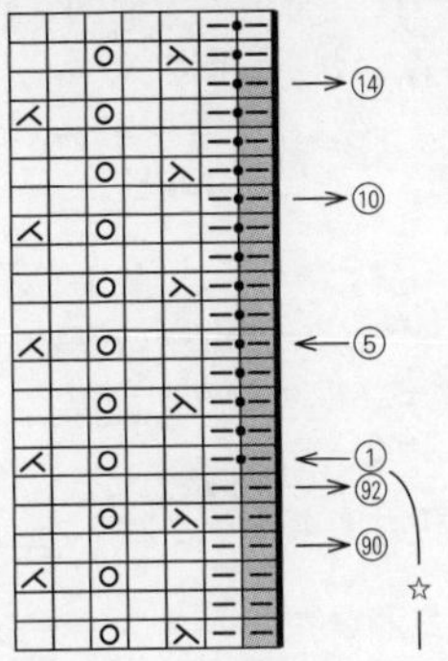

□ = ⊡

• = 领口的引拔位置

■ = 加入串珠和亮片的位置

装饰中串珠和亮片的穿法

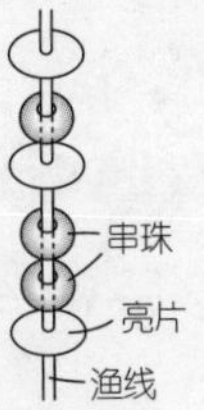

※在渔线上随机穿入串珠和亮片

边缘编织

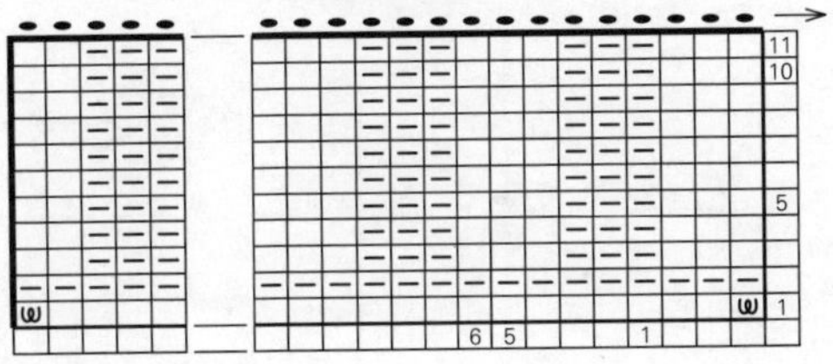

□ = ⊡

= 卷针

下摆的挑针方法

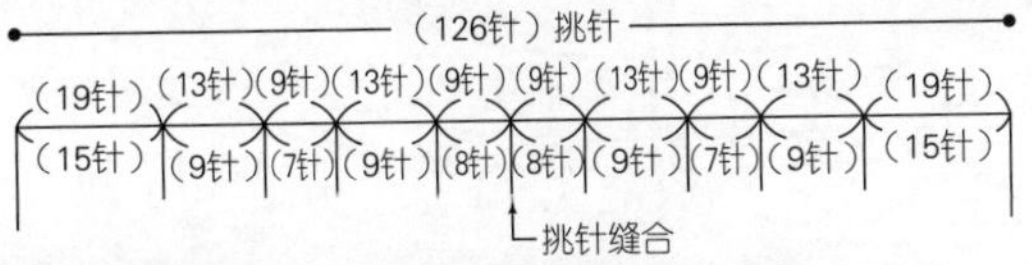

※ 中间的2针是将挑针缝合后的针目重叠在后面一起挑针

下针编织

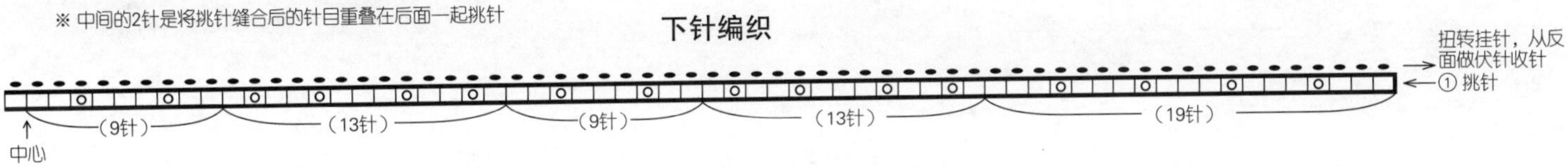

□ = ⊡

纵向渡线编织配色花样的方法

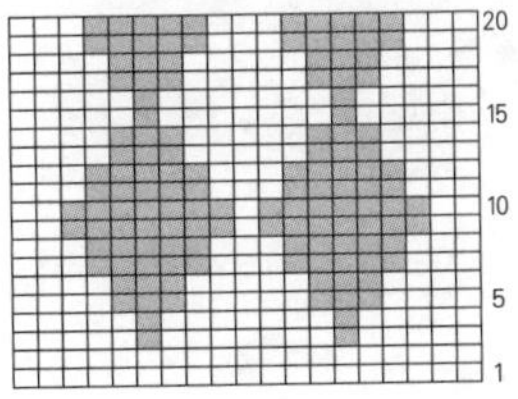

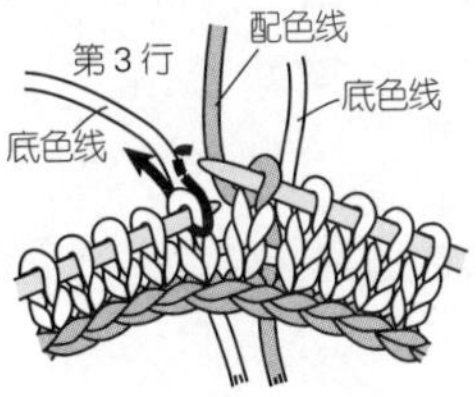

1 在菱形图案的各个顶端分别加线开始编织。

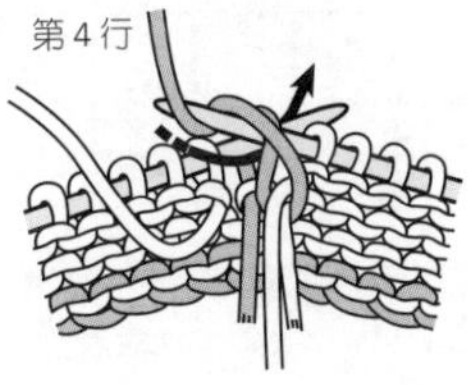

2 换成配色线时，从底色线的下方渡线交叉后编织。

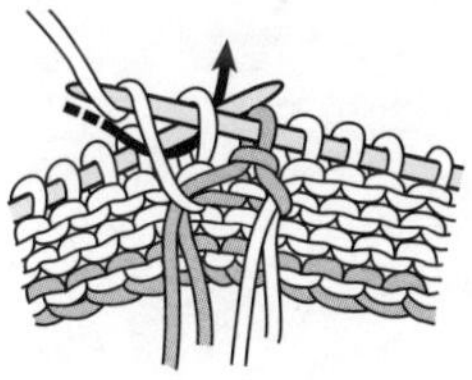

3 换成底色线时也一样，从配色线的下方渡线交叉后编织。

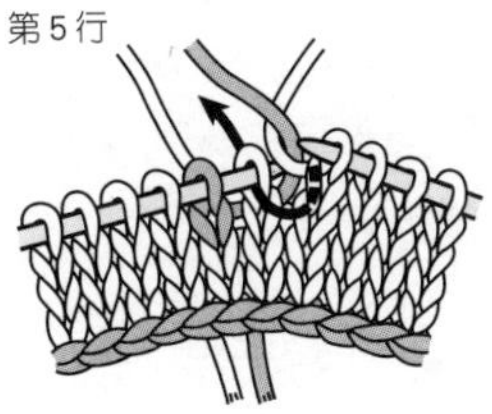

4 看着正面编织的行也是将编织线从下方渡线交叉后编织。

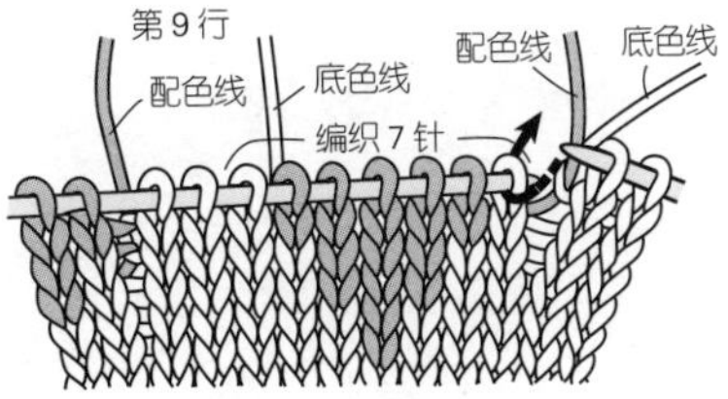

5 由于这个花样是每2行变化1次的菱形图案，所以是在下针行变换花样。

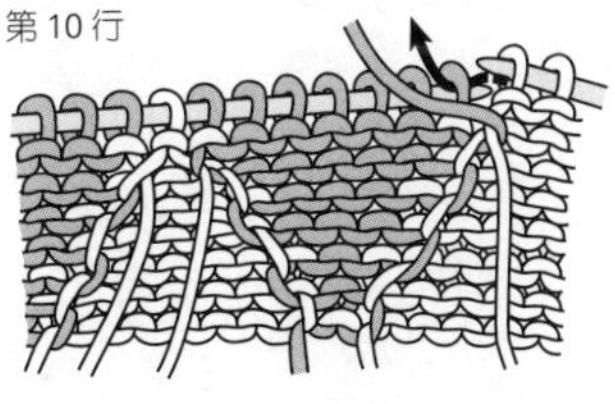

6 上针行按前一行相同颜色编织。换色时交叉两种颜色的线。

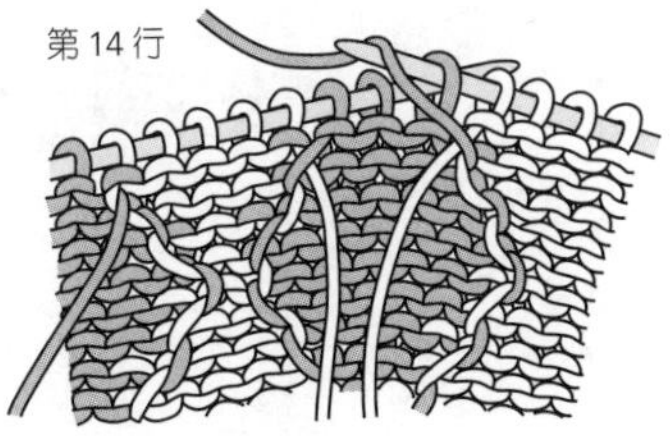

7 这是正在编织第14行时反面的状态。

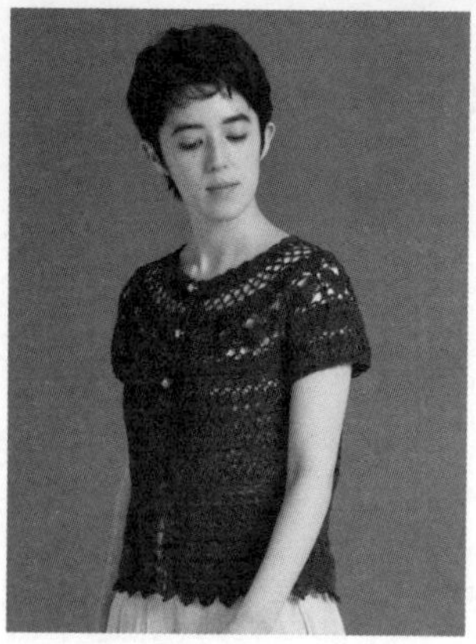

材料

K's K FETTUCCINE 炭灰色(1) 280g/7团，直径18mm的纽扣3颗

工具

钩针5/0号

成品尺寸

胸围101.5cm，衣长48cm，连肩袖长33cm

编织密度

10cm×10cm面积内：编织花样A 20.5针，7行；编织花样B 1个花样1.7cm，12.5行10cm

编织要点

●身片、衣袖、育克…锁针起针后开始钩织。身片按编织花样A、B钩织，衣袖按编织花样B'钩织。后身片钩织4行的前后差行。育克从身片和衣袖上挑针，参照图示按编织花样B'、C、D、E钩织。

●组合…胁部、袖下做挑针缝合，腋下部分做挑针接合。领口、下摆挑取指定针数后，分别做边缘编织A和B。袖口按边缘编织C环形钩织。前门襟按边缘编织D钩织，最后缝上纽扣。

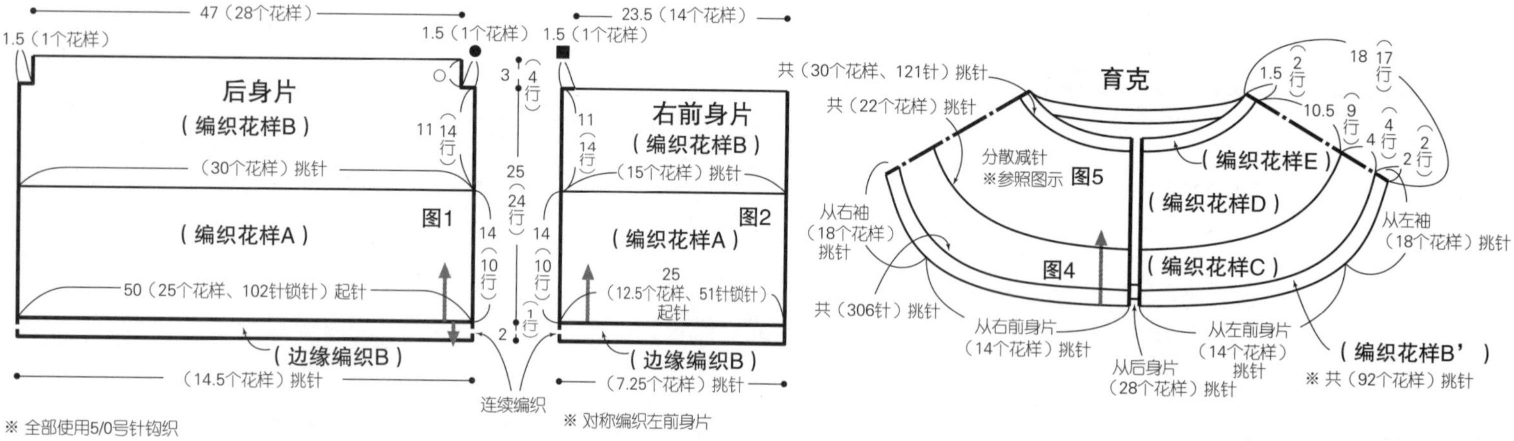

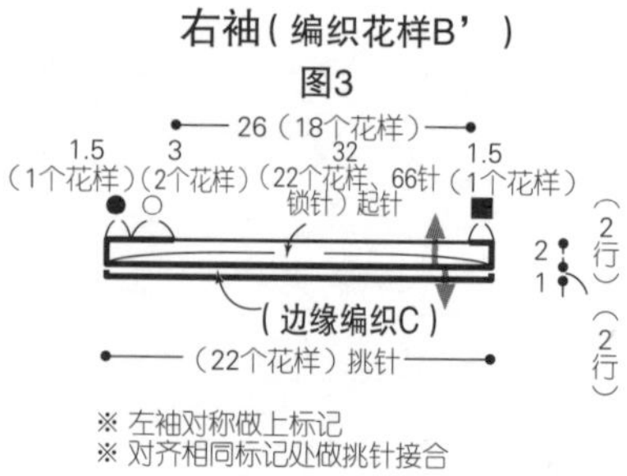

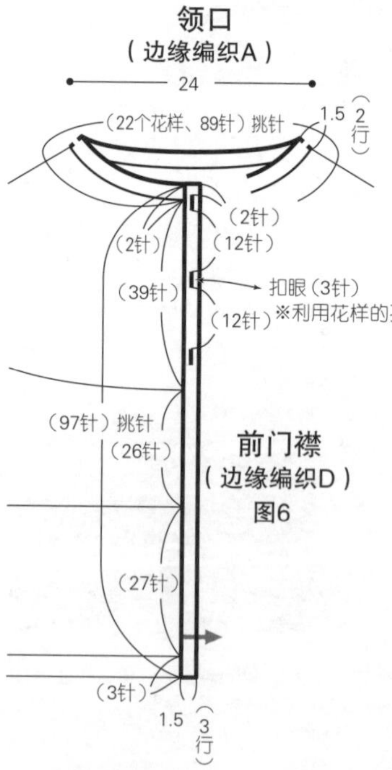

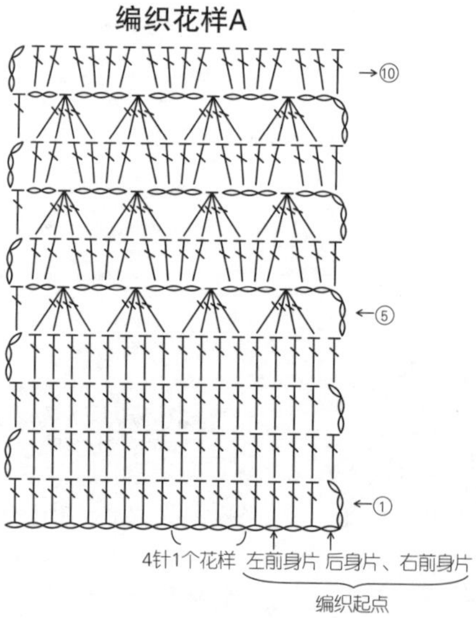

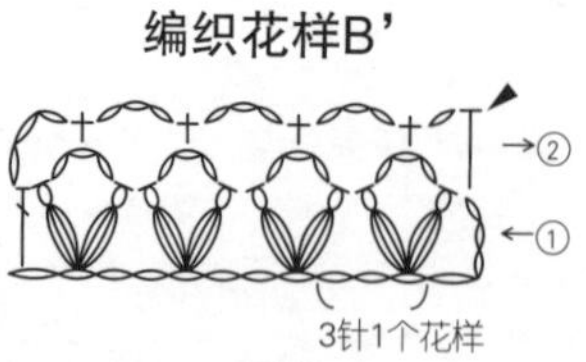

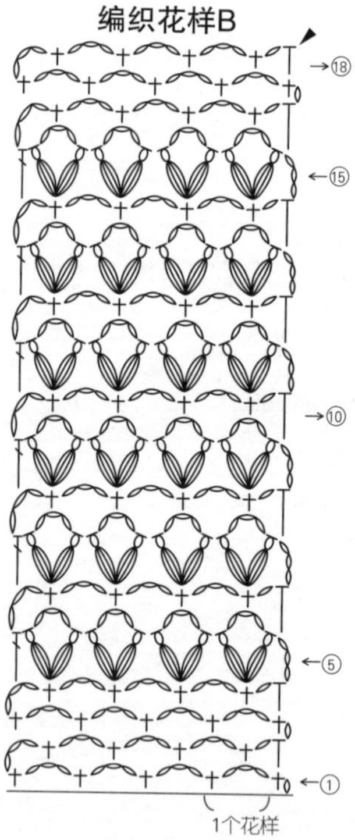

= 变化的4针中长针的枣形针

※ 请参照第147页变化的3针中长针的枣形针（从1针里挑针）的钩织方法

= 剪线

边缘编织B

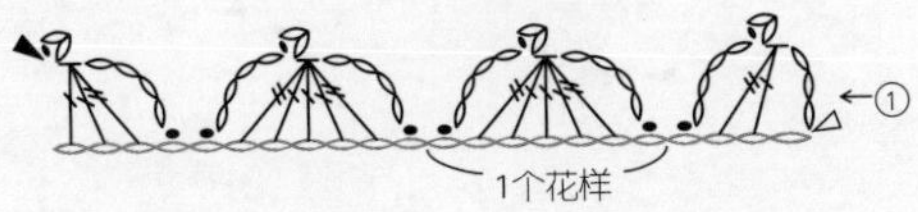

边缘编织C

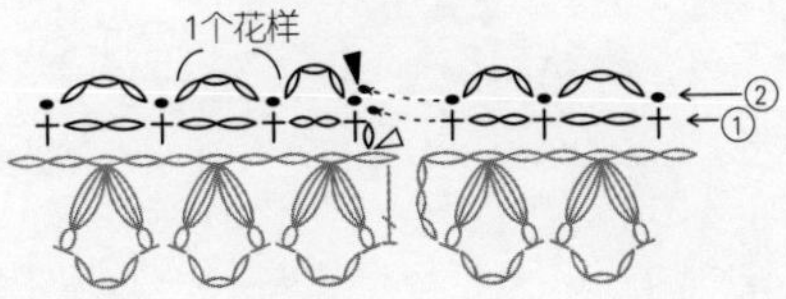

边缘编织D

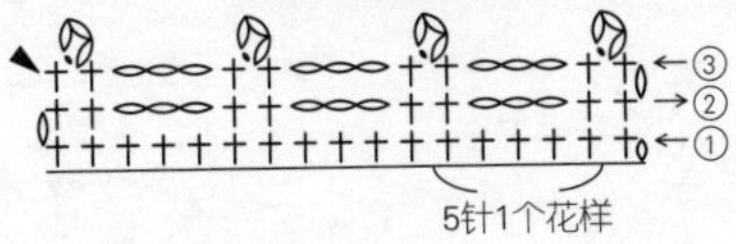

▷ = 加线

► = 剪线

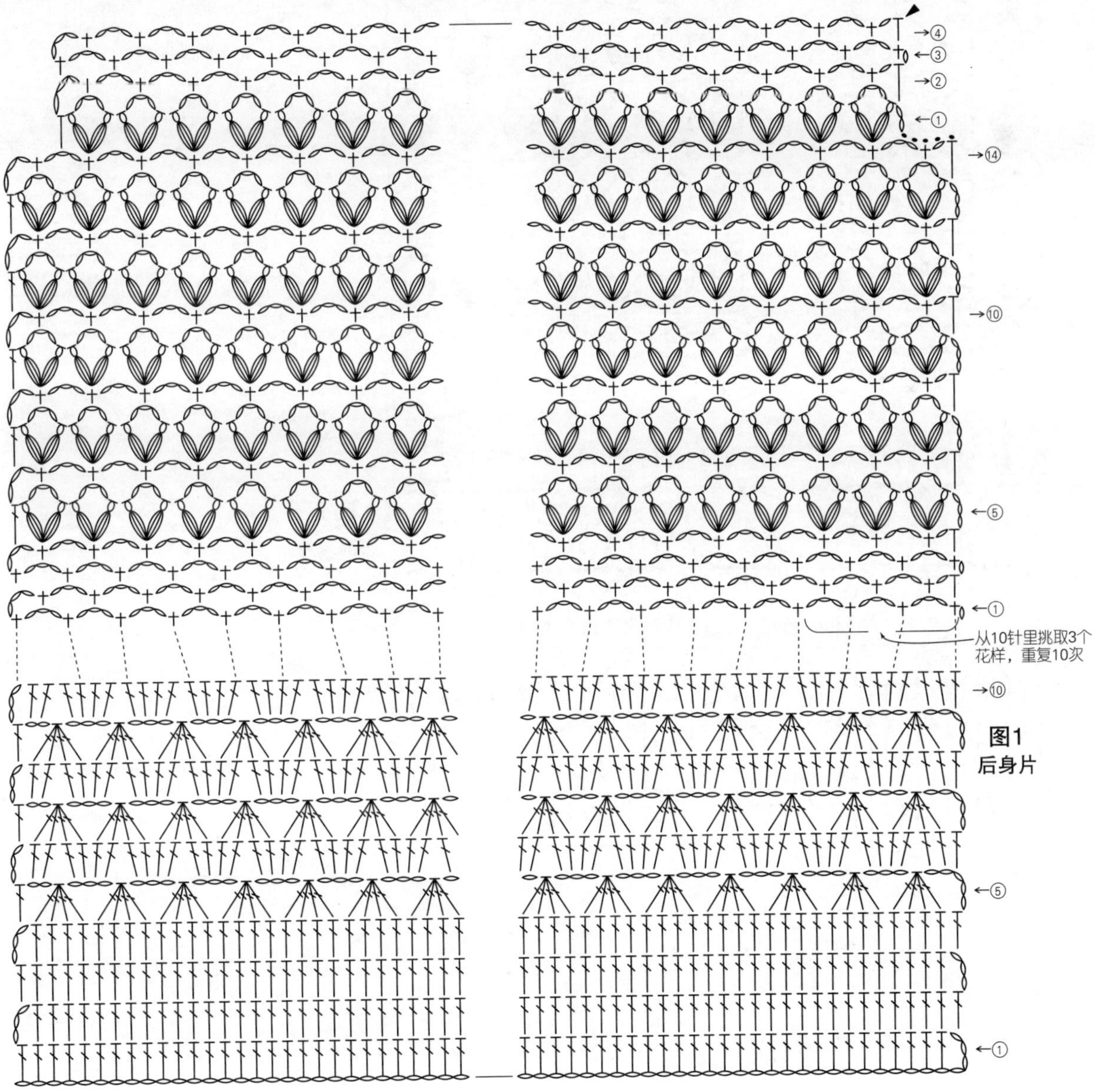

图1
后身片

► = 剪线

= 变化的4针中长针的枣形针

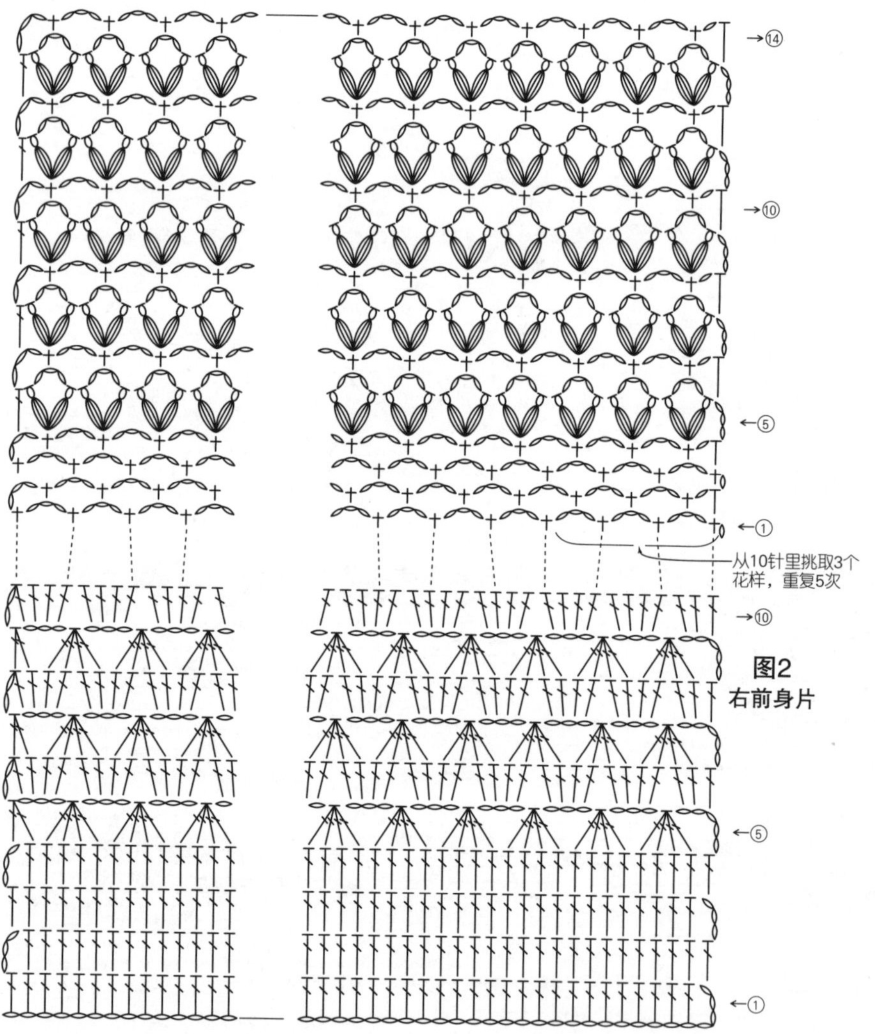

图2
右前身片

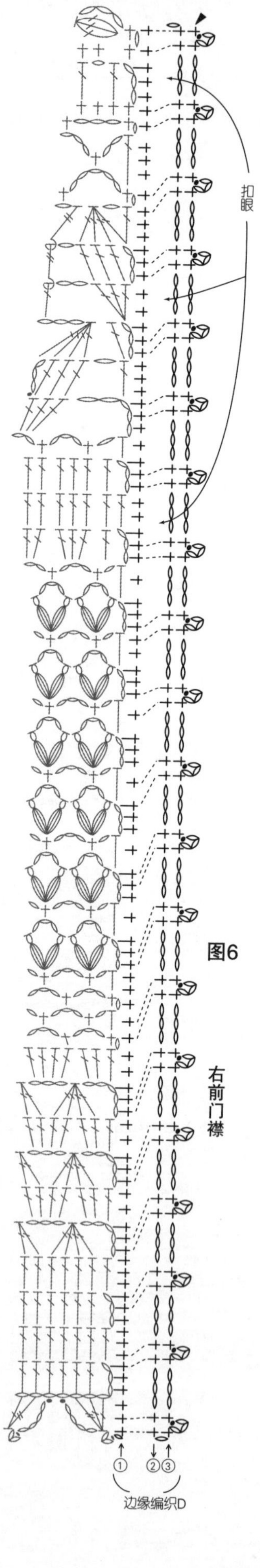

图6
右前门襟

▷ = 加线
▶ = 剪线

图4　育克

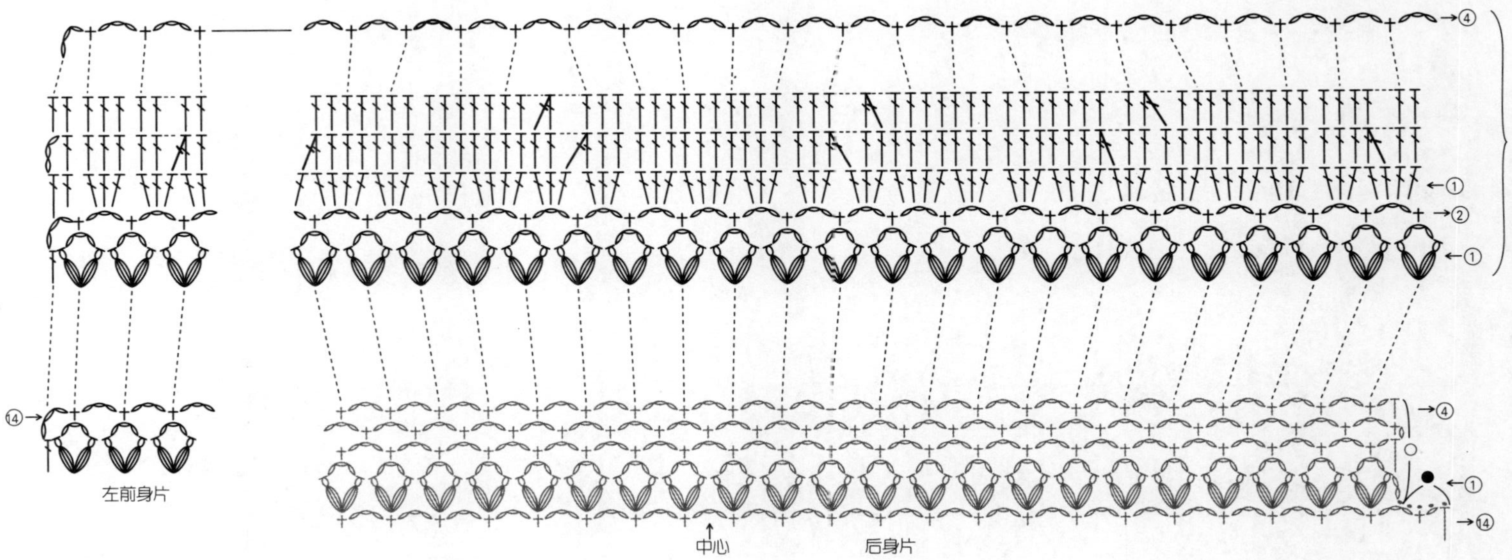

※ 减针位置以后中心为轴左右对称

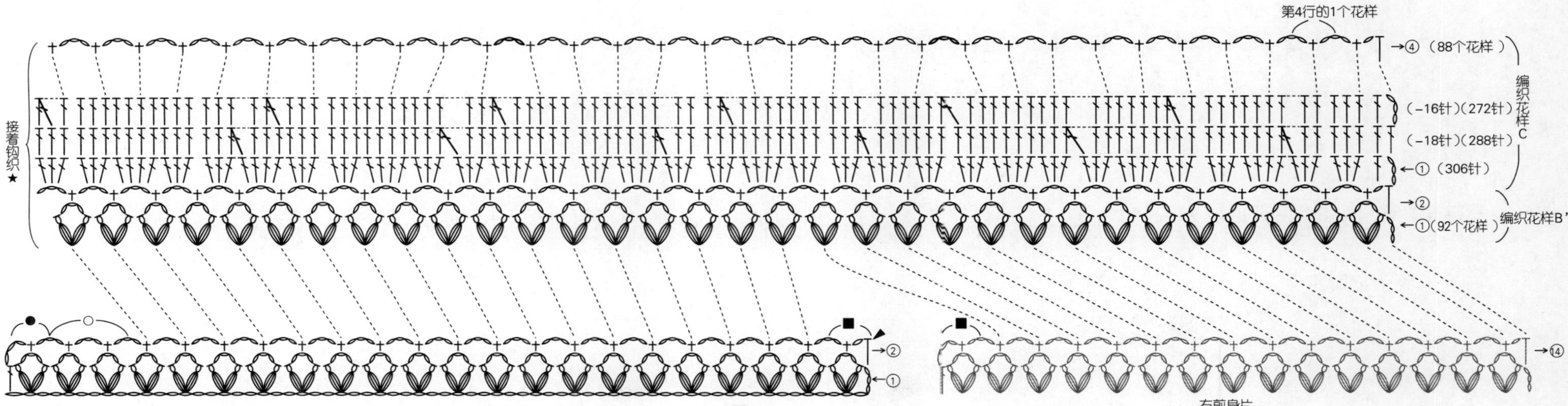

图3
右袖

图5　育克、领口

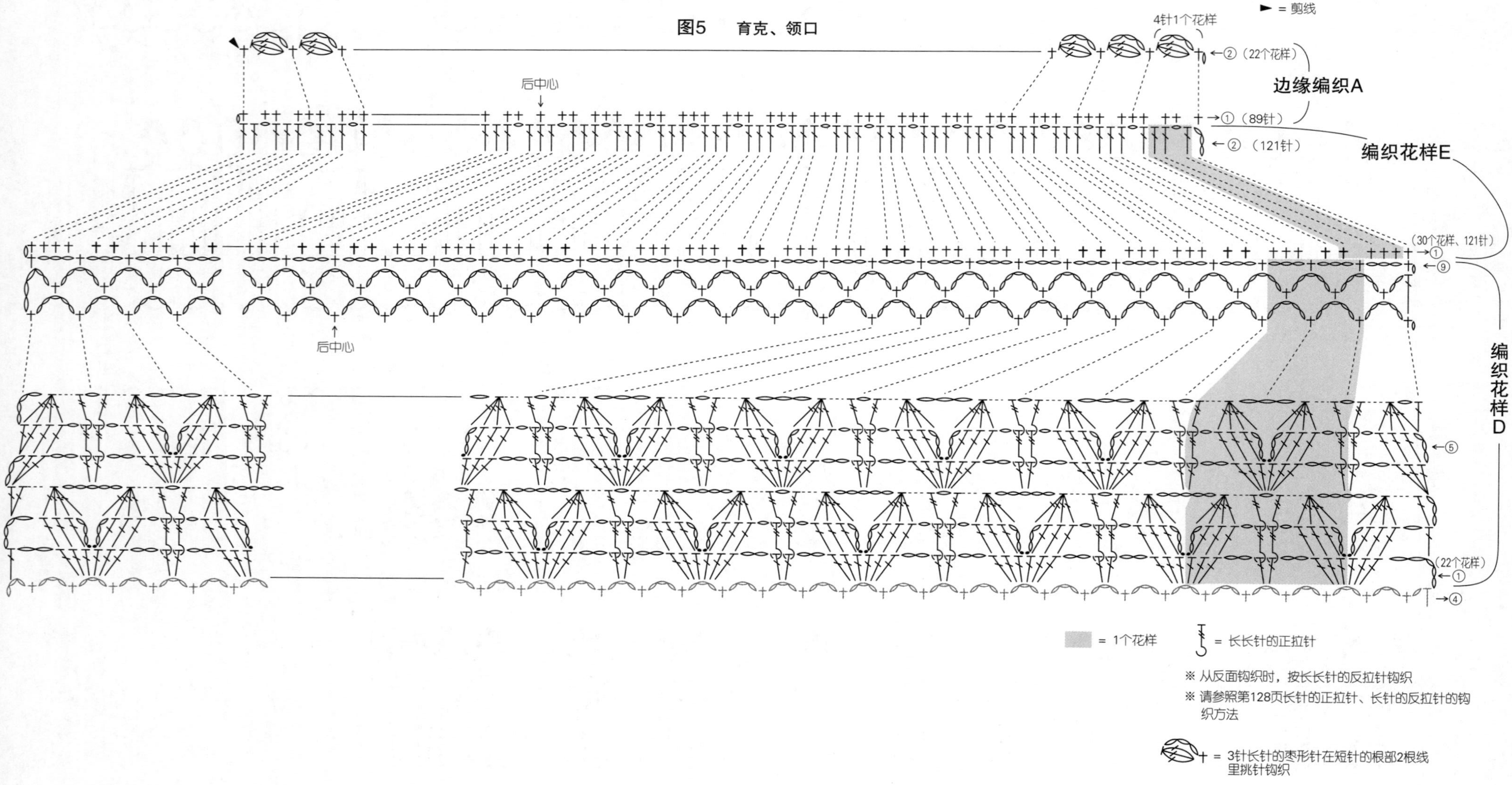

► = 剪线
4针1个花样
←②（22个花样）
边缘编织A
→①（89针）
←②（121针）
编织花样E
后中心
（30个花样、121针）→①
←⑨
后中心
编织花样D
←⑤
（22个花样）
①
→④
= 1个花样
= 长长针的正拉针
※ 从反面钩织时，按长长针的反拉针钩织
※ 请参照第128页长针的正拉针、长针的反拉针的钩织方法
= 3针长针的枣形针在短针的根部2根线里挑针钩织

材料
钻石线 Diaporto 原白色(2101)、炭灰色(2110) 各120g/各4团，姜黄色(2107) 115g/4团，蓝绿色(2106) 105g/4团

工具
钩针7/0号

成品尺寸
胸围108cm，衣长50.5cm，连肩袖长59cm

编织密度
序号钩编的1个织块的边长为6.5cm

编织要点
●参照第66页按序号钩编的方法钩织。下摆、领口、袖口无须立织锁针直接开始钩织短针，挑取指定针数分别做条纹边缘A、B和边缘编织。

毛衫
（序号钩编）

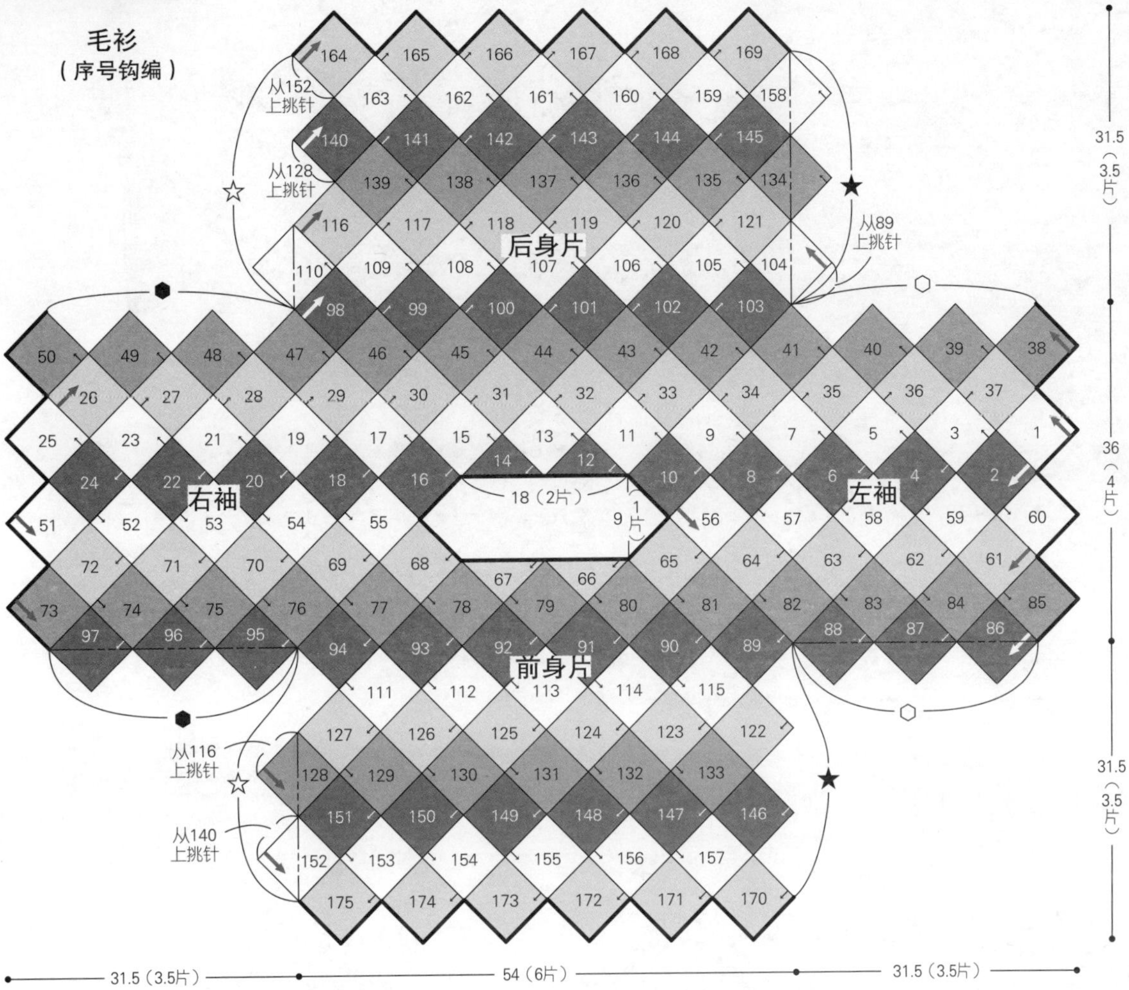

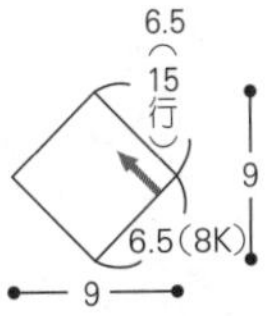

※1K = 十○
※ 全部使用7/0号针钩织
※ 图中的数字表示钩织顺序
※ 相同标记处一边钩织一边做连接

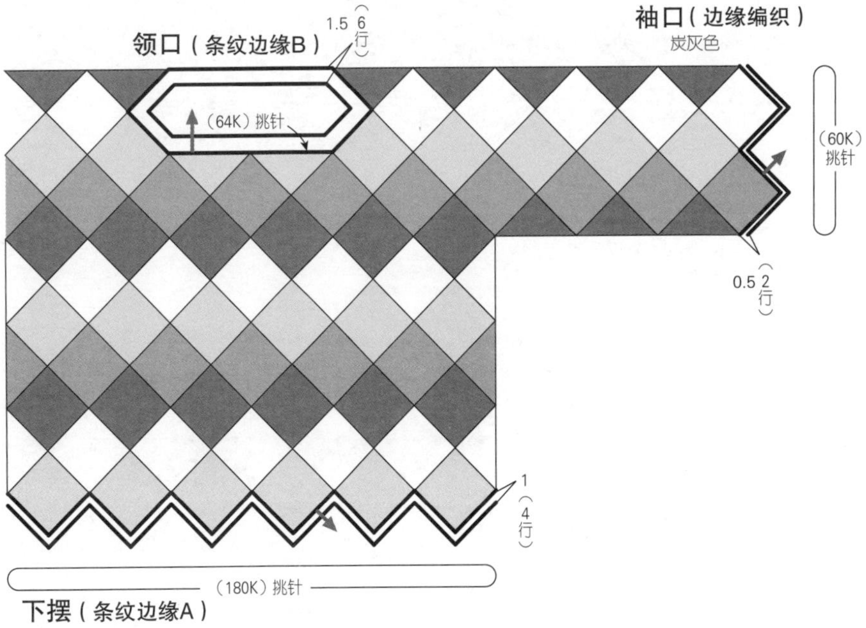

65页的不同配色

A	B
姜黄色（2107）	浅紫色（2104）
灰色（2102）	紫色（2109）
深绿色（2108）	米色（2103）
浅紫色（2104）	红色（2105）

织块的连接方法

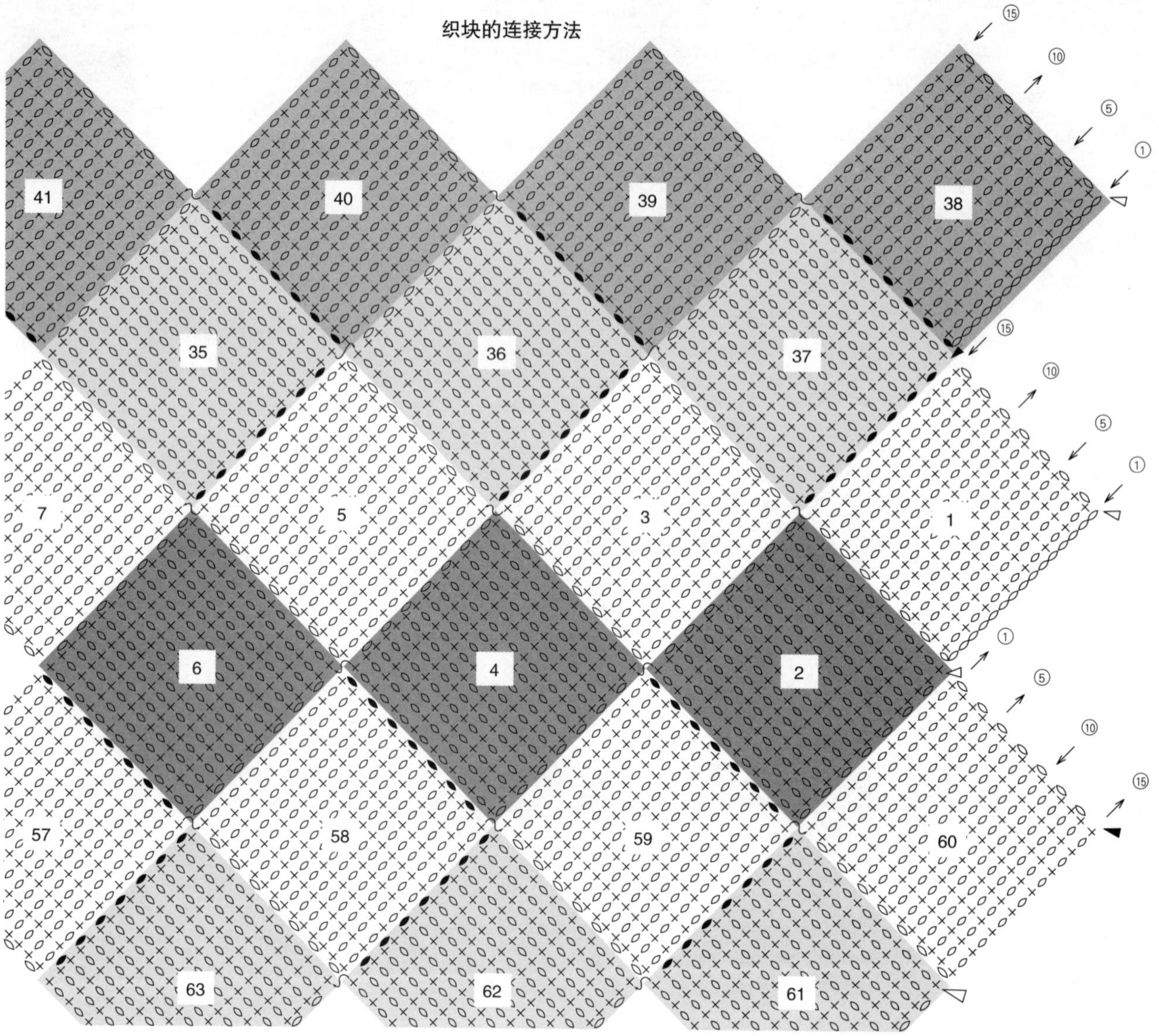

▷ = 加线
► = 剪线

条纹边缘A

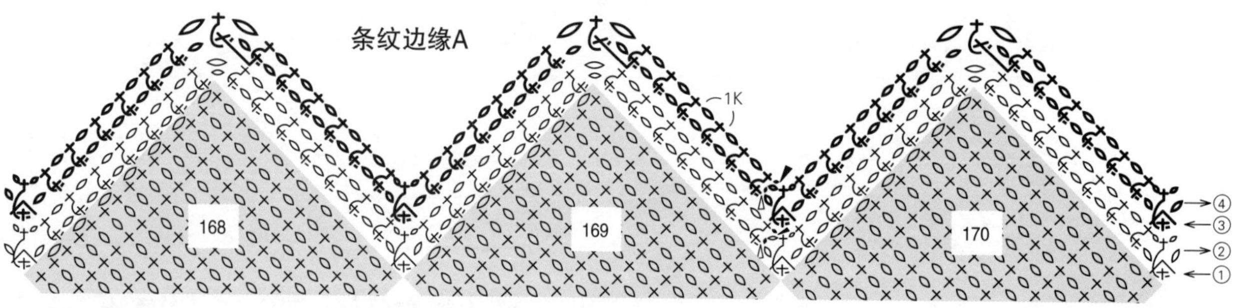

配色 — =蓝绿色
— =炭灰色

=短针的反拉针
（从反面钩织时，按正拉针钩织。在前一行短针的根部挑针）

边缘编织

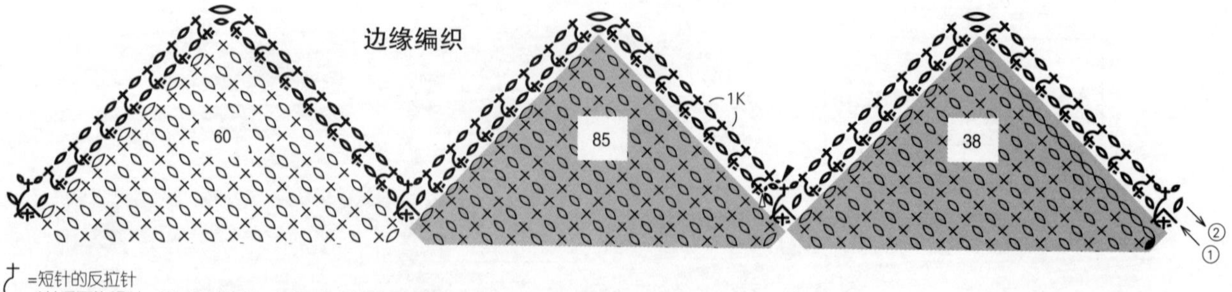

=短针的反拉针
（从反面钩织时，按正拉针钩织。在前一行短针的根部挑针）

条纹边缘B

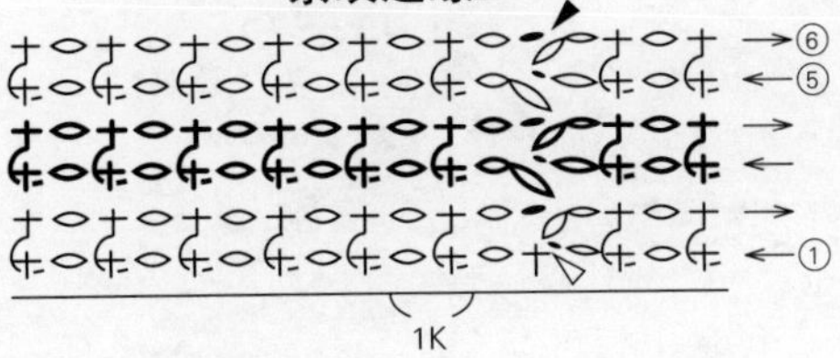

配色
- — =蓝绿色
- **—** =炭灰色

=短针的反拉针
（从反面钩织时，按正拉针钩织。在前一行短针的根部挑针）

▷ = 加线
▶ = 剪线

配色
- □ =原白色
- □ =姜黄色
- □ =蓝绿色
- □ =炭灰色

胁部与袖下的连接方法

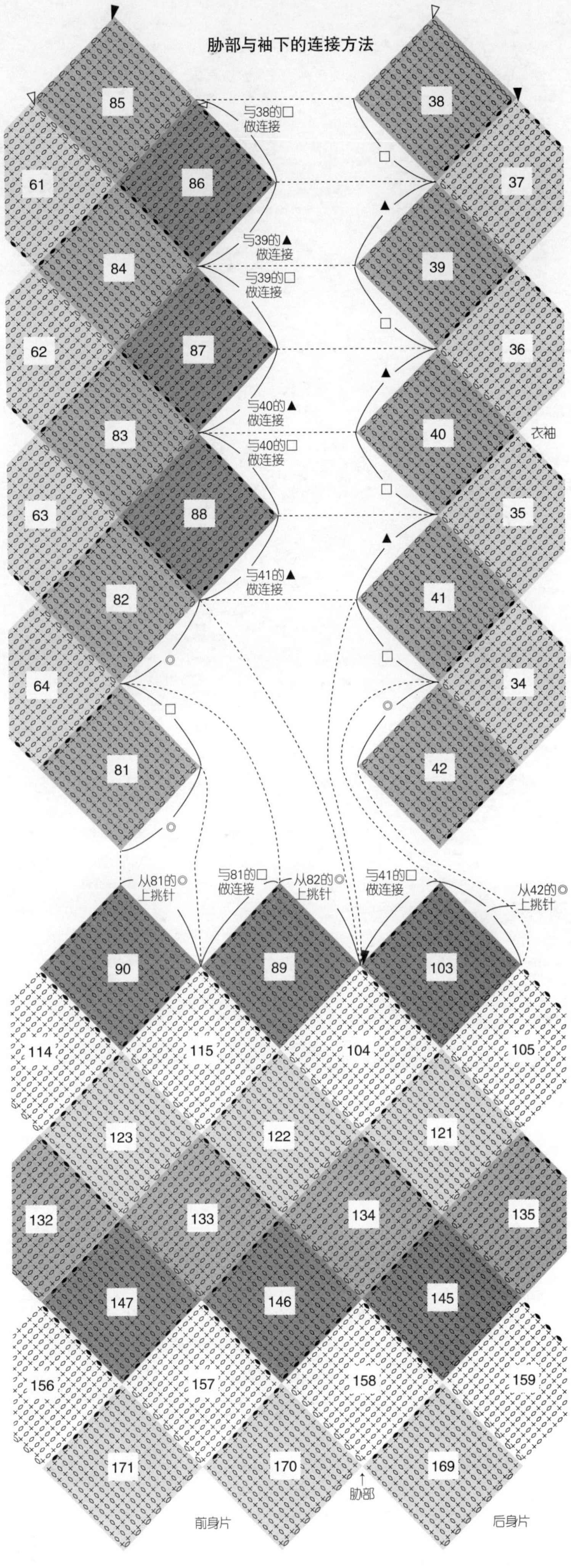

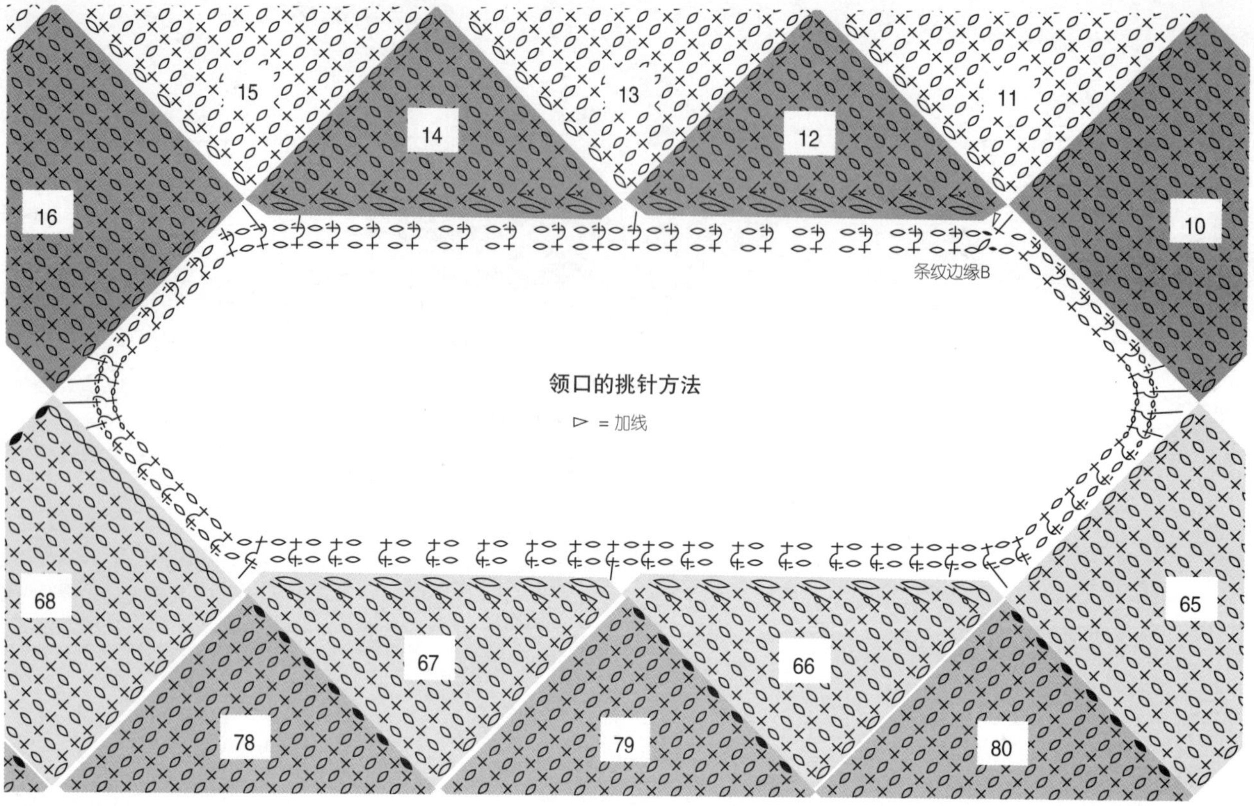

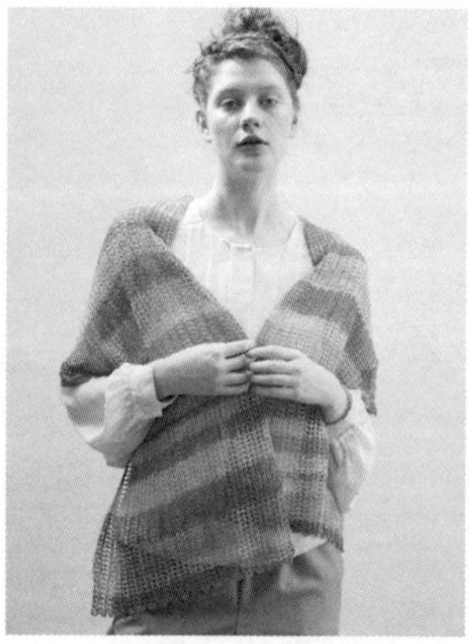

72 页的作品 ★★★

材料

Ski毛线Ski Vega 黄绿色系段染(1119) 130g/6团

工具

编织机Amimumemo(6.5mm)，钩针4/0号

成品尺寸

宽40cm，长147cm

编织密度

10cm×10cm面积内：编织花样21.5针，41行

编织要点

●做退针的另色线起针后开始编织。预留出编织起点侧用于引拔针的线量，按编织花样编织。编织方法请参照第74页。结束时不要将线剪断，接着编织几行另色线后从编织机上取下织片。编织起点与编织终点用预留的线钩织引拔针，退针部分钩1针锁针。为了使编织起点与终点呈现扇形，用熨斗进行整烫。

※编织起点与编织终点用4/0号针钩织引拔针

编织花样

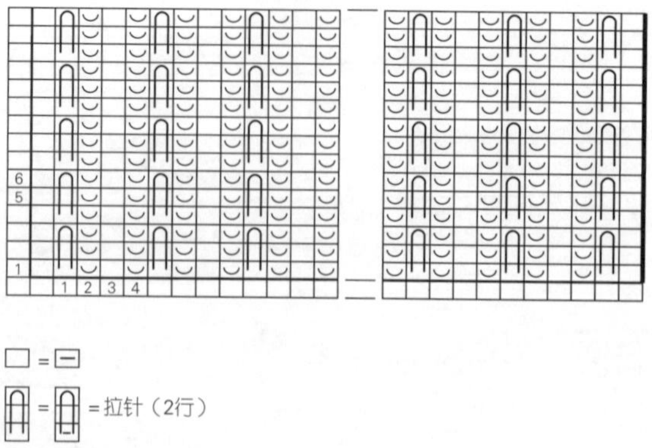

□ = ⊟

⋂ = ⋂ = 拉针（2行）

◡ = 退针

※符号图表示的是挂在编织机上的状态

※使用下针的一面作为正面

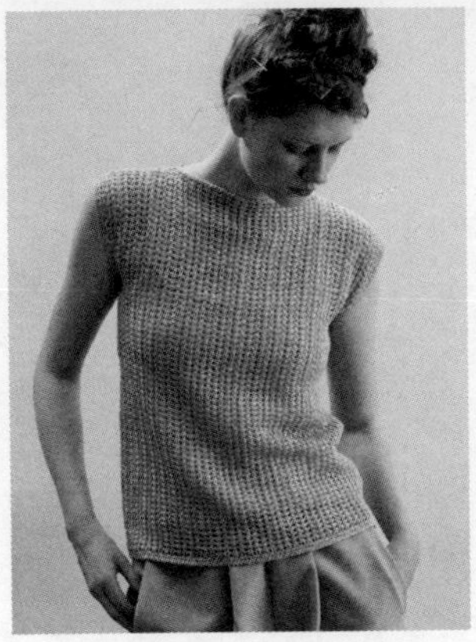

材料
钻石线 Diacosta Luna 浅紫色(9204) 145g/5团
工具
编织机 Amimumemo(6.5mm),钩针4/0号、3/0号
成品尺寸
胸围92cm,衣长53cm,连肩袖长24cm
编织密度
10cm×10cm面积内:编织花样20.5针,39行

编织要点
●身片…参照第74页做退针的另色线起针后,按编织花样编织。在袖开口止位用线做上标记。编织结束时,将针目分成肩部和领口两部分,分别编织几行另色线后从编织机上取下织片。编织相同的2块织片。
●组合…肩部用钩针做引拔接合,退针部分钩1针锁针。胁部做挑针缝合。下摆、领口、袖口分别按边缘编织A、边缘编织B、短针做环形钩织。

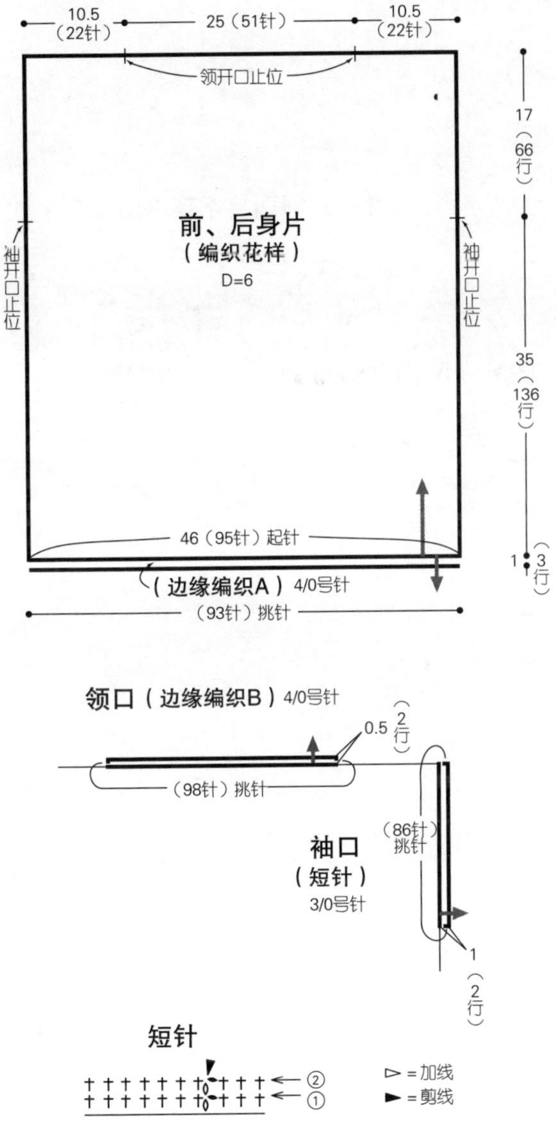

编织花样

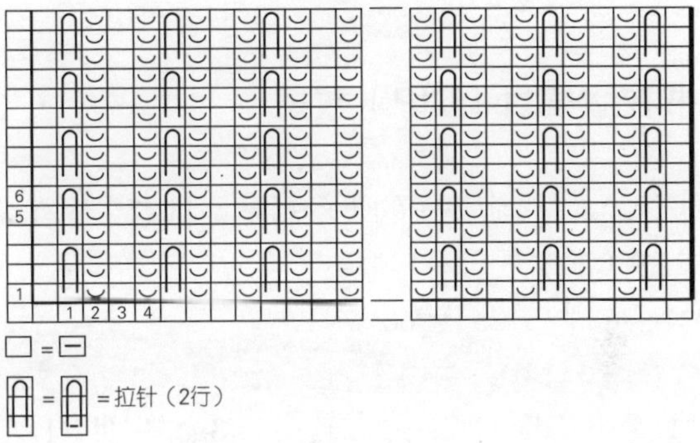

※ 符号图表示的是挂在编织机上的状态
※ 使用下针的一面作为正面

边缘编织A

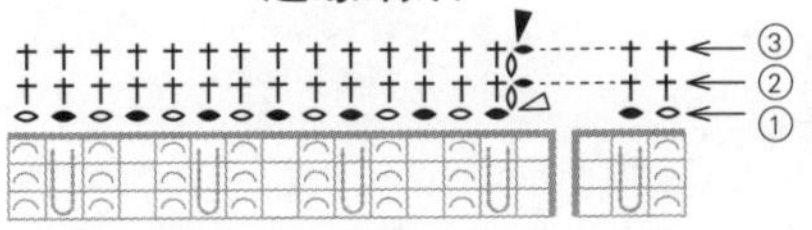

※第2行从锁针上钩织的短针是将锁针的针目分开挑针的

边缘编织B

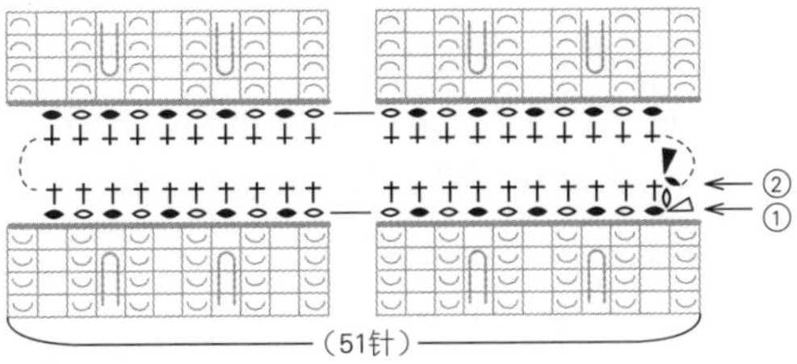

※第2行从锁针上钩织的短针是将锁针的针目分开挑针的

KEITO DAMA 2022 SUMMER ISSUE Vol.194（NV11734）

Photographers: Shigeki Nakashima, Hironori Handa,Toshikatsu Watanabe, Bunsaku Nakagawa, Noriaki Moriya
Original Japanese edition published in Japan by NIHON VOGUE Corp.
Simplified Chinese translation rights arranged with BEIJING BAOKU INTERNATIONAL CULTURAL DEVELOPMENT Co., Ltd.

备案号：豫著许可备字-2022-A-0010

图书在版编目（CIP）数据

毛线球. 42，旖旎浪漫的蕾丝风情 / 日本宝库社编著；蒋幼幼, 如鱼得水译. —郑州：河南科学技术出版社, 2022.9（2024.5重印）
ISBN 978-7-5725-0966-7

Ⅰ. ①毛…　Ⅱ. ①日…　②蒋…　③如…　Ⅲ. ①绒线－手工编织－图解　Ⅳ. ①TS935.52-64

中国版本图书馆CIP数据核字（2022）第139082号

出版发行：河南科学技术出版社
　　　　　地址：郑州市郑东新区祥盛街27号　　邮编：450016
　　　　　电话：（0371）65737028　　65788613
　　　　　网址：www.hnstp.cn
责任编辑：刘　欣　梁　娟
责任校对：刘逸群
封面设计：张　伟
责任印制：张艳芳
印　　刷：北京盛通印刷股份有限公司
经　　销：全国新华书店
开　　本：635 mm × 965 mm　1/8　　印张：22　　字数：350千字
版　　次：2022年9月第1版　　2024年5月第2次印刷
定　　价：69.00元